工程测量实训指导（第2版）

主　编　谢　美

副主编　温嘉慧　张　茜

参　编　毛晨珏　王孟圆　闫玉强

　　　　王年红　赵福令　黄　林

主　审　程和平

北京理工大学出版社
BEIJING INSTITUTE OF TECHNOLOGY PRESS

内 容 简 介

本书以施工顺序任务驱动为主导，以工学结合为主模拟施工流程、安排实训项目，主要内容包括水准测量、角度测量、距离测量、小区域控制测量、施工测量、测量数据处理、测量仪器设备等。本书除了附有大量工程案例外，还突出了各项施工测量任务之间的连接。通过对本书的学习，读者可以掌握建筑工程测量施工方法和各种施工现场测量仪器的操作技能，具备建筑施工测量及各种工程测量的能力。

本书可作为土建施工类及建筑工程管理类相关专业职业资格考试的培训教材，同时还可作为从业和执业资格考试人员的实训教材。

图书在版编目（CIP）数据

工程测量实训指导 / 谢美主编. -- 2 版. -- 北京：
北京理工大学出版社，2025. 1.
ISBN 978-7-5763-4742-5

Ⅰ. TB22

中国国家版本馆 CIP 数据核字第 2025YN7528 号

责任编辑：王梦春　　**文案编辑**：魏　笑
责任校对：周瑞红　　**责任印制**：施胜娟

出版发行 / 北京理工大学出版社有限责任公司
社　　址 / 北京市丰台区四合庄路 6 号
邮　　编 / 100070
电　　话 / （010）68914026（教材售后服务热线）
　　　　　　（010）63726648（课件资源服务热线）
网　　址 / http://www.bitpress.com.cn

版 印 次 / 2025 年 1 月第 2 版第 1 次印刷
印　　刷 / 定州启航印刷有限公司
开　　本 / 889 mm×1194 mm　1/16
印　　张 / 17. 25
字　　数 / 359 千字
定　　价 / 89. 00 元

前言
PREFACE

　　本书以习近平新时代中国特色社会主义思想为指导，贯彻落实党的二十大精神，注重理论知识与实践操作的紧密结合，在实训中培养工程测量员的实践能力、工匠精神、职业素养，以及创新、绿色发展的理念。本书通过一系列精心设计的实训项目，将理论知识与实践操作深度融合，旨在打造一支既精通专业技能又具备新时代发展视野的高素质工程测量队伍，为行业的建设与发展添砖加瓦。

　　本书内容共4个模块，"模块一　工程测量员职业认知"系统阐述了工程测量员的职业全貌与核心要求；"模块二　工程测量员（中级）职业技能鉴定指导"具体涵盖了水准仪操作、经纬仪操作以及全站仪操作三大实训项目，以完成中级工程测量员职业技能实训的要求；"模块三　工程测量员（高级）职业技能鉴定指导"包含水准仪、经纬仪及全站仪的高级操作实训项目，以满足高级工程测量员职业技能实训的要求；"模块四　工程测量员职业技能鉴定理论知识的模拟试题"，以供读者检验学习成果。

　　本书以施工顺序任务驱动为主导，严格遵循国家最新工程测量标准与规范，并结合大量工程实例，安排了各类工程建设中测量仪器的学习与使用任务。在此基础上，本书深度解读并融入工程测量员国家职业标准，从中级到高级层次清晰、循序渐进地设计了系列实训任务。同时，本书内容丰富，案例翔实，不仅涵盖了各类工程测量员职业技能鉴定的典型例题，还专门为例题编写了详尽的职业技能鉴定指导。此外，本书还附有测量作业的各类记录与计算表格、鉴定工作页、评分标准、技能拓展练习和模拟试题汇编，旨在全面而有效地对读者的测量外业操作和内业计算能力进行训练。

　　本书编写过程中，吸取了有关书籍和论文的最新观点，在此表示感谢。由于编者水平有限，书中难免有疏漏，敬请专家、同仁和广大读者批评指正。

编　者

目 录
CONTENTS

模块一　工程测量员职业认知

模块二　工程测量员（中级）职业技能鉴定指导

模块三　工程测量员（高级）职业技能鉴定指导

模块四　工程测量员职业技能鉴定理论知识模拟试题

模块一

工程测量员职业认知

一、工程测量员职业概况

(一) 职业名称

工程测量员。

(二) 职业编码

4-08-03-04。

(三) 职业定义

使用全站仪、水准仪、测深仪、断面仪、陀螺经纬仪等仪器和设备，进行工程建设目标测量的人员。

(四) 职业技能等级

本职业共设五个等级，分别为五级/初级工、四级/中级工、三级/高级工、二级/技师、一级/高级技师。

(五) 职业环境条件

室内、外，常温。

(六) 职业能力特征

具备一般智力、一定的表达能力和计算能力；形体知觉、色觉、空间感正常；手指、手臂灵活，动作协调。

(七) 普通受教育程度

高中毕业(或同等学力)。

(八) 职业技能鉴定要求

1. 申报条件

具备以下条件之一者，可申报五级/初级工：

(1) 累计从事本职业或相关职业①工作 1 年(含)以上。

(2) 本职业或相关职业学徒期满。

具备以下条件之一者，可申报四级/中级工：

(1) 取得本职业或相关职业五级/初级工职业资格证书(技能等级证书)后，累计从事本职业或相关职业工作 4 年(含)以上。

(2) 累计从事本职业或相关职业工作 6 年(含)以上。

---

①相关职业包括大地测量员、摄影测量员、地图绘制员、不动产测绘员、海洋测绘员、无人机测绘操控员、地理信息采集员、地理信息处理员、地理信息应用作业员等，下同。

（3）取得技工学校本专业①或相关专业②毕业证书（含尚未取得毕业证书的在校应届毕业生）；或取得经评估论证、以中级技能为培养目标的中等及以上职业学校本专业或相关专业毕业证书（含尚未取得毕业证书的在校应届毕业生）。

具备以下条件之一者，可申报三级/高级工：

（1）取得本职业或相关职业四级/中级工职业资格证书（技能等级证书）后，累计从事本职业或相关职业工作5年（含）以上。

（2）取得本职业或相关职业四级/中级工职业资格证书（技能等级证书），并具有高级技工学校、技师学院毕业证书（含尚未取得毕业证书的在校应届毕业生）；或取得本职业或相关职业四级/中级工职业资格证书（技能等级证书），并具有经评估论证、以高级技能为培养目标的高等职业学校本专业或相关专业毕业证书（含尚未取得毕业证书的在校应届毕业生）。

（3）具有大专及以上本专业或相关专业毕业证书，并取得本职业或相关职业四级/中级工职业资格证书（技能等级证书）后，累计从事本职业或相关职业工作2年（含）以上。

具备以下条件之一者，可申报二级/技师：

（1）取得本职业或相关职业三级/高级工职业资格证书（技能等级证书）后，累计从事本职业或相关职业工作4年（含）以上。

（2）取得本职业或相关职业三级/高级工职业资格证书（技能等级证书）的高级技工学校、技师学院毕业生，累计从事本职业或相关职业工作3年（含）以上；或取得本职业或相关职业预备技师证书的技师学院毕业生，累计从事本职业或相关职业工作2年（含）以上。

具备以下条件者，可申报一级/高级技师：

取得本职业或相关职业二级/技师职业资格证书（技能等级证书）后，累计从事本职业或相关职业工作4年（含）以上。

2. 鉴定方式

鉴定方式分为理论知识考试、技能考核以及综合评审。理论知识考试以闭卷笔试、机考等方式为主，主要考核从业人员从事本职业应掌握的基本要求和相关知识要求；技能考核主要采用现场操作、模拟操作等方式进行，主要考核从业人员从事本职业应具备的技能水平；综合评审主要针对技师和高级技师，通常采取审阅申报材料、答辩等方式进行全面评议和审查。

理论知识考试、技能考核和综合评审均实行百分制，成绩皆达60分（含）以上者为合格。

3. 监考人员、考评人员与考生配比

理论知识考试中的监考人员与考生配比不低于1∶15，且每个考场不少于2名监考人员；

---

①本专业包括测绘工程、地理信息、地图制图、摄影测量、遥感、大地测量、工程测量、地籍测绘、土地管理、矿山测量、导航工程、地理国情监测等专业，下同。

②相关专业包括地理、地质、工程勘察、资源勘查、土木、建筑、规划、市政、水利、电力、道桥、工民建、海洋等专业，或者能够提供其在校期间所学专业开设测绘专业必修课程证明的专业，下同。

技能考核中的考评人员与考生配比不低于 1∶5，且考评人员为 3 人（含）以上单数；综合评审委员为 3 人（含）以上单数。

4. 鉴定时间

各等级理论知识考试时间不少于 120 分钟；技能考核时间不少于 60 分钟；综合评审时间不少于 30 分钟。

5. 鉴定场所设备

理论知识考试在标准教室内进行；技能考核在具有被测实体、配备测量仪器并有安全保障的技能考核场地进行。

二、工程测量员基本要求

（一）职业道德

1. 职业道德基本知识

2. 职业守则

（1）遵守法律、法规和有关规定。

（2）爱岗敬业，忠于职守，忠诚奉献，弘扬劳模精神和工匠精神。

（3）认真负责，精益求精，严于律己，吃苦耐劳。

（4）刻苦学习，勤奋钻研，努力提高思想和科学文化素质。

（5）谦虚谨慎，团结协作，主动配合。

（6）严格执行规范，保证成果质量，爱护仪器设备。

（7）重视安全环保，坚持文明生产。

（二）基础知识

1. 测量基础知识

（1）地面点定位知识。

（2）平面、高程测量知识。

（3）测量数据处理知识。

（4）测量仪器设备知识。

（5）数字地形图及其测绘知识。

（6）地形图应用及工程识图的知识。

2. 计算机基本知识

（1）计算机操作基础知识。

（2）测量相关软件使用知识。

3. 安全生产与环境保护知识

（1）劳动保护知识。

（2）仪器设备的安全使用知识。

（3）野外安全生产知识。

（4）资料保管保密知识。

4. 相关法律、法规知识

（1）《中华人民共和国劳动法》相关知识。

（2）《中华人民共和国测绘法》相关知识。

（3）其他有关法律、法规及技术标准的基本知识。

三、工程测量员工作要求

本标准对五级/初级工、四级/中级工、三级/高级工、二级/技师、一级/高级技师的技能要求和相关知识要求依次递进，高级别涵盖低级别的要求。

（一）五级/初级工

职业功能	工作内容	技能要求	相关知识要求
准备	准备资料	能根据安排准备测区所需的地形图； 能根据安排准备测区控制点资料，如点之记等	各种工程控制网的布设形式； 地形图、工程图的分幅与编号规则
	准备仪器	能进行脚架、棱镜、觇板、标尺等工程测量辅助设备的准备及检视； 能进行温度计、气压计等辅助设备的准备及检视； 能进行全球导航卫生系统（GNSS）接收机供电连接设备的准备及检视	常用仪器设备的型号和性能； 常用测量辅助设备的基本常识
测量	控制测量	能进行图根导线观测、记录； 能进行图根水准观测、记录； 能进行低等级 GNSS 静态测量外业观测、记录； 能进行平面、高程等级测量中前后视的仪器安置或立尺（镜）	水平角测量、垂直角测量、距离测量和导线测量的知识； 水准测量的知识； GNSS 测量的基本知识； 常用仪器设备的操作
	工程与地形测量	能进行工程放样、定线中的前视定点； 能进行地形图和纵横断面图测量的立镜（尺）； 能现场绘制草图，进行放样点的点之记	施工放样的基本知识； 角度、长度、高度的施工放样方法； 地形图的内容与用途及图式符号的知识

职业功能	工作内容	技能要求	相关知识要求
数据处理	数据检查	能进行图根导线外业观测数据的检查; 能进行图根水准测量外业观测数据的检查	水平角测量、垂直角测量、距离测量、水准测量的记录规则; 水平角测量、垂直角测量、距离测量、水准测量的观测限差要求
	数据整理	能进行图根导线外业观测数据的整理; 能进行图根水准测量外业观测数据的整理	图根导线方位角闭合差限差要求; 图根水准测量数据的测段小结和闭合差限差要求
仪器设备维护	仪器设备检校	能进行棱镜、钢卷尺、水准尺等仪器设备的检校; 能进行电子计算器的电池拆装	棱镜、钢卷尺、水准尺等仪器设备的检校知识; 常用电子计算器的种类
	仪器设备保养	能进行棱镜、钢卷尺、水准尺等仪器设备的日常维护; 能进行电子计算器的日常保养	棱镜、钢卷尺、水准尺等仪器设备的日常维护知识; 常用电子计算器的保养知识

(二)四级/中级工

职业功能	工作内容	技能要求	相关知识要求
准备	资料准备	能根据工程需要列出各种测图控制网所需资料的清单; 能分析所收集资料的正确性及准确性	测量坐标系统、高程基准; 平面、高程控制网的布网原则、测量方法及精度指标; 大比例尺地形图的成图方法及成图精度指标
	仪器准备	能对全站仪主机进行测前检视; 能对水准仪进行测前检视(含 i 角检验); 能对 GNSS 接收机及天线进行测前检视	常用测量仪器的基本结构、主要性能和精度指标; 常用测量仪器的检视内容与步骤
测量	控制测量	能进行一、二、三级导线测量的选点、埋石、观测、记录; 能进行 GNSS 静态测量外业观测、记录; 能进行 GNSS-RTK(RTK 为实时动态定位)测量; 能进行三、四等水准测量的选点、埋石、观测、记录	测量误差的概念; 导线、水准和光电测距测量的主要误差来源; GNSS 静态测量和 GNSS-RTK 测量知识; 相应等级导线、水准测量记录要求与各项限差规定

续表

职业功能	工作内容	技能要求	相关知识要求
测量	地形测量	能进行大比例尺地形图数据采集； 能进行地形地物的综合取舍	大比例尺地形图测图的知识； 地形测量原理及工作流程； 地形图图式符号运用； 外业数据采集内容综合取舍的一般原则
	工程测量	能进行各类平面点位的放样； 能进行不同高程位置的放样； 能进行纵横断面图测量	平面点位测设方法； 高程放样方法； 纵横断面图测量方法
数据处理	数据整理	能进行一、二、三级导线观测数据的检查与资料整理； 能进行三、四等水准观测数据的检查与资料整理； 能进行一般地区大比例尺地形图数据的整理； 能进行平面点位放样和高程位置放样的数据整理	等级导线测量成果计算和精度评定知识； 等级水准路线测量成果计算和精度评定知识； 大比例尺地形图完整性与合理性评定的知识； 平面点位放样和高程位置放样的计算和限差检查知识
	计算	能进行单一导线、单一水准路线的平差计算与成果整理； 能进行平面位置放样(主要是极坐标法放样)数据和高程放样数据计算	单一导线平差计算； 单一水准线路平差计算
仪器设备维护	仪器设备检校	能进行全站仪、GNSS接收机、水准仪等仪器设备的检校； 能进行温度计、气压计的检校； 能进行袖珍计算机的硬件连接	全站仪、GNSS接收机、水准仪等仪器设备的安全操作规程； 温度计、气压计的读数方法； 袖珍计算机的安全操作
	仪器设备保养	能进行全站仪、GNSS接收机、水准仪等仪器设备的日常保养； 能进行温度计、气压计的日常保养； 能进行袖珍计算机的日常保养	全站仪、GNSS接收机、水准仪等仪器设备的保养知识； 温度计、气压计的维护知识； 袖珍计算机的保养知识

(三) 三级/高级工

职业功能	工作内容	技能要求	相关知识要求
准备	资料准备	能根据工程需要列出各种施工控制网所需资料的清单； 能根据工程放样方法的要求准备放样数据	施工控制网的基本知识； 工程测量控制网的布网方案、施测方法及主要技术要求； 工程放样方法与数据准备
	仪器准备（根据不同专业方向选考两项）	能进行陀螺全站仪及配套设备的检视； 能进行回声测深仪及配套设备的检视； 能进行液体静力水准仪或激光铅直仪及配套设备的检视； 能进行管线探测仪器及配套设备的检视； 能进行三维激光扫描仪及配套设备的检视； 能进行测量机器人等精密设备的检视	陀螺全站仪、回声测深仪、液体静力水准仪、激光铅直仪、管线探测仪、三维激光扫描仪、测量机器人等仪器设备的工作原理； 陀螺全站仪、回声测深仪、液体静力水准仪、激光铅直仪、管线探测仪、三维激光扫描仪、测量机器人等仪器设备的结构和检视知识
测量	控制测量	能进行各类工程测量施工平面控制网的选点、埋石和观测、记录； 能进行各种工程测量施工高程控制测量网的选点、埋石和观测、记录； 能进行隧道和地下工程控制导线的选点、埋石和观测、记录； 能进行竖井联系测量	测量误差产生的原因及其分类； 水准、水平角、垂直角、电磁波测距等观测误差的减弱措施； GNSS测量误差来源及其减弱措施； 工程测量细部放样网的布网原则、施测方法及主要技术要求； 高程控制测量网的布设方案及测量知识； 地下导线测量知识； 竖井联系测量方法； 工程施工控制网观测的记录和限差要求
	地形测量	能进行大比例尺地形图测绘； 能进行水下地形测绘	数字化成图的知识； 水下地形测量的施测方法
	工程测量（根据不同专业方向选考两项）	能进行各类工程建(构)筑物方格网轴线测设、放样及规划改正的测量、记录； 能进行各种线路工程中线的测设、验线和调整； 能进行变形测量的观测、记录； 能进行城市地下管线的外业探测、记录； 能进行城市建设工程竣工规划的核实测量； 能进行地质勘探工程测量； 能进行贯通测量的施测和贯通误差的调整； 能进行水工建筑物的施工放样	各类工程建(构)筑物方格网轴线测设及规划改正； 各种线路工程测量知识； 各种圆曲线、缓和曲线测设方法； 变形观测的方法、精度要求和观测频率； 城市地下管线测量的施测方法及主要操作流程； 城市建设工程规划核实测量知识； 地质勘探工程点、勘探线剖面以及物化探测量知识； 地质勘探坑道测量知识； 贯通测量知识及贯通误差概念； 水利工程坝体施工测量及水工建筑物细部放样知识

职业功能	工作内容	技能要求	相关知识要求
数据处理	数据整理（根据不同专业方向选考两项）	能进行各类工程施工控制网原始观测数据的检查与整理； 能进行各类工程施工控制网轴线测设、放样及规划改正测量成果的检查与整理； 能进行各种线路工程中线的测设、验线和调整的检查与整理； 能进行变形测量数据的检查与整理； 能进行城市地下管线探测数据的检查与整理； 能进行城市建设工程竣工规划核实测量数据的检查与整理； 能进行地质勘探工程测量和贯通测量等测量的数据检查与整理	各类工程施工控制网相关知识； 各种轴线、中线测设、调整测量的计算； 变形测量数据记录和限差； 城市地下管线探测数据记录和限差； 城市建设工程竣工规划核实测量数据记录和限差； 地质勘探工程测量和贯通测量数据记录和限差
	计算	能进行各种导线网、水准网的平差计算及精度评定； 能进行轴线测设与细部放样数据的计算； 能进行变形测量的数据处理	高斯投影的基本知识； 衡量测量成果精度的指标； 放样数据计算方法； 变形测量数据处理的方法与步骤
质量管理与技术指导	控制测量检验	能进行各等级导线、水准测量的观测、计算成果的检查； 能进行各种工程施工控制网观测成果的检查	各等级导线、水准测量精度指标、质量要求和成果整理的知识； 各种工程施工控制网观测成果的限差规定、质量要求
	地形测量检验	能进行大比例尺地形图测绘的检查； 能进行水下地形测量的检查	地形图测绘的精度指标、质量要求； 水下地形测量的精度指标、施测方法和检查方法
	工程测量检验	能进行各类工程细部点放样的数据检查与现场验测； 能进行纵横断面图测绘的检查； 能进行城市地下管线探测成果的检查	各类工程细部点放样验算方法和精度要求； 纵横断面图测绘的精度指标、质量要求； 城市地下管线探测技术规程、质量要求和检查方法
	技术指导	能在作业过程中指导初、中级工程测量员进行生产作业； 能发现并纠正初、中级工程测量员在作业过程中的错误	技术指导的工作内容； 技术指导的方法

续表

职业功能	工作内容	技能要求	相关知识要求
仪器设备维护	仪器设备检校	能进行陀螺全站仪、回声测深仪、液体静力水准仪、激光铅直仪、管线探测仪、三维激光扫描仪、测量机器人等设备的检校； 能进行电子计算机的硬件连接； 能进行各种电子仪器设备的常规操作及相互间的数据传输	陀螺全站仪、回声测深仪、液体静力水准仪、激光铅直仪、管线探测仪、三维激光扫描仪、测量机器人等精密测绘仪器的性能、检校方法； 电子计算机的操作知识； 各种电子仪器的操作与数据传输知识
	仪器设备保养	能进行陀螺全站仪、回声测深仪、液体静力水准仪、激光铅直仪、管线探测仪、三维激光扫描仪、测量机器人等设备的日常保养； 能进行电子计算机的日常维护保养	陀螺全站仪、回声测深仪、液体静力水准仪、激光铅直仪、管线探测仪、三维激光扫描仪、测量机器人等精密测绘仪器的保养常识； 电子计算机的维护保养知识

（四）二级/技师

职业功能	工作内容	技能要求	相关知识要求
准备	资料收集与分析	能根据所收集的相关等级控制点信息进行可利用和兼容性分析； 能根据工程需要收集工程规划图、设计图和已有地形图资料并进行可用性分析	各等级控制点间相互关系及成果应用知识； 地形图更新的要求； 工程规划设计的基础知识
	方案编制（根据不同专业方向选考两项）	能根据工程特点编制各类工程测量控制网的施测方案； 能按照实际需要编制变形观测方案； 能根据现场条件编制竖井定向联系测量施测方案； 能根据工程特点编制施工放样方案； 能编制特种工程测量控制网施测方案	运用误差理论进行主要测量方法（GNSS测量、导线测量、水准测量等）的精度分析与估算； 主要工程测量控制网精度的确定； 变形观测方法与精度等级的确定； 地下控制测量的特点、施测方法及精度设计知识； 施工放样方法的精度分析及选择； 特种工程测量控制网的布设与精度要求
测量	控制测量	能进行各等级测图控制网施测的协调与管理； 能进行各等级施工控制网施测的协调与管理	工程控制网布设生产流程； 工程控制网布设生产组织的知识

续表

职业功能	工作内容	技能要求	相关知识要求
测量	地形测量	能进行大比例尺地形图的生产与组织； 能进行大比例尺地形图施测的协调与管理； 能进行水下地形测绘施测的协调与管理	地形测量生产组织的知识； 地形测量管理的知识
	工程测量（根据不同专业方向选考两项）	能进行建筑工程建设中各阶段测量工作的协调与管理； 能进行市政工程建设中各阶段测量工作的协调与管理； 能进行水利工程建设中各阶段测量工作的协调与管理； 能进行线路与桥隧建设中各阶段测量工作的协调与管理； 能进行地下管线探测工作的协调与管理； 能进行地质勘探测量工作的协调与管理； 能进行其他各类精密工程测量工作的协调与管理； 能进行城市建设工程规划核实测量工作的协调与管理； 能进行特种工程测量施测的协调与管理	各类工程建设项目对测量工作的要求； 工程建设各阶段测量工作内容的知识； 工程测量项目管理知识
数据处理	平差计算	能进行各种常规工程测量控制网的平差计算； 能进行各种常规工程测量控制网平差结果的精度评定； 能进行不同坐标系统之间的转换	各种测量控制网的平差计算； 各种测量控制网精度评定的方法； 坐标系统转换知识
	数据分析（根据不同专业方向选考两项）	能进行规划测量数据的分析比较； 能进行变形测量数据成果的分析处理； 能进行地质勘探测量成果分析	测量数理统计知识和统计图表； 变形观测资料整编与成果计算的知识； 勘探线端点与方格网交点距离计算方法及要求； 勘探线上工程点偏离距投影计算方法及要求

续表

职业功能	工作内容	技能要求	相关知识要求
质量管理与技术指导	控制测量检查	能进行各种工程施工控制网测量成果的检查； 能进行各种工程施工控制网测量成果的精度评定与资料整理	各等级 GNSS 网、导线网、水准网的质量检查验收标准； 各种工程施工控制网的质量检查验收标准
	工程测量检查(根据不同专业方向选考两项)	能进行各种工程轴线(中线)测设的数据检查与现场验测； 能进行城市建设工程规划核实测量成果的检查； 能进行变形观测成果的检查； 能进行地质勘探测量成果检查	各种工程轴线(中线)的检验方法和精度要求； 城市建设工程规划核实测量的质量验收标准； 变形观测成果的质量验收标准； 地质勘探测量成果的质量验收标准
	技术指导与培训	能根据工程特点与难点对高级工程测量员进行具体的技术指导； 能根据培训计划与内容进行技术培训的授课； 能撰写本专业的技术报告； 能及时了解并应用测绘新技术和新方法	技术指导与技术培训的基本知识； 技术报告的撰写知识； 测绘新技术、新方法的应用知识

(五) 一级/高级技师

职业功能	工作内容	技能要求	相关知识要求
准备	资料收集与分析	能根据工程项目特点列出技术设计所需的资料清单； 能针对技术设计书的编制要求，进行所收集资料的可靠性和可利用性分析	工程测量技术管理的规定； 坐标系统、高程基准和地形图等成果的历史沿革知识
	技术设计书编制(根据不同专业方向选考两项)	能根据测区情况和成图方法的不同要求编制各种比例尺地形图测绘的技术设计书； 能根据工程的具体情况与工程要求编制变形观测的技术设计书； 能编制精密工程测量的技术设计书； 能根据工程项目特点编制其他工程测量的技术设计书	工程测量技术设计书编写的基本要求； 工程测量技术设计书编写的主要内容

续表

职业功能	工作内容	技能要求	相关知识要求
测量	控制测量	能根据规范和有关技术规定的要求对工程控制网测量中的疑难技术问题提出解决方案	控制测量规范及有关技术规定； 工程控制网测量问题分析处理方法
	地形测量	能根据测区自然地理条件或工程建设要求对各种比例尺地形图的地物、地貌表示提出解决方案	地形图测绘的相关技术标准； 地形图综合取舍处理的知识
	工程测量	能根据工程建设实际需要对工程测量中的技术问题提出解决方案	工程管理的基本知识； 工程测量问题分析处理方法
数据处理	平差计算	能进行 CPⅢ 测量控制网的平差计算； 能进行其他精密工程控制网的平差计算	CPⅢ 测量控制网的知识； 平差计算处理方法
	数据分析	能进行工程测量控制网的精度估算与优化设计； 能进行建筑物变形观测值的统计与分析	测量控制网精度估算与优化设计知识； 建筑物变形观测值的统计与分析知识
质量管理与技术指导	质量审核与验收（根据不同专业方向选考两项）	能进行各类工程测量成果的审核与验收； 能进行各种成图方法与比例尺地形图测绘成果资料的审核与验收； 能进行建筑物变形观测； 成果整编的审核与验收； 能根据各类成果资料审核与验收的具体情况编写测量的质量技术报告	工程测量成果审核与验收技术规定； 地形图测绘成果验收技术规定； 建筑物变形观测成果资料验收技术规定； 测量成果验收技术报告的编写知识
	技术指导与培训	能根据工程测量作业中遇到的疑难问题对其他等级工程测量员进行技术指导； 能根据本单位实际情况制定技术培训规划并编写培训计划 能及时掌握测绘新技术和新方法，并能开展专题培训	制定技术培训规划的知识； 技术指导方案的内容及编写方法； 测绘新技术、新方法

四、工程测量员实习规定

（一）测量实习规定

（1）测量工作的基本要求是每一位从事工程建设的人员都必须掌握必要的测量知识和技能，坚持"质量第一"的观点，具备严肃认真的工作态度，保持测量成果的真实性、客观性和原始性，爱护测量仪器与工具。

（2）在测量实验之前，应复习教材中的有关内容，认真仔细地预习实验或阅读实验指导书，明确实验目的与要求，熟悉实验步骤，注意有关事项，并准备好所需文具用品，以保证按时完成实验任务。

（3）实验分小组进行，组长负责组织协调工作，办理所用仪器工具的借领和归还手续。

（4）实验应在规定的时间进行，不得无故缺席或迟到早退；应在指定的场地进行，不得擅自改变地点或离开现场。

（5）必须严格遵守教材列出的"测量仪器工具的借领与使用规则"和"测量记录与计算规则"。

（6）服从教师的指导，每人都必须认真、仔细地操作，培养独立工作能力和严谨的科学态度，同时要发扬互相协作精神。每项实验都应取得合格的成果并提交书写工整规范的实验报告，经指导教师审阅签字后，方可交还测量仪器和工具，结束实验。

（7）实验过程中，应遵守纪律，爱护现场的花草树木，爱护周围的各种公共设施，任意踩踏或损坏者应予赔偿。

（二）测量仪器工具的借领与使用规则

1. 测量仪器工具的借领

（1）在教师指定的地点办理借领手续，以小组为单位领取仪器工具。

（2）借领时应该当场清点检查：实物与清单是否相符，仪器工具及其附件是否齐全，背带及提手是否牢固，脚架是否完好等。如有缺损，可以补领或更换。

（3）离开借领地点之前，必须锁好仪器箱并捆扎好各种工具。搬运仪器工具时，必须轻取轻放，避免剧烈振动。

（4）借出仪器工具之后，不得与其他小组擅自调换或转借。

（5）实验结束，应及时收装仪器工具，送还借领处检查验收，消除借领手续。如有遗失或损坏，应写出书面报告说明情况，并按有关规定给予赔偿。

2. 测量仪器使用注意事项

（1）携带仪器时，应注意检查仪器箱盖是否关紧锁好，拉手、背带是否牢固。

（2）打开仪器箱之后，要看清并记住仪器在箱中的安放位置，避免以后装箱困难。

（3）提取仪器之前，应注意先松开制动螺旋，再用双手握住支架或基座轻轻取出仪器，放在三脚架上，保持一手握住仪器，一手去拧连接螺旋，最后旋紧连接螺旋使仪器与脚架连接牢固。

（4）装好仪器之后，注意随即关闭仪器箱盖，防止灰尘和湿气进入箱内。仪器箱上严禁坐人。

（5）人不离仪器，必须有人看护，切勿将仪器靠在墙边或树上，以防跌损。

（6）在野外使用仪器时，应该撑伞，严防日晒雨淋。

（7）若发现透镜表面有灰尘或其他污物，应先用软毛刷轻轻拂去，再用镜头纸擦拭，严禁用手帕、粗布或其他纸张擦拭，以免损坏镜头。观测结束后应及时套好物镜盖。

（8）各制动螺旋勿扭过紧，微动螺旋和脚螺旋不要旋到顶端。使用各种螺旋都应均匀用力，以免损伤螺纹。

（9）转动仪器时，应先松开制动螺旋，再平衡转动。使用微动螺旋时，应先旋紧制动螺旋，动作要准确、轻捷，用力要均匀。

（10）使用仪器时，对仪器性能尚未了解的部件，未经指导教师许可，不得擅自操作。

（11）仪器装箱时，要放松各制动螺旋，装入箱后先试关一次，在确认安放稳妥后，再拧紧各制动螺旋，以免仪器在箱内晃动、受损，最后关箱上锁。

（12）测距仪、电子经纬仪、电子水准仪、全站仪、GPS等电子测量仪器，在野外更换电池时，应先关闭仪器的电源。装箱之前，也必须先关闭电源。

（13）仪器搬站时，对于长距离或难行地段，应将仪器装箱，再进行搬站。在短距离和平坦地段，先检查连接螺旋，再收拢脚架，一手握基座或支架，一手握脚架，竖直地搬移，严禁横杠仪器进行搬移。罗盘仪搬站时，应将磁针固定，使用时再将磁针放松。装有自动归零补偿器的经纬仪搬站时，应先旋转补偿器关闭螺旋将补偿器托起才能搬站，观测时应记住及时打开。

3. 测量工具使用注意事项

（1）水准尺、标杆禁止横向受力，以防弯曲变形。作业时，水准尺、标杆应由专人认真扶直，不准贴靠树上、墙上或电线杆上，不能磨损尺面分划和漆皮。塔尺的使用，还应注意接口处的正确连接，用后及时收尺。

（2）测图板使用时，应注意保护板面，不得乱写乱扎，不能施以重压。

（3）皮尺要严防潮湿，万一潮湿，应晾干后再收入尺盒内。

（4）钢尺使用时，应防止扭曲、打结和折断，防止行人踩踏或车辆碾压，尽量避免尺身着水。携尺前进时，应将尺身提起，不得沿地面拖行，以防损坏分划。用完钢尺，应擦净、涂油，以防生锈。

（5）小件工具如垂球、测钎、尺垫等的使用，应用完即收，防止遗失。

（6）使用测距仪或全站仪的反光镜时，若发现反光镜表面有灰尘或其他污物，应先用软毛刷轻轻拂去，再用镜头纸擦拭。严禁用手帕、粗布或其他纸张擦拭，以免损坏镜头。

（三）测量记录与计算规则

（1）所有观测成果均要使用硬性（2H或3H）铅笔记录，同时熟悉表上各项内容及填写、计算方法。

（2）记录观测数据之前，应将表头的仪器型号、日期、天气、测站、观测者及记录者姓名等填写齐全。

（3）观测者读数后，记录者应随即在测量手簿上的相应栏内填写，并复诵回报，以防听错、记错。不得另纸记录或事后转抄。

（4）记录时要求字体端正清晰，字体的大小一般占格宽的1/2左右，字脚靠近底线，留出空隙作改正错误用。

（5）数据要全，不能省略零位，如水准尺读数1.300。度盘读数中的"0"均应填写，如0°01′08″。

（6）水平角观测，秒值读记错误应重新观测，角度观测度、分读记错误可在现场更正，但同一方向盘左、盘右不得同时更改相关数字。角度观测度、分的读数，在各测回中不得连环更改。

（7）距离测量和水准测量中，厘米及以下数值不得更改，米和分米的读记错误，在同一距离、同一高差的往返测或两次测量的相关数字不得连环更改。

（8）更正错误，均应将错误数字、文字整齐划去，在上方另记正确数字和文字。划改的数字和超限划去的成果，均应注明原因和重测结果的所在页数。手簿原始记录不得用橡皮擦、刀片刮，也不得随意涂改、就字改字。

(9) 按四舍六入、五前单进双舍(或称奇进偶不进)的取数规则进行计算，如数据 1.123 5 和 1.124 5 进位均为 1.124。

(四) 测量的计量单位

1. 长度单位

$$1 \text{ km} = 1 \ 000 \text{ m}$$

$$1 \text{ m} = 10 \text{ dm} = 100 \text{ cm} = 1 \ 000 \text{ mm}$$

2. 面积单位

面积单位是 m^2，大面积则用公顷或 km^2 表示，在农业上常用市亩作为面积单位。

$$1 \text{ 公顷} = 10 \ 000 \text{ m}^2 = 15 \text{ 市亩}$$

$$1 \text{ km}^2 = 100 \text{ 公顷} = 1 \ 500 \text{ 市亩}$$

$$1 \text{ 市亩} = 666.67 \text{ m}^2$$

3. 体积单位

体积单位是 m^3，在工程上简称"立方"或"方"。

4. 角度单位

测量常用的角度单位制有度分秒制和弧度制两种。

(1) 度分秒制：

$$1 \text{ 圆周角} = 360°$$

$$1° = 60'$$

$$1' = 60''$$

(2) 弧度制：弧长等于圆半径的圆弧所对的圆心角，称为一个弧度，用 ρ 表示。

$$1 \text{ 圆周角} = 2\pi$$

$$\rho° = 1 \text{ rad} = \frac{180°}{\pi} \approx 57.3°$$

$$\rho' = \frac{180°}{\pi} \times 60 \approx 3 \ 438'$$

$$\rho'' = \frac{180°}{\pi} \times 60 \times 60 \approx 206 \ 265''$$

知识链接

北斗测珠峰

工程测量员
发展前景及
就业单位

工程测量员
工作内容

工程测量员
职业要求

中国大地
原点

中国水准
原点

模块二

工程测量员（中级）职业技能鉴定指导

项目一

水准仪操作

知识目标

了解 DS3 微倾式水准仪各部件的名称及作用；

掌握 DS3 微倾式水准仪的基本操作程序；

掌握水准测量的原理及基本测法、记录、计算；

掌握单面尺法高程测设的方法；

掌握四等水准测量(附合水准路线、支水准路线)的观测顺序及各项限差要求；

掌握四等水准测量外业数据的记录、计算及内业成果的计算。

技能目标

练习水准仪的安置、粗平、瞄准、精平与读数；

能用双面尺法往返测量地面两点间的高差，并求出指定点高程；

练习用一般方法测设高程；

练习四等水准测量(附合水准路线、支水准路线)并做记录及核算。

素质目标

增强系统思维：通过观测操作和数据记录训练，提升系统思维能力的培养；

增强创新思维：弄清附合水准路线和支水准路线的区别，实现测设手段的创新；

追求卓越精神品质：灵活运用观测方法，通过规范的操作和精确的计算，让数据更为精准。

任务一　水准测量(双面尺法)

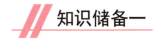

知识储备一

水准仪的认识

水准测量所使用的仪器为水准仪,工具有水准尺和尺垫。

国产水准仪按其精度分类,有 DS05,DS1,DS3 及 DS10 等几种型号,其中 05,1,3 和 10 表示水准仪精度等级。

一、DS3 微倾式水准仪的构造

DS3 微倾式水准仪主要由望远镜、水准器及基座三部分组成,如图 2-1-1 所示。

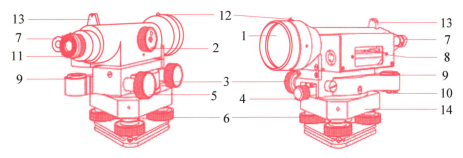

1—物镜; 2—物镜调焦螺旋; 3—微动螺旋; 4—制动螺旋; 5—微倾螺旋;
6—脚螺旋; 7—符合水准器观测窗; 8—管水准器; 9—圆水准器; 10—校正螺丝;
11—目镜调焦螺旋; 12—准星; 13—照门; 14—基座

图 2-1-1　DS3 微倾式水准仪

(一) 望远镜

望远镜是用来精确瞄准远处目标并对水准尺进行读数的。它主要由物镜、目镜、对光透镜和十字丝分划板组成。

1. 十字丝分划板

十字丝分划板是用来瞄准目标和读数的,如图 2-1-2 所示。

2. 物镜和目镜

物镜和目镜多采用复合透镜组,目标 *AB* 经过物镜成像后

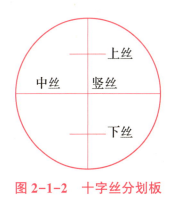

图 2-1-2　十字丝分划板

形成一个倒立而缩小的实像 ab，移动对光透镜，可使不同距离的目标均能清晰地成像在十字丝平面上，再通过目镜的作用，便可看清同时放大了的十字丝和目标影像 $a'b'$。

3. 视准轴

十字丝交点与物镜光心的连线，称为视准轴 CC。视准轴的延长线即视线，水准测量就是在视准轴水平时，用十字丝的中丝在水准尺上截取读数的测量方法。

（二）水准器

1. 管水准器

管水准器（又称水准管）用于精确整平仪器，如图 2-1-3 所示。它是一玻璃管，其纵剖面方向的内壁研磨成一定半径的圆弧形，水准管上一般刻有间隔为 2 mm 的分划线，分划线的中点 O 称为水准管零点，通过零点与圆弧相切的纵向切线 LL 称为水准管轴。水准管轴平行于视准轴。

如图 2-1-4 所示，水准管上 2 mm 圆弧所对的圆心角 τ，称为水准管的分划值，水准管分划越小，水准管灵敏度越高，用其整平仪器的精度也越高。DS3 微倾式水准仪的水准管分划值为 20″，记作 20″/2 mm。

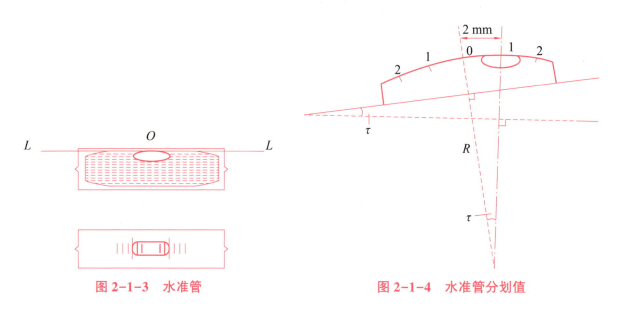

图 2-1-3　水准管　　　　　　　　　　图 2-1-4　水准管分划值

为了提高水准管气泡居中的精度，应采用符合水准器，如图 2-1-5 所示。

2. 圆水准器

圆水准器装在水准仪基座上，用于粗略整平，如图 2-1-6 所示。圆水准器顶面的玻璃内表面研磨成球面，球面的正中刻有圆圈，其圆心称为圆水准器的零点。过零点的球面法线 $L'L'$ 称为圆水准器轴，圆水准器轴 $L'L'$ 平行于仪器竖轴 VV。

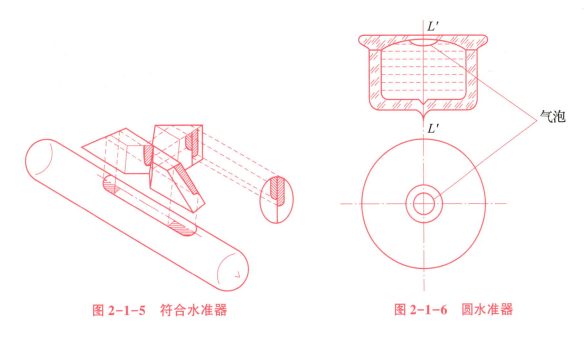

图 2-1-5　符合水准器　　　　　　　　　图 2-1-6　圆水准器

气泡中心偏离零点 2 mm 时竖轴所倾斜的角值，称为圆水准器的分划值，一般为 $8' \sim 10'$，其精度较低。

(三) 基座

基座的作用是支承仪器的上部，并通过连接螺旋与三脚架连接。它主要由轴座、脚螺旋、底板和三脚压板构成。转动脚螺旋，可使圆水准气泡居中。

二、水准尺和尺垫

(一) 水准尺

水准尺是进行水准测量时与水准仪配合使用的标尺。常用的水准尺有塔尺和双面尺两种。

1. 塔尺

塔尺是一种逐节缩小的组合尺，其长度为 2~5 m，由两节或三节连接在一起，尺的底部为零点，尺面上黑白格相间，每格宽度为 1 cm，有的为 0.5 cm，在米和分米处有数字注记。

2. 双面水准尺

如图 2-1-7 所示，双面水准尺的尺长为 3 m，两根尺为一对。尺的双面均有刻划，一面为黑白相间，称为黑面尺(又称主尺)；另一面为红白相间，称为红面尺(又称辅尺)。两面的刻划均为 1 cm，在分米处注有数字。两根尺的黑面尺尺底均从零开始，而红面尺尺底，一根从 4.687 m 开始，另一根从 4.787 m 开始。在视线高度不变的情况下，同一根水准尺的红面和黑面读数之差应等于常数 4.687 m 或 4.787 m，这个常数称为尺常数，用 K 来表示，以此可以检核读数是否正确。

（二）尺垫

如图 2-1-8 所示，尺垫是由生铁铸成的，一般为三角形板座，其下方有三个脚，可以踏入土中。尺垫上方有一突起的半球体，水准尺立于半球顶面。尺垫用于转点处。

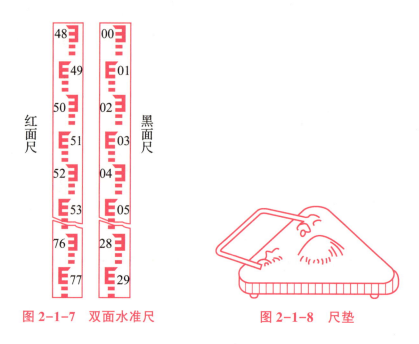

图 2-1-7　双面水准尺　　　　　　图 2-1-8　尺垫

技能指导一

职业技能鉴定题目：

DS3 微倾式水准仪各组成部分的名称、功能。

职业技能指导：

DS3 倾式水准仪各组成部分的名称参考图 2-1-1，功能详见知识储备一。

知识储备二

水准仪的使用

DS3 微倾式水准仪的基本操作程序：安置仪器、粗略整平、瞄准水准尺、精确整平和读数。

一、安置仪器

（1）在测站上松开三脚架架腿的固定螺旋，按需要的高度调整架腿长度，再拧紧固定螺旋，张开三脚架，将架腿踩实，并使三脚架架头大致水平。

（2）从仪器箱中取出水准仪，用连接螺旋将水准仪固定在三脚架架头上。

二、粗略整平

通过调节脚螺旋使圆水准器气泡居中，具体操作步骤如下。

（1）如图2-1-9所示，用两手按箭头所指的相对方向转动脚螺旋1和2，使气泡沿着1，2连线方向由 a 移至 b。

（2）用左手按箭头所指方向转动脚螺旋3，使气泡由 b 移至中心。

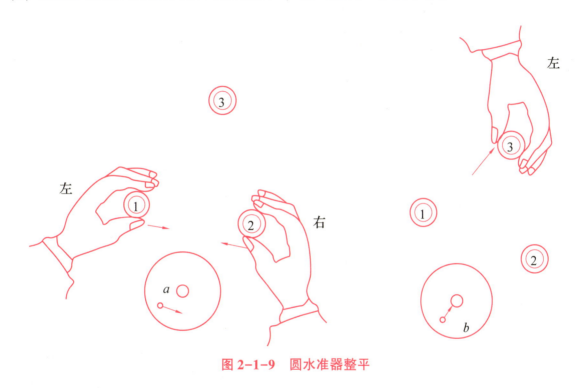

图 2-1-9　圆水准器整平

整平时，气泡移动的方向与左手大拇指旋转脚螺旋时的移动方向一致，与右手大拇指旋转脚螺旋时的移动方向相反。

三、瞄准水准尺

（1）目镜调焦。

松开制动螺旋，将望远镜转向明亮的背景，转动目镜对光螺旋，使十字丝成像清晰。

（2）初步瞄准。

通过望远镜筒上方的照门和准星瞄准水准尺，旋紧制动螺旋。

（3）物镜调焦。

转动物镜对光螺旋，使水准尺的成像清晰。

（4）精确瞄准。

转动微动螺旋，使十字丝的竖丝瞄准水准尺边缘或中央，如图 2-1-10 所示。

（5）消除视差。

眼睛在目镜端上下移动，有时可看见十字丝的中丝与水准尺影像之间有相对移动，这种现象叫视差。产生视差的原因是水准尺的物像与十字丝平面不重合，如图 2-1-11（a）所示。视差的存在将影响读数的正确性，应予以消除。消除视差的方法是仔细地转动物镜对光螺旋，直至物像与十字丝平面重合，如图 2-1-11（b）所示。

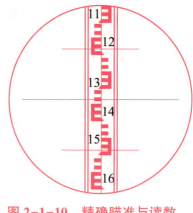

图 2-1-10　精确瞄准与读数

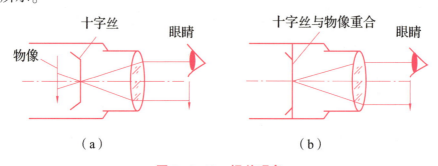

（a）　　　　　　　　　　　（b）

图 2-1-11　视差现象

（a）存在视差；（b）没有视差

四、精确整平

精确整平简称精平。眼睛观察水准气泡观察窗内的气泡影像，用右手缓慢地转动微倾螺旋，使气泡两端的影像严密吻合，此时视线即水平视线。微倾螺旋的转动方向与左侧半气泡影像的移动方向一致，如图 2-1-12 所示。

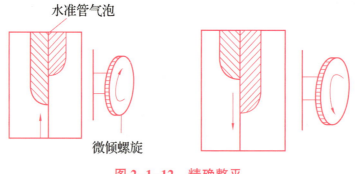

图 2-1-12　精确整平

五、读数

符合水准器气泡居中后，应立即用十字丝中丝在水准尺上读数。读数时应从小数向大数读，如果从望远镜中看到的水准尺影像是倒像，在尺上应从上到下读取。直接读取米、分米和厘米，并估读出毫米，共4位数。由图2-1-10可知，读数是1.335 m。读数后再检查符合水准器气泡是否居中，若不居中，应再次精平，重新读数。

技能指导二

职业技能鉴定题目：

检验DS3微倾式水准仪圆水准器轴。

职业技能指导：

将DS3微倾式水准仪安置好后，把水准仪望远镜旋转180°，检查圆水准器气泡是否居中。

知识储备三

知识一 水准测量原理

水准测量的基本测法。如图2-1-13所示，已知A点的高程为H_A，只要能测出A点至B点的高程之差，简称高差h_{AB}，则B点的高程H_B为

$$H_B = H_A + h_{AB} \tag{2-1-1}$$

因此只需用水准测量方法测定高差h_{AB}即可。

水准测量的原理示意如图2-1-13所示，在A、B两点上竖立水准尺，并在A、B两点之间安置一架可以得到水平视线的仪器即水准仪，设水准仪的水平视线截在尺上的位置分别为M、N点，过A点作一水平线与过B点的竖线相交于C点。因为BC的高度就是A、B两点之间的高差h_{AB}，所以由矩形MACN就可以得到h_{AB}的计算式为

$$h_{AB} = a - b \tag{2-1-2}$$

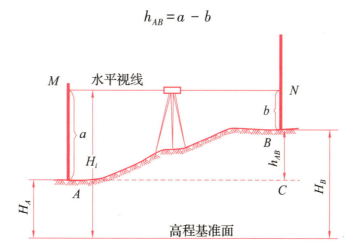

图2-1-13 水准测量的原理示意图

测量时，a，b 的值是用水准仪瞄准水准尺时直接读取的读数值。因为 A 点为已知高程的点，通常称为后视点，其读数 a 为后视读数，而 B 点称为前视点，其读数 b 为前视读数，即

$$h_{AB} = 后视读数 - 前视读数$$

实际上高差 h_{AB} 有正有负。由式（2-1-2）可知，当 a 大于 b 时，h_{AB} 值为正，这种情况是 B 点高于 A 点，地形为上坡；当 a 小于 b 时，h_{AB} 值为负，即 B 点低于 A 点，地形为下坡。但无论 h_{AB} 值为正或负，式（2-1-2）始终成立。为了避免计算中产生正负符号上的错觉，在书写高差 h_{AB} 时必须注意 h 下面的小字脚标 AB，前面的字母代表了已知后视点的点号，也就是说 h_{AB} 是表示由已知高程的后视点 A 推算至未知高程的前视点 B 的高差。

知识二　双面尺法

用双面尺法分别对双面水准尺的黑面和红面进行观测。利用前后视的黑面和红面读数，分别算出两个高差。如果不符值但不超过规定的限差（如四等水准测量容许值为 ±5 mm），取其平均值作为该测站最后结果，否则需要重测。

∥ 技能指导三

职业技能鉴定题目：

根据已知水准点_____（$H=$_____ m），用双面尺法往返测出指定点_____的高程并做好相应记录。

职业技能指导：

已知水准点__A__（$H=$__10.000__ m），用双面尺法往返测出指定点__B__的高程并做好相应记录，填在表 2-1-1 中。

表 2-1-1　水准测量（双面尺法）观测手簿

测站编号	点名	后视读数/mm	前视读数/mm	高差/m	平均高差/m	往返平均高差/m	高程/m	尺常数 K 检验	备注
1	A	a_1 / a_2		h_1	$h_往$		H_A	$K_1 = 4\,787$ / $K_2 = 4\,687$	
	B		b_1 / b_2	h_2		h_{AB}	H_B		
2	B	a_1 / a_2		h_1	$h_返$			$K_1 = 4\,687$ / $K_2 = 4\,787$	
	A		b_1 / b_2	h_2					

测站编号	点名	后视读数/mm	前视读数/mm	高差/m	平均高差/m	往返平均高差/m	高程/m	尺常数K检验	备注
1	A	1 438		+0.656	+0.654		10.000	$K_1 = 4\ 787$	
		6 220						$K_2 = 4\ 687$	
	B		0 782	+0.751		+0.655	10.655		
			5 469						
2	B	0 918		−0.654	−0.656			$K_1 = 4\ 687$	
		5 605						$K_2 = 4\ 787$	
	A		1 572	−0.757					
			6 362						

操作步骤如下。

（1）在 A、B 两点上竖立水准尺，并在 A、B 两点大概中间位置安置水准仪，使得圆水准器气泡居中。

（2）照准先瞄准后视尺 A，消除视差。精平后读取后视尺黑面中丝读数值 $a_1 = 1\ 438$ mm，并记入水准测量（双面尺法）观测手簿中，见表 2-1-1。

（3）平转望远镜照准前视尺 B，精平后读取前视读数值 $b_1 = 0\ 782$ mm，并记入水准测量（双面尺法）观测手簿中，见表 2-1-1。A、B 两点之间的高差 $h_1 = a_1 - b_1 = (1\ 438 - 782)$ mm $= +0.656$ m。

（4）重新安置水准仪，使得圆水准器气泡居中。

（5）照准先瞄准后视尺 A，消除视差。精平后读取后视尺红面中丝读数值 $a_2 = 6\ 220$ mm，并记入水准测量（双面尺法）观测手簿中，见表 2-1-1。

（6）平转望远镜照准前视尺 B，精平后读取前视读数值 $b_2 = 5\ 469$ mm，并记入水准测量（双面尺法）观测手簿中，见表 2-1-1。A、B 两点之间的高差 $h_2 = a_2 - b_2 = (6\ 220 - 5\ 469)$ mm $= +0.751$ m。

因此，往测平均高差 $h_{往} = \dfrac{h_1 + (h_2 \pm 0.1)}{2} = \dfrac{+0.656 + (0.751 - 0.1)}{2}$ m $= +0.654$ m。

（7）按上述步骤进行 A 点到 B 点的返测，得返测平均高差 $h_{返} = \dfrac{h_1 + (h_2 \pm 0.1)}{2} = \dfrac{-0.654 + (-0.757 + 0.1)}{2}$ m $= -0.656$ m。

（8）因为，计算得往返平均高差之差为 ± 2 mm，在 ± 5 mm 范围内，符合要求。所以，往返平均高差平均值为 $h_{AB} = \dfrac{h_{往} + h_{返}}{2} = \dfrac{+(0.654 + 0.656)}{2}$ m $= +0.655$ m，往返高差的平均值的符号以往测为准。

(9) 已知 A 点的高程 $H_A = 10.000\ m$，B 点高程 $H_B = H_A + h_{AB} = [10.000 + (+0.655)]\ m = 10.655\ m$。

鉴定工作页

地区：_____ 姓名：_____ 准考证号：_____ 单位名称：_____

(1) 本题分值：30 分。

(2) 考核时间：20 min。

(3) 考核要求。

① 说出 DS3 微倾式水准仪各组成部分的名称、功能。

② 检验其圆水准器轴是否合乎要求。

③ 根据已知水准点_____($H =$ _____ m)，用双面尺法往返测出指定点_____的高程并做好相应记录，记录在表 2-1-2 中。

④ 圆水准器轴检验结论：_____。

表 2-1-2　水准测量(双面尺法)观测手簿

测站编号	点名	后视读数/mm	前视读数/mm	高差/m	平均高差/m	往返平均高差/m	高程/m	尺常数 K 检验	备注

评分标准

评分标准

技能拓展

(1) DS3 微倾式水准仪的基本操作程序有哪些?

(2) 粗略整平时，气泡移动的方向与左手大拇指旋转脚螺旋时的方向是否一致?

(3) 如何精确整平?

(4) 在同一水平视线下，是否某点水准尺的读数越大则该点高程就越

参考答案

低，反之亦然？

任务二　单面尺法高程测设

知识储备

一般高程测设

　　一般情况下，放样高程位置均低于水准仪视线高度且不超出水准尺的工作长度。如图2-1-14所示，A 为已知点，其高程为 H_A，欲在 B 点定出高程为 H_B 的位置。具体放样过程为先在 B 点打一长木桩，将水准仪安置在 A、B 点之间，在 A 点立水准尺，后视 A 尺并读数 a，计算 B 点处水准尺应有的前视读数 b 为

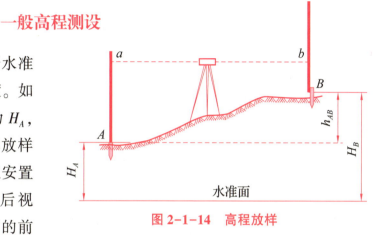

图 2-1-14　高程放样

$$b=(H_A+a)-H_B \tag{2-1-3}$$

　　靠 B 点木桩侧面竖立水准尺，上下移动水准尺，当水准仪在尺上的读数恰好为 b 时，在木桩侧面紧靠尺底画一横线，此横线即设计高程 H_B 的位置。也可在 B 点桩顶竖立水准尺并读取读数 b'，再用钢卷尺自桩顶向下量 bb' 即得高程 H_B 的位置。

　　为了提高放样精度，放样前应仔细检校水准仪和水准尺；放样时尽可能使前后视距相等；放样后可按水准测量的方法观测已知点与放样点之间的实际高差，并以此对放样点进行检核和必要的归化改正。

技能指导

职业技能鉴定题目：

　　（1）说出 DS3 微倾式水准仪各组成部分的名称、功能。

　　详见模块二项目一任务一中的技能指导一。

　　（2）检验其圆水准器轴是否合乎要求。

　　详见模块二项目一任务一中的技能指导二。

　　（3）已知水准点_____（$H=$_____ m），根据指定设计高程_____ m 标定出其相应位置并做好标记；测出已知点和标定点之间的高差，要求与设计高差相差在±5 mm 范围内。

职业技能指导：

如图 2-1-15 所示，已知水准点 3（H = ___44.680___ m），根据指定设计高程___45.000___ m 标定出其相应位置做好标记并完成相应手簿（见表 2-1-3、表 2-1-4）；测出已知点和标定点之间的高差，要求与设计高差相差在 ±5 mm 范围内。

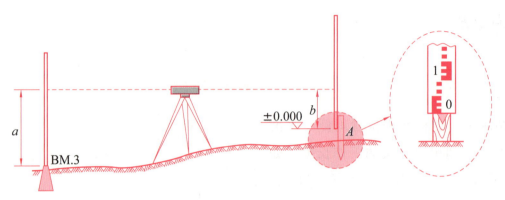

图 2-1-15　单面尺法高程测设示意图

表 2-1-3　单面尺法高程测设手簿

已知水准点		后视读数/m	仪器视线高/m	设计高程/m	前视应读数/m	备注
点名	高程/m					
3	44.680	1.556	46.236	45.000	1.236	

表 2-1-4　单面尺法高差观测手簿

测点	后视读数/mm	前视读数/mm	高差/m	备注
3	1 511		+0.323	
A		1 188		

现以此实例来说明单面尺法高程测设的方法。

如图 2-1-15 所示，某建筑物的室内地坪设计高程 $H_设$ = 45.000 m，附近有一水准点 BM.3，其高程为 H_3 = 44.680 m，将 $H_设$、H_3 已知数值填入单面尺法高程测设手簿相应位置，见表 2-1-3。现在要求把该建筑物的室内地坪高程测设到木桩 A 上，作为施工时控制高程的依据，具体测设方法如下。

（1）在水准点 BM.3 和木桩 A 之间安置水准仪，在 BM.3 上立水准尺，用水准仪的水平视线测得后视读数为 1.556 m，此时视线高程为

$$H_视 = H_3 + a = (44.680 + 1.556) \text{ m} = 46.236 \text{ m}$$

将测得的后视读数和求得的 $H_视$ 填入表 2-1-3。

（2）计算 A 点水准尺尺底为室内地坪高程时的前视读数为

$$b_{应} = H_{视} - H_{设} = (46.236 - 45.000)\text{m} = 1.236\text{ m}$$

将求得的 $b_{应}$ 填入表 2-1-3。

（3）上下移动竖立在木桩 A 侧面的水准尺，直至水准仪的水平视线在尺上截取的读数为 1.236 m 时，紧靠尺底在木桩上画一水平线，其高程即 45.000 m。

（4）放样后按水准测量的方法观测已知水准点 BM.3 上后视读数为 1 511 mm，设计高程点 A 上前视读数为 1 188 mm，记入表 2-1-4，并求得

实际高差： $\qquad h_{3A} = (1\,511 - 1\,188)\text{mm} = +0.323\text{ m}$

设计高差： $\qquad h_{3A} = H_{设} - H_3 = (45.000 - 44.680)\text{mm} = +0.320\text{ m}$

实际高差与设计高差之差为 ±3 mm，在 ±5 mm 范围内，符合要求。

鉴定工作页

地区：_____　姓名：_____　准考证号：_____　单位名称：_____

（1）本题分值：30 分。

（2）考核时间：20 min。

（3）考核要求。

①说出 DS3 微倾式水准仪各组成部分的名称、功能。

②检验其圆水准器轴是否合乎要求。

③已知水准点_____（H =_____ m），根据指定设计高程_____m 标定出其相应位置并做好标记，见表 2-1-5。

④测出已知点和标定点之间的高差，要求与设计高差相差在 ±5 mm 范围内。

⑤填写相应的记录表格，见表 2-1-6。

表 2-1-5　单面尺法高程测设手簿

已知水准点		后视读数/m	仪器视线高/m	设计高程/m	前视应读数/m	备注
点名	高程/m					

表 2-1-6　单面尺法高差观测手簿

测点	后视读数/mm	前视读数/mm	高差/m	备注

评分标准

评分标准

技能拓展

参考答案

建筑场地上水准点 A 的高程为 138.416 m，欲在待建房屋近旁的电线杆上测设出±0.000的标高，±0.000 的设计高程为 139.000 m。设水准仪在水准点 A 所立水准尺上的读数为 1.034 m，试说明测设方法。

任务三　四等水准测量(附合水准路线)

知识储备一

附合水准路线

附合水准路线是水准测量从一个高级水准点开始，结束于另一个高级水准点的水准路线，如图 2-1-16 所示。这种形式的水准路线，可使测量成果得到可靠的检核。沿这种路线进行的水准测量所测得各相邻水准点间的测段高差总和，应等于两端已知点的高差，可以作为观测正确性的检核条件，即附合水准路线的高程观测值应满足条件：

$$\sum h_{\text{理论}} = H_B - H_A \qquad (2\text{-}1\text{-}4)$$

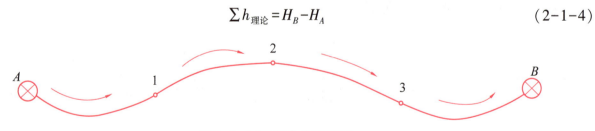

图 2-1-16　附合水准路线

技能指导一

职业技能鉴定题目：

附合水准路线观测正确性的检核条件是什么？

职业技能指导：

$\sum h_{\text{理论}} = H_B - H_A$。

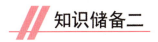 知识储备二

四等水准测量各项指标要求

用微倾式水准仪进行四等水准测量的各项作业限差要求见表 2-1-7。

表 2-1-7　用微倾式水准仪观测的主要指标要求

等级	仪器类别	视线长度/m	前后视距差/m	任一测站上前后累积视距差/m	视线离地面最低高度/m	基辅分划(黑红面)读数差/mm	基辅分划(黑红面)所测高差之差/mm
四等	DS3、DSZ3	≤100	≤5.0	≤10.0	0.2	3.0	5.0

因测站观测误差超限,在本站检查发现后可立即重测。若迁站后才检查发现,则应从水准点或间歇点(应经检测附合限差)起始,重新观测。

三、四等水准测量中,采用中丝法读数时,视距丝和中丝读数取至毫米位即可。

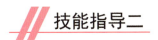 技能指导二

职业技能鉴定题目:

采用中丝读数法用 DS3 微倾式水准仪进行四等水准测量,视线长度、前后视距差、任一测站上前后累积视距差、基辅分划读数差、基辅分划所测高差之差的限差分别是多少?

职业技能指导:

视线长度不超过 100 m,前后视距差不超过 5 m,任一测站上前后累积视距差不超过 10 m,基辅分划读数差不超过 3.0 mm,基辅分划所测高差之差不超过 5.0 mm。

 知识储备三

四等水准测量测站上观测顺序和方法

一、四等水准测量一测站上的观测方法

(1)后视标尺黑面(基本分划)。
(2)后视标尺红面(辅助分划)。
(3)前视标尺黑面(基本分划)。
(4)前视标尺红面(辅助分划)。

上述方法称为"后后前前"或"黑红黑红"。

二、一测站操作顺序

（1）将仪器整平。气泡式水准仪望远镜绕垂直轴旋转时，水准气泡两端影像的分离不得超过1 cm；自动安平水准仪的圆气泡位于指标环中央。

（2）将望远镜对准后视标尺黑面，用倾斜螺旋调整水准气泡准确居中，按视距丝和中丝精确读定标尺读数（可不读上下丝，直接读距离）。

（3）照准后视标尺红面，按照步骤（2）操作，此时只读中丝读数。

（4）旋转望远镜照准前视标尺黑面，按照步骤（2）操作。

（5）照准前视标尺红面，按照步骤（3）操作。

简言之，在每一测站上，仪器经过粗平后，再进行照准—精平—读数。对于观测者，观测程序为"后后前前"；对于立尺者，观测程序为"黑红黑红"。

// 技能指导三

职业技能鉴定题目：

四等水准测量的观测顺序是什么？

职业技能指导：

"后后前前"或"黑红黑红"。

// 知识储备四

（表2-1-8中，（1）~（8）为观测数据，其余为计算数据。）四等水准测量的观测记录及计算示例见表2-1-9，表中带括号的号码为观测读数和计算的顺序。

表2-1-8　三、四等水准测量观测手簿（部分）

后尺 上丝 下丝	前尺 上丝 下丝	方向及尺号	水准尺读数/mm		$K+$ 黑−红	平均高差	备注
后视距 前视距			黑面	红面			
视距差 d/m	$\sum d$/m						
(1)	(5)	后 K_1	(3)	(8)	(10)		
(2)	(6)	前 K_2	(4)	(7)	(9)	$h_{中}$	
(12)	(13)	后−前	(16)	(17)	(11)		
(14)	(15)						

表 2-1-9　四等水准测量观测手簿

测站编号	点号	后尺 上丝 下丝	前尺 上丝 下丝	方向及尺号	水准尺读数/mm		K+ 黑-红	平均高差/mm	备注
		后视距	前视距		黑面	红面			
		视距差 d/m	$\sum d$/m						
		(1)	(5)	后 K_1	(3)	(8)	(10)		
		(2)	(6)	前 K_2	(4)	(7)	(9)		
		(12)	(13)	后-前	(16)	(17)	(11)		
		(14)	(15)						
1	A—1	1 571	0 739	后 5	1 384	6 171	0	+0 832	A 和 B 为已知水准点，高程分别为 4.361 m 和 3.518 m
		1 197	0 363	前 6	0 551	5 239	-1		$K_1 = 4\ 787$
		37.4	37.6	后-前	+0 833	+0 932	+1		$K_2 = 4\ 687$
		-0.2	-0.2						
2	1—2	2 121	2 196	后	1 934	6 621	0	-0 074	
		1 747	1 821	前	2 008	6 796	-1		
		37.4	37.5	后-前	-0 074	-0 175	+1		
		-0.1	-0.3						
3	2—3	1 914	2 055	后	1 726	6 513	0	-0 140	
		1 539	1 678	前	1 866	6 554	-1		
		37.5	37.7	后-前	-0 140	-0 041	+1		
		-0.2	-0.5						
4	3—4	1 965	2 141	后	1 832	6 519	0	-0 174	
		1 700	1 874	前	2 007	6 793	+1		
		26.5	26.7	后-前	-0 175	-0 274	-1		
		-0.2	-0.7						
5	4—B	1 540	2 813	后	1 304	6 091	0	-1 281	
		1 069	2 357	前	2 585	7 272	0		
		47.1	45.6	后-前	-1 281	-1 181	0		
		+1.5	+0.8						
检核计算	水准路线长度 $L = 0.371$ km，$f_h = 6$ mm，$f_{h允} = \pm 20\sqrt{L}$ 或 $\pm 6\sqrt{n} = \pm 20$ mm。☑合格　□不合格								

一、测站上的计算与检核

(一) 高差部分

高差部分计算公式为

$$(9) = (4) + K - (7)$$
$$(10) = (3) + K - (8)$$
$$(11) = (10) - (9)$$

式中，(10)及(9)分别为后、前视标尺的黑红面读数之差；(11)为黑红面所测高差之差；K 为双面水准尺红面分划与黑面分划的"零点差"，是一常数(4 687 或 4 787)。

$$(16) = (3) - (4)$$
$$(17) = (8) - (7)$$

式中，(16)为黑面所算得的高差；(17)为红面所算得的高差。由于两根尺子红黑面零点差不同，所以(16)并不等于(17)(红面的零点为 4 687 或 4 787)。因此，(11)可作为一次检核计算，即

$$(11) = (16) \pm 100 - (17)$$

(二) 视距部分

视距部分计算公式为

$$(12) = (1) - (2)$$
$$(13) = (5) - (6)$$
$$(14) = (12) - (13)$$
$$(15) = 本站的(14) + 前站的(15)$$

式中，(12)为后视距离；(13)为前视距离；(14)为前后视距离差；(15)为前后累积视距差。

二、观测结束后的计算与检核

(一) 高差部分

高差部分计算公式为

$$\sum(3) - \sum(4) = \sum(16) = h_{黑}$$
$$\sum\{(3) + K\} - \sum(8) = \sum(10)$$
$$\sum(8) - \sum(7) = \sum(17) = h_{红}$$
$$\sum\{(4) + K\} - \sum(7) = \sum(9)$$
$$h_{中} = \frac{1}{2}(h_{黑} + h_{红} \pm 100)$$

式中，$h_黑$，$h_红$分别为一测段黑面、红面所得高差；$h_中$为高差中数。

（二）视距部分

视距部分计算公式为

$$(15)=\sum(12)-\sum(13)$$
$$总视距=\sum(12)+\sum(13)$$

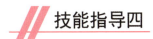

技能指导四

职业技能鉴定题目：

已知水准点 A 和 B 的高程分别为 $H_A=5.632$ m 和 $H_B=4.800$ m，请测量一条 A 点至 B 点的四等附合水准路线（见图 2-1-17），并按照要求填写外业记录表。

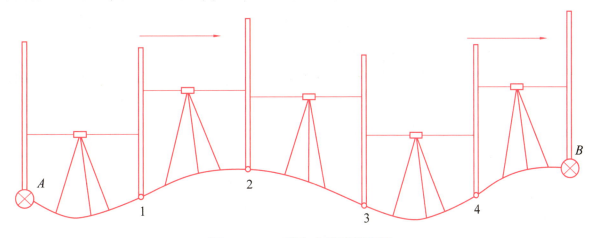

图 2-1-17　附合水准路线观测

职业技能指导：

操作步骤如下。

（1）立尺员在 A 点和 1 点立尺（黑面朝向水准仪），观测员在 A 点和 1 点大概两点中间位置安置水准仪，记录员准备好记录表。按照前述一测站的顺序进行观测，记录员将相关数据回报后进行记录并计算。本例第一测站中，后尺黑面上丝、下丝和中丝读数分别为 1 571、1 197 和 1 384，后尺红面中丝读数为 6 171，前尺上丝、下丝和中丝读数分别为 0 739、0 363 和 0 551，前尺红面中丝读数为 5 239，后视距为 $(1.571-1.197)\times100=37.4$ m，后尺 $K+$黑减红为 $1\ 384+4\ 787-6\ 171=0$ mm，前视距为 $(0.739-0.363)\times100=37.6$ m，视距差为 $37.4-37.6=-0.2$ m，$\sum d=-0.2$ m，前尺 $K+$黑减红为 $0\ 551+4\ 687-5\ 239=-1$ mm，后黑-前黑 $=1\ 384-0\ 551=+0\ 833$ mm，后红-前红 $=6\ 171-5\ 239=+0\ 932$ mm，因两根尺红黑面零点差不同，（后-前）黑面+100-（后-前）红面 $=+0\ 833+100-(+0\ 932)=+1$ mm，第一测站两点的高差中数为 $(+0\ 833+0\ 832)/2=+0\ 832$ mm，全部指标符合限差后进行搬站。

（2）1 点的立尺员原位立尺，A 点立尺员搬迁至 2 点立尺，观测员将水准仪放置于大概两点中间位置。在第二测站，第一测站的前尺变为本测站后尺，后尺变为本测站前尺。按照操作步骤(1)进行读数记录并计算，本测站中，后尺黑面上丝、下丝和中丝读数分别为2 121、1 747和1 934，后尺红面中丝读数为6 621，前尺黑面上丝、下丝和中丝读数分别为2 196、1 821和2 008，前尺红面中丝读数为6 796。计算得出后距为37.4 m，前距为37.5 m，视距差为37.4−37.5=−0.1 m，$\sum d$为−0.3 m即(−0.2+(−0.1))m，其他计算参照步骤(1)，最后计算高差中数为−0 074 mm，全部指标符合限差后进行搬站。

(3) 2点立尺员原位立尺，1点立尺员搬迁至3点立尺，观测员将水准仪放置于大概两点中间位置。在第三测站中，第二测站的前尺变为本测站后尺，后尺变为本测站前尺。按照操作步骤(1)进行读数并记录，本测站中，后尺黑面上丝、下丝和中丝读数分别为1 914、1 539和1 726，后尺红面中丝读数为6 513。前尺黑面上丝、下丝和中丝读数分别为2 055、1 678和1 866，前尺红面中丝读数为6 554。计算得出后距为37.5 m，前距为37.7 m，视距差为−0.2 m，$\sum d$为−0.5 m即(−0.3+(−0.2))m，其他计算参照步骤(1)，最后计算高差中数为−0 140 mm，全部指标符合限差后进行搬站。

(4) 3点立尺员原位立尺，2点立尺员搬迁至4点立尺，观测员将水准仪放置于大概两点中间位置。在第四测站中，第三测站的前尺变为本测站后尺，后尺变为本测站前尺。按照操作步骤(1)进行读数并记录，本测站中，后尺黑面上丝、下丝和中丝读数分别为1 965、1 700和1 832，后尺红面中丝读数为6 519，前尺黑面上丝、下丝和中丝读数分别为2 141、1 874和2 007，前尺红面中丝读数为6 793。计算得出后距为26.5 m，前距为26.7 m，视距差为−0.2 m，$\sum d$为−0.7 m即(−0.5+(−0.2))m，其他计算参照步骤(1)，最后计算高差中数为−0 174 mm，全部指标符合限差要求才进行搬站。

(5) 4点立尺员原位立尺，3点立尺员搬迁至B点立尺，观测员将水准仪放置于大概两点中间位置。在第五测站中，第四测站的前尺变为本测站后尺，后尺变为本测站前尺。按照操作步骤(1)进行读数并记录，本测站中，后尺黑面上丝、下丝和中丝读数分别为1 540、1 069和1 304，后尺红面中丝读数为6 091，前尺黑面上丝、下丝和中丝读数分别为2 813、2 357和2 585，前尺红面中丝读数为7 272。计算得出后距为47.1 m，前距为45.6 m，视距差为+1.5 m，$\sum d$为+0.8 m即(−0.7+1.5)m，其他计算参照步骤(1)，最后计算高差中数为−1 281 mm。

本例中，水准路线长度为371 m，$f_h=[h]-(H_B-H_A)=(+0.832-0.074-0.140-0.174-1.281-(4.800-5.362)=-0.006$ m，限差$f_{h允}=\pm20\sqrt{L}=\pm20$ mm(当$L<1$ km时按1 km计；若是山地，$f_{h允}=\pm6\sqrt{n}$，n为测站数)，符合限差要求，外业观测结束，按照规定整理好仪器。

注意：测量员在一测站过程中要保证圆水准器气泡始终位于指标换中央，立尺员在读数过程中要始终保持标尺垂直，记录员要边记录边计算，且前后视距差、前后累积视距差、红黑面读数差和红黑面所测高差之差等不能超过相关限差要求，只有全部符合限差要求才能进行下一测站测量。在实际测量中，若累积视距差较大，可采用调整仪器位置的方法来减小累积视距差，前后视距的距离可采用数步数的方法，使仪器大致位于前后尺中间位置。

下面介绍关于内业计算的内容。

知识储备五

内业计算

若水准测量外业观测数据检核无误，且满足规定等级的精度要求，则可进行内业成果计算，算出各待测点的高程。

一、高差闭合差的计算

高差闭合差的计算公式为

$$f_h = H_A + h_1 + h_2 + \cdots + h_n - H_B = [h] - (H_B - H_A)$$

$$= \sum h - (H_B - H_A) \tag{2-1-5}$$

二、闭合差的调整和高差计算

当水准路线中的高差闭合差小于允许值时，可以进行高差闭合差的分配、高差改正和高程计算。对于闭合水准路线或附合水准路线，各测段的观测高差改正数 v_i 之和应与闭合差等值反号，即

$$[v_i] + f_h = 0 \tag{2-1-6}$$

各测段高差改正数应与路线长度或测站数成正比，即

$$v_i = -\frac{f_h}{\sum L} \cdot L_i \text{ 或 } v_i = -\frac{f_h}{\sum n} \cdot n_i \tag{2-1-7}$$

式中，$\sum L$ 和 $\sum n$ 分别为路线总长度和总测站数；L_i 和 n_i 分别为各测段长度和设站数。

求出各测段观测高差的改正数后，即可计算各测段观测高差的平差值 $\bar{h}_i$ 和各待定点的高程 H_i，即

$$\bar{h}_i = h_i + v_i$$

$$H_i = H_A + \bar{h}_1 + \bar{h}_2 + \cdots + \bar{h}_i \tag{2-1-8}$$

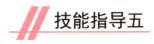
技能指导五

职业技能鉴定题目：

如图 2-1-18 所示，已知水准点 A、B 的高程分别为 47.231 m 和 41.918 m，计算待定点

1、2 的高程。

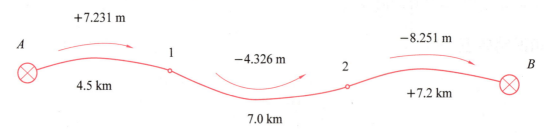

图 2-1-18　附合水准路线计算示例

职业技能指导:

计算过程如下。

(1) 首先计算 f_h, 然后计算 $f_{h允}$, 若 $|f_h| < |f_{h允}|$, 进行平差计算。

(2) 计算每千米路线高差改正值 $= -\dfrac{f_h}{L} = -\dfrac{-33}{18.7} \approx +1.765$ mm/km, 各测段的高差改正数分别为 $1.765 \times 4.5 \approx +8$ mm, $1.765 \times 7.2 \approx +13$ mm, $1.765 \times 7.0 \approx +12$ mm。

(3) 计算 1 点和 2 点的高程分别为 $H_1 = (47.231 + 7.231 + 0.008)$ m $= 54.47$ m, $H_2 = (47.231 + 7.231 + 0.008 - 4.326 + 0.013)$ m $= 50.157$ m。

计算过程数据见表 2-1-10。

表 2-1-10　单一附合水准路线计算表

点名	观测高差 h/m	距离 L/km	高差改正数 v/mm	高程 H/m
(1)	(2)	(3)	(4)	(5)
A				47.231
	+7.231	4.5	+8	
1				54.470
	−4.326	7.2	+13	
2				50.157
	−8.251	7.0	+12	
B				41.918
Σ	−5.346	18.7	+33	

注: 1. $f_h = \sum h + (H_A - H_B) = -5.346 + (47.231 - 41.918) = -33$ mm。

2. $f_{h允} = \pm 20\sqrt{L} = \pm 20\sqrt{19.7} = \pm 88.76$ mm。

3. 每千米路线高差改正值为 $-\dfrac{f_h}{L} = -\dfrac{-33}{18.7} \approx +1.765$ mm/km。

关于精度评定的内容请查看有关专业书籍。

鉴定工作页

试题名称：四等水准测量(附合水准路线)。

(1) 本题分值：100 分(权重 0.5)。

(2) 考核时间：25 min。

(3) 考核形式：实操。

(4) 考核内容。

①完成不少于 4 测站、水准路线长度约 300 m 的附合水准路线的观测。

②按规范记录表 2-1-11 并计算。

③起始点和终点水准点号分别用 BM_A 和 BM_B 表示，转点用 TP_i 或 ZD_i 表示。

(5) 否定项说明：若考生发生下列情况之一，则应及时终止其考核，考生该试题成绩记为 0 分。

①考生不服从考评员安排。

②操作过程中出现野蛮操作等严重违规操作。

③造成人身伤害或设备人为损坏。

表 2-1-11 四等水准测量(附合路线)操作考核记录表

测站编号	点号	后尺 上丝 下丝	前尺 上丝 下丝	方向及尺号	水准尺读数		$K+$ 黑-红	平均高差/mm	备注
		后视距	前视距		黑面	红面			
		视距差 d/m	$\sum d$/m						
				后 K_1					
				前 K_2					
				后-前					
检核计算	水准路线长度 $L=$ _____ ，$f_h=$ _____ ，$f_{h允}=\pm20\sqrt{L}$ 或 $\pm6\sqrt{n}=$ _____ 。 □合格 □不合格

评分标准

评分标准

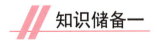

技能拓展

（1）用 DS3 微倾式水准仪进行四等水准测量，其各项限差分别为多少？

（2）四等水准测量每一测站的观测顺序是什么？

（3）试计算表 2-1-12 中待定点的高程。

表 2-1-12　技能拓展计算表

点名	观测高差 h/m	距离 L/km	高差改正数 v/mm	高程 H/m
(1)	(2)	(3)	(4)	(5)
A				45.286
	2.331	1.6		
1				
	2.813	2.1		
2				
	−2.244	1.7		
3				
	1.430	2.0		
B				49.579

任务四　四等水准测量(支水准路线)

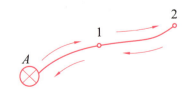

参考答案

知识储备一

支水准路线

支水准路线又称水准支线，是由一已知高程的水准点开始，最后没有闭合到起始点，也没有结束于另一高级水准点的水准线路，如图 2-1-19 所示。支水准路线的长度一般不超过 4 km，因为缺少检核，水准测量需要进行往返观测，往测高差总和与返测高差总和在理论上绝对值应该相等而符号相反，可以作为观测正

图 2-1-19　支水准路线

确性的检核条件，即支水准路线往返测高差总和应满足

$$\sum h_{往(理论)} + \sum h_{返(理论)} = 0 \qquad (2-1-9)$$

职业技能鉴定题目：

支水准路线和附合准路线（四等水准测量）的区别是什么？

职业技能指导：

（1）从一个已知高程点施测，其余立尺点的高程都未知。

（2）需要往返测。

（3）往返测高差总和应满足：$\sum h_{往(理论)} + \sum h_{返(理论)} = 0$。

知识储备二

支水准路线的外业操作步骤和内业计算

一、操作步骤

往测：从起算点开始，按照施测路线前进方向架设仪器，按照四等水准测量的方法进行观测、记录和计算，直至最后一个待定点。

返测：当施测方向的最后一个待定点测量结束后，按照施测方向的反方向重新架设仪器，按照四等水准测量的方法进行观测、记录和计算，直至起算点。

二、内业计算

支水准路线的高差闭合差为

$$f_h = h_{往} + h_{返} \qquad (2-1-10)$$

闭合差容许值为

$$f_{h允} = \pm 20\sqrt{L} \ 或 \ f_{h允} = \pm 6\sqrt{n} \qquad (2-1-11)$$

式中，当为平地时，$f_{h允} = \pm 20\sqrt{L}$；当为山地或丘陵地区时，$f_{h允} = \pm 6\sqrt{n}$ mm；L 为路线长度；单位为 km；n 为水准路线中的测站数。

若 $|f_h| < |f_{h允}|$，说明符合支水准路线测量的要求，取往测和返测的绝对值的平均值作为两点的高差，其正负号取往测高差的符号，作为改正后的高差，即

$$h_{A2} = \frac{h_{往} + (-h_{返})}{2} \qquad (2-1-12)$$

式中，$h_{往}$ 和 $h_{返}$ 为带有正负号的数。

待定点高程为

$$H_2 = H_A + h_{A2} \qquad (2-1-13)$$

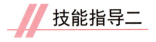

技能指导二

职业技能鉴定题目：

如图 2-1-20 所示，已知水准点 A 的高程为 5.686 m，B 点为未知高程点，按照四等水准测量施测支水准路线，并计算 B 点高程，填入表 2-1-13。

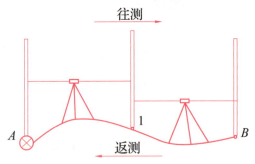

图 2-1-20　支水准路线施测路线

表 2-1-13　支水准路线施测、观测记录手簿

测量方向	测站编号	点号	后尺	上丝	前尺	上丝	方向及尺号	水准尺读数/mm		K+黑-红/mm	平均高差/mm	备注
				下丝		下丝		黑面	红面			
			后视距		前视距							
			视距差 d/m		$\sum d$/m							
往测	1	A—1	1 496		1 599		后 K_1	1 402	6 089	0	-0 094	
			1 308		1 393		前 K_2	1 496	6 283	0		
			18.8		20.6		后-前	-0 094	-0 194	0		
			-1.8		-1.8							
	2	1—B	2 041		1 949		后	1 581	6 370	-2	+0 084	A 为已知水准点高程 $H_A = 5.868$ m $K_1 = 4\ 687$ $K_2 = 4\ 787$
			1 121		1 049		前	1 499	6 185	+1		
			92.0		90.0		后-前	0 082	0 185	-3		
			2.0		+0.2							
返测	1	B—1	1 948		2 040		后	1 500	6 186	+1	-0 083	
			1 048		1 120		前	1 582	6 370	-1		
			90.0		92.0		后-前	-0 082	-0 184	+2		
			-2.0		-2.0							
	2	1—A	1 600		1 497		后	1 495	6 283	-1	+0 094	
			1 392		1 307		前	1 401	6 088	0		
			20.8		19.0		后-前	0 094	0 195	-1		
			1.8		-0.2							
检核计算			水准路线长度 $L = 0.443$ km，$f_h = 1$ mm，$f_{h允} = \pm 20\sqrt{L}$ 或 $\pm 6\sqrt{n} = \pm 40$ mm。☑合格 □不合格									

职业技能指导：

（1）在 A、1 两点的大概中间位置架设仪器，完成粗平—精平—读数，记录，计算。第一测站中，后尺黑面上丝、下丝和中丝分别为 1 496、1 308 和 1 402，红面中丝读数为 6 089，前尺黑面上丝、下丝和中丝读数分别为 1 599、1 393 和 1 496，红面中丝读数为 6 283。计算结果见表 2-1-13，各项计算符合限差后进行下一站测量。

（2）在 1、B 两点的大概中间位置架设仪器，完成粗平—精平—读数，记录，计算。第二测站中，后尺黑面上丝、下丝和中丝分别为 2 041、1 121 和 1 581，红面中丝读数为 6 370，前尺黑面上丝、下丝和中丝读数分别为 1 949、1 049 和 1 499，红面中丝读数为 6 185。计算结果见表 2-1-13，各项计算符合限差后进行返测。

（3）在 B、1 两点大概中间位置重新架设仪器，完成粗平—精平—读数，记录，计算。在返测的第一测站中，后尺黑面上丝、下丝和中丝分别为 1 948、1 048 和 1 500，红面中丝读数为 6 186，前尺黑面上、下丝和中丝读数分别为 2 040、1 120 和 1 582，红面中丝读数为 6 370。计算结果见表 2-1-13，各项计算符合限差后进行下一站测量。

（4）在 1、A 两点大概中间位置重新架设仪器，完成粗平—精平—读数，记录，计算。在返测的第二测站中，后尺黑面上丝、下丝和中丝分别为 1 600、1 392 和 1 495，红面中丝读数为 6 283，前尺黑面上丝、下丝和中丝读数分别为 1 497、1 307 和 1 401，红面中丝读数为 6 088。计算结果见表 2-1-13，各项计算符合限差后外业观测结束，按要求整理好仪器。

（5）内业计算：

$$h_{往} = (-0.094 + 0.084)\,\mathrm{m} = -0.01\,\mathrm{m}$$

$$h_{返} = (-0.083 + 0.094)\,\mathrm{m} = 0.011\,\mathrm{m}$$

$$h_{均} = \frac{h_{往} + h_{返}}{2} = \frac{-0.01 - 0.011}{2}\,\mathrm{m} = -0.01\,\mathrm{m}$$

待定点高程：$H_B = H_A + h_{均} = (5.686 - 0.01)\,\mathrm{m} = 5.676\,\mathrm{m}$。

鉴定工作页

地区：_____ 姓名：_____ 准考证号：_____ 单位名称：_____

试题名称：四等水准测量（支水准路线）。

（1）本题分值：100 分（权重 0.5）。

（2）考核时间：25 min。

（3）考核形式：实操。

（4）考核内容。

①完成往测至少 2 站、返测至少 2 站，往返水准路线长度约 300 m 的支水准路线的观测。

②按规范记录，见表 2-1-14。

③完成高差、闭合差、高程的计算。

④起始水准点号用 BM 表示，转点用 TP_i 或 ZD_i 表示。

（5）否定项说明：若考生发生下列情况之一，则应及时终止其考试，考生该试题成绩记为0分。

①考生不服从考评员安排。

②操作过程中出现野蛮操作等严重违规操作。

③造成人身伤害或设备人为损坏。

表 2-1-14　支水准路线观测记录手簿

测量方向	测站编号	点号	后尺 上丝 下丝	前尺 上丝 下丝	方向及尺号	水准尺读数/mm		K+黑-红/mm	平均高差/mm	备注
			后视距	前视距		黑面	红面			
			视距差 d/m	$\sum d$/m						
往测					后 K_1					
					前 K_2					
					后-前					
					后					
					前					
					后-前					
返测					后					
					前					
					后-前					
					后					
					前					
					后-前					
检核计算		水准路线长度 $L=$＿＿＿，$f_h=$＿＿＿，$f_{h允}=\pm20\sqrt{L}$ 或 $\pm6\sqrt{n}=$＿＿＿。□合格　　□不合格								

 评分标准

评分标准

技能拓展

（1）支水准路线与附合水准路线和闭合水准路线的不同点是什么？

（2）支水准路线待定点高程是如何计算的？

参考答案

任务五　求间距为 50 m 的两点连线中点的设计高程并放样该点

知识储备

高程测设

高程测设是根据邻近已有的水准点或高程标志，在现场标定出某设计高程的位置。高程测设是施工测量中最常见的工作内容，一般用水准仪进行。

一、高程测设的一般方法

如图 2-1-21 所示，某点 P 的设计高程为 $H_p = 81.200$ m，附近一水准点 A 的高程为 $H_A = 81.345$ m，现要将 P 点的设计高程测设在一个木桩上，其测设步骤如下。

（1）在水准点 A 和 P 点木桩之间安置水准仪，后视立于水准点上的水准尺，调节符合气泡居中，读中线读数 $a = 1.458$ m。

（2）计算水准仪前视 P 点木桩水准尺的应读读数 b。根据图 2-1-22 可列出

$$b = H_A + a - H_P \tag{2-1-14}$$

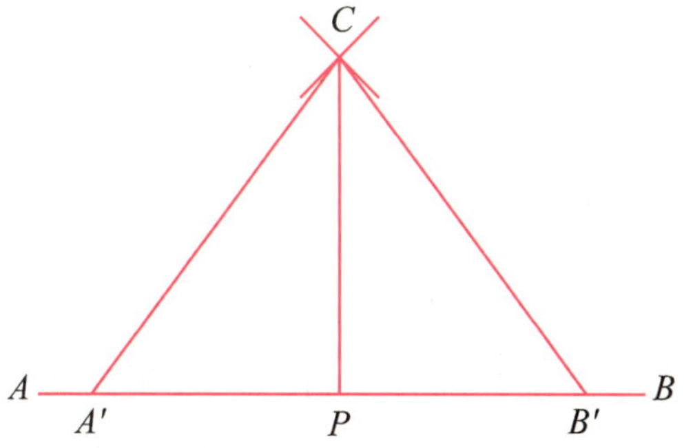

图 2-1-21　用中垂法测设直角

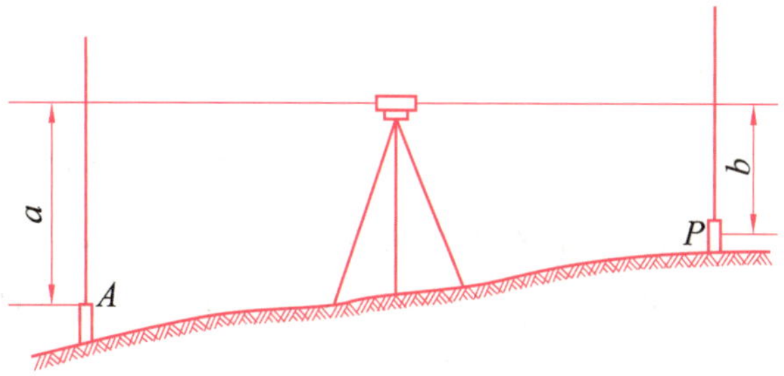

图 2-1-22　高程测设的一般方法

将有关的各数据代入式(2-1-14)得

$$b = (81.345 + 1.458 - 81.200)\text{m} = 1.603\text{ m}$$

(3)前视靠在木桩一侧的水准尺，调节符合气泡居中，上下移动水准尺，当读数恰好为 $b = 1.603\text{ m}$ 时，在木桩侧面沿水准尺底边画一横线，此线就是 P 点的设计高程 81.200 m。也可先计算视线高程 $H_{视}$，再计算应读读数 b，即

$$H_{视} = H_A + a \qquad (2-1-15)$$

$$b = H_{视} - H_P \qquad (2-1-16)$$

这种算法的好处是，当在一个测站上测设多个设计高程时，先按式(2-1-15)计算视线高程 $H_{视}$，然后每测设一个新的高程，只需要将各个新的设计高程代入，便可得到相应的前视水准尺应读读数。该算法简化了计算工作，因此在实际工作中用得更多。

二、钢尺配合水准仪进行高程测设

当需要向深坑底或高楼面测设高程时，因水准尺长度有限，中间又不便于安置水准仪转站观测，可用钢尺配合水准仪进行高程的传递和测设。

如图 2-1-23 所示，已知高处水准点 A 的高程 $H_A = 95.267\text{ m}$，需要测设低处 P 点的设计高程 $H_P = 88.600\text{ m}$，故测时添加一个与要求拉力相等的重锤，将其悬挂在支架上，零点一端向下，先在高处安置水准仪，读取 A 点上水准尺的读数 $a_1 = 1.642\text{ m}$ 和钢尺上读数 $b_1 = 9.216\text{ m}$。然后，在低处安置水准仪，读取钢尺上的读数 $a_2 = 1.358\text{ m}$，可得低处 P 点上水准尺的应读读数 b_2 的计算公式为

$$b_2 = H_A + a_1 - (b_1 - a_2) - H_P \qquad (2-1-17)$$

由式(2-1-17)计算得

$$b_2 = [95.267 + 1.642 - (9.216 - 1.358) - 88.600]\text{m} = 0.451\text{ m}$$

上下移动低处 P 点的水准尺，当读数恰好为 $b_2 = 0.451\text{ m}$，沿尺底边画一横线，即设计高程标志。

从低处向高处测设高程的方法与此类似。如图 2-1-24 所示，已知低处水准点 A 的高程 H_A，需要测设高处 P 的设计高程 H_P，先在低处安置水准仪，读取读数 a_1 和 b_1，再在高处安置水准仪，读取读数 a_2，则高处水准尺的应读读数 b_2 为

$$b_2 = H_A + a_1 + (a_2 - b_1) - H_P \qquad (2-1-18)$$

钢尺配合水准仪进行高程测设，将式(2-1-17)、式(2-1-18)与式(2-1-14)进行比较，只是中间多了一个往下 $(b_1 - a_2)$ 或往下 $(a_2 - b_1)$ 传递水准仪视线高程的过程。如果现场不便于直接测设高程，也可先用钢尺配合水准仪将高程引测到低处或高处的某个临时点上，再在低处或高处按一般方法进行高程测设。

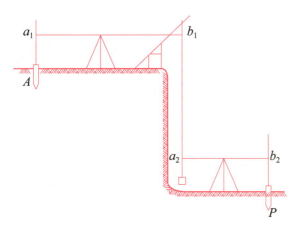

图 2-1-23　用悬挂钢尺法往基坑下测设高程

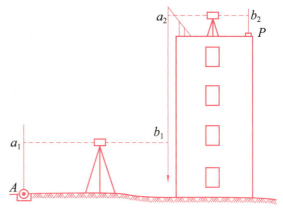

图 2-1-24　用悬钢尺法往楼面上测设高程

技能指导

职业技能鉴定题目:

求间距为 50 m 的两点连线中点的设计高程并放样该点(工程测量)。

职业技能指导:

(1) 根据已知水准点 $D(H = 10.000\ \text{m})$,用变动仪器高法分别测出 A 点和 B 点的高程并做好相应记录,见表 2-1-15。

表 2-1-15　普通水准测量记录表

序号	测点	水准尺读数		高差/m		平均高差/m	高程/m
		后视读数/mm	前视读数/mm	+	−		
1	D	1 438		0.656		+0.655	10.000
	A		0 782				
2	D	1 572		0.654			
	A		0 918				10.655
计算核查	求和	3 010	1 700				
		$(\sum a - \sum b) = 1\ 310$		$\sum h = 1.310$			
序号	测点	水准尺读数		高差/m		平均高差/m	高程/m
		后视读数/mm	前视读数/mm	+	−		
1	D	1 533		0.851		+0.854	10.000
	B		682				
2	D	1 675		0.857			
	B		818				10.854
计算核查	求和	3 208	1 500				
		$(\sum a - \sum b) = 1\ 708$		$\sum h = 1.708$			

操作步骤如下。

①在 D、A 两点上竖立水准尺，并在大概 D、A 两点中间位置安置水准仪，使得圆水准器气泡居中。

②照准先瞄准后视尺 A，消除视差。精平后读取后视尺中丝读数值 $a_1 = 1\ 438$ mm，并记入普通水准测量记录表中，见表 2-1-15。

③平转望远镜照准前视尺 B，精平后读取前视读数值 $b_1 = 0\ 782$ mm，并记入普通水准测量记录表中，见表 2-1-15。D、A 两点之间的高差 $h_1 = a_1 - b_1 = (1\ 438 - 782)$ mm $= +0.656$ m。

④改变仪器高度，往上调整 10 cm，使得圆水准器气泡居中。

⑤照准先瞄准后视尺 A，消除视差。精平后读取后视尺黑面中丝读数值 $a_1 = 1\ 572$ mm，并记入普通水准测量记录表中，见表 2-1-15。

⑥平转望远镜照准前视尺 B，精平后读取前视读数值 $b_1 = 0\ 918$ mm，并记入普通水准测量记录表中，见表 2-1-15。D、A 两点之间的高差 $h_1 = a_1 - b_1 = (1\ 572 - 918)$ mm $= +0.654$ m。

⑦平均高差 $h_{DA} = \dfrac{(+0.656) + (+0.654)}{2}$ m $= +0.655$ m。

⑧已知 D 点的高程 $H_D = 10.000$ m，A 点高程 $H_A = H_D + h_{DA} = [10.000 + (+0.655)]$ m $= 10.655$ m。

⑨同理测出 B 点高程 $H_B = H_D + h_{DB} = [10.000 + (+0.854)]$ m $= 10.854$ m。

（2）计算出 A、B 两点之间的纵向坡度和中点高程，并从给定点沿导线方向量出中点位置。

$$i_{AB} = \Delta H / L = \frac{10.854 - 10.655}{50} = 0.003\ 98 \times 100\% = 0.398\%$$

用钢尺量取 AB 中点 O 水平距离 25 m，求得 $H_O = 10.655 + 25 i_{AB} = 10.655 + 25 \times 0.398\% = 10.754$ m。

①在大概 A、O 两点中间位置安置水准仪，在 A、O 两点上竖立木桩，使得水准器气仪圆水准泡居中，照准先瞄准后视尺 A，使读数 $a_1 = 1\ 438$ mm。

根据式（2-1-14）计算得，$b = (10.754 + 1.438 - 10.655)$ m $= 1.537$ m。

②前视靠在木桩一侧的水准尺，调节符合气泡居中，上下移动水准尺，当读数恰好为 $b = 1.537$ m 时，在木桩侧面沿水准尺底边画一横线，此线就是 O 点的设计高程 10.754 m。

鉴定工作页

地区：_____ 姓名：_____ 准考证号：_____ 单位名称：_____

试题名称：求间距为 50 m 的两点连线中点的设计高程并放样该点（工程测量）。

（1）考核要求。

①根据已知水准点测量间距为 50 m 的两点连线中点的设计高程并放样该高程点，见表 2-1-16。

②由已知水准点测量出 A、B 两点的高程，计算出两点之间的纵向坡度和中点高程，并从

给定点沿导线方向量出中点位置。

③考核采用百分制，考核项目得分按试题权重进行折算。

④考核方式说明：该项目为笔试与操作结合，考核按评分标准和操作过程及结果进行评分。

（2）考核时限。

①准备时间：1 min(不计入考核时间)。

②正式操作时间：30 min。

③提前完成不加分，超时操作按规定标准评分。

（3）本题分值100分，本题权重30%。

表 2-1-16 普通水准测量记录表

序号	测点	水准尺读数		高差/m		高程/m
		后视读数/mm	前视读数/mm	+	−	
计算核查	求和					
	$(\sum a - \sum b) = $ _____			$\sum h = $ _____		

评分标准

评分标准

技能拓展

参考答案

在施工现场，当距离较短、精度要求不太高时，可以用什么代替水准仪进行高程测设？

知识链接

双面尺法

四等水准测量

支水准路线内业计算

项目二

经纬仪操作

知识目标

了解 DJ6 型经纬仪各部件的名称及作用；

掌握 DJ6 型经纬仪的基本操作程序；

理解水平角测量原理知识；

掌握测设点位的方法；

掌握施工测量的基本工作；

掌握正方形点位放样的方法；

掌握水平角观测、记录、计算方法及规范要求。

技能目标

练习经纬仪的对中、整平、照准、读数；

能用测回法进行水平角观测和点的测设；

练习使用经纬仪进行直角边的测设；

能用经纬仪进行正方形点位的放样。

素质目标

培养创新精神：不断探索经纬仪操作的新方法、新技术，提高操作效率和精度；

培养奋斗精神：勤奋学习，刻苦钻研，不断提升经纬仪操作水平；

增强团结精神：加强团队合作，相互支持，共同完成任务；

培养奉献精神：愿意为测绘事业付出辛勤劳动，不计个人得失。

任务一　水平角观测(测回法)

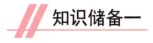

知识储备一

角度测量的仪器及工具

经纬仪是测量角度的仪器，按其精度分类，有 DJ6，DJ2 两种。其表示一测回方向观测中误差分别为 6″，2″。

经纬仪的代号有 DJ1，DJ2，DJ6，DJ10 等。其中，"D"和"J"为大地测量和经纬仪的汉语拼音第一个字母，"6"和"2"为仪器的精密度，测回方向观测中误差不超过±6″和±2″。在工程中常用 DJ2、DJ6 型经纬仪，一般简称 J2、J6 经纬仪。

一、DJ6 型经纬仪的构造

各种光学经纬仪的组成基本相同，以 DJ6 型经纬仪为例介绍，其外形如图 2-2-1(a)所示。其内部构造主要由照准部、水平度盘和基座三部分组成，如图 2-2-1(b)所示。

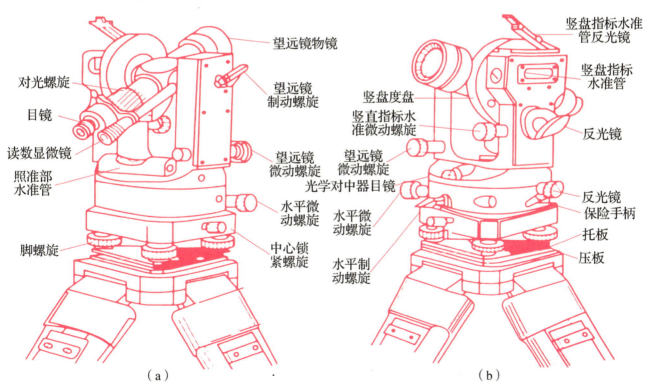

图 2-2-1　DJ6 型经纬仪

(a)外形；(b)内部构造

（一）照准部

照准部的主要部件有望远镜、水准管、竖直度盘（简称竖盘）、读数设备等。望远镜由物镜、目镜、十字丝分划板、调焦透镜组成。

望远镜的主要作用是照准目标，望远镜与横轴固定连在一起，由望远镜制动螺旋和微动螺旋控制其上下转动。照准部可绕竖轴在水平方向转动，由照准部控制螺旋和微动螺旋控制其水平转动。

照准部水准管用于精确整平仪器。

竖直度盘是为了测量竖直角设置的，可随望远镜一起转动。另设竖盘指标自动补偿器装置和开关，利用自动补偿器使读数指标处于正确位置。

读数设备通过一系列光学棱镜将水平度盘和竖直度盘及测微器的分划都显示在读数显微镜内，通过仪器反光镜将光线反射到仪器内部，以便读取度盘读数。

另外，为了能将竖轴中心线安置在过测站点的铅垂线上，在经纬仪上部设有对点装置。一般光学经纬仪都设置有垂球对点装置或光学对点装置，垂球对点装置是在中心螺旋下面装有垂球挂钩，将垂球挂在钩上即可；光学对点装置通过安装在旋转轴中心的转向棱镜，将地面点成像在对点分划板上，通过对中目镜放大，同时看到地面点和对点分划板的影像，若地面点位于对点分划板刻划中心，并且水准管气泡居中，则说明仪器中心与地面点位于同一铅垂线上。

（二）水平度盘

水平度盘是一个光学玻璃圆环，圆环上按顺时针刻划注记0°～360°分划线，主要用来测量水平角。观测水平角时，经常需要将某个起始方向的读数配置为预先指定的数值，称为水平度盘的配置。水平度盘的配置机构有复测机构和拨盘机构两种类型。北光仪器采用的是拨盘机构，当转动拨盘机构变换手轮时，水平度盘随之转动，水平度盘读数发生变化，而照准部不动，当压住度盘变换手轮下的保险手柄时，将度盘变换手轮向里推进并转动，即可将度盘转动到需要的读数位置上。

（三）基座

经纬仪由基座、圆水准器、脚螺旋和连接板等组成。基座是支承仪器的底座，照准部同水平度盘一起插入轴座，用固定螺丝固定；圆水准器用于粗略整平仪器；三个脚螺旋用于整平仪器，从而使竖轴竖直、水平度盘水平；连接板用于将仪器稳固地连接在三脚架上。

二、分微尺装置的读数方法

如图2-2-2所示，DJ6型经纬仪一般采用分微尺读数。在显微镜读数窗内，可以同时看到水平度盘和竖直度盘的像。注有H字样的是水平度盘，注有V字样的是竖直度盘，在水平度盘和竖直度盘上,相邻两分划线间的弧长所对的圆心角称为度盘的分划值。DJ6 型经纬仪的分划值为 1°,按顺时针方向每度注有度数,小于 1°的读数在分微尺上读取,如图 2-2-3 所示。读数窗内的分微尺有 60 小格,其长度等于度盘上间隔为 1°的两根分划线在读数窗中的影像长度。因此,分微尺上一小格的分划值为 1′,可估读到 0.1′分微尺上的 0 分划线为读数指标线。

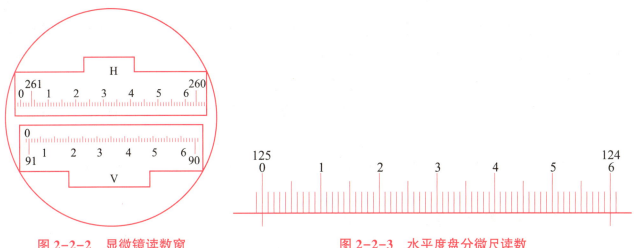

图 2-2-2　显微镜读数窗　　　　　　　图 2-2-3　水平度盘分微尺读数

读数方法:瞄准目标后,将反光镜掀开,使读数显微镜内光线适中,然后转动、调节读数窗口的目镜调焦螺旋,使分划线清晰,并消除视差,直接读取度盘分划线注记读数及分微尺上 0 指标线到度盘分划线的读数,两数相加,即得该目标方向的度盘读数。采用分微尺读数方法简单、直观。如图 2-2-4 所示,水平盘读数为 125°13′12″。

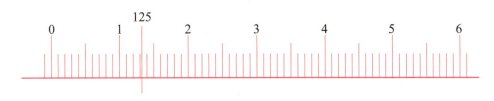

图 2-2-4　水平度盘读数

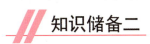 技能指导一

职业技能鉴定题目:

说出 DJ6 型经纬仪指定部件(不少于 6 个)及各组成部分的名称、功能。

职业技能指导:

DJ6 型经纬仪各组成部分的名称如图 2-2-1 所示,功能详见知识储备二。

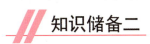 知识储备二

DJ6 型经纬仪的使用

在测站上安置经纬仪进行角度测量时,其使用分为对中、整平、照准、读数 4 个步骤。

一、对中

对中的目的是使仪器的中心与测站点(标志中心)处于同一铅垂线,具体操作方法如下。

(一) 线锤对中

(1) 打开三脚架,将其安在测站点上,使架头的中心大致对准测站点的标志中心,调节脚架腿,使其高度适中,并通过目估使架头大致水平。

(2) 踩紧三脚架,装上仪器,旋紧中心连接螺旋,挂上线锤。

(3) 如果线锤尖离标志中心较远,则将三脚架平移,或者固定一架脚,移动另外两架脚,使线锤尖大致对准测站点标志,然后将脚架踩入土中。

(4) 略微旋松中心螺旋,在架头上移动仪器,使线锤尖精确对准标志中心,最后旋紧中心螺旋。

(5) 用线锤进行对中的误差一般可控制在 3 mm 以内。

(二) 光学对中器对中

(1) 使架头大致水平,用垂线(或目估)初步对中。

(2) 拉动对中器目镜,使测站标志的影像清晰。

(3) 转动脚螺旋,使对中器对准测站标志。

(4) 伸缩脚架,使圆水准器气泡居中。

(5) 再转动脚螺旋,使照准部水准管气泡精确居中。

(6) 检查对中器是否对准测站标志,若有小的偏差,可略微旋松中心螺旋,在架头上移动仪器,使其精确对中,最后旋紧中心螺旋。

(7) 用光学对中器对中的误差可控制在 1 mm 以内。

二、整平

整平的目的是使仪器的竖轴竖直,水平度盘处于水平位置,具体操作方法如下。

(1) 使照准部水准管大致平行于任意两个脚螺旋的连线方向,如图 2-2-5(a)所示。

(2) 两手同时反向转动这两个脚螺旋,使水准管气泡居中(水准管气泡移动方向与左手大拇指运动方向一致)。

(3) 将照准部转动 90°,此时转动第三个脚螺旋,使水准管气泡居中,如图 2-2-5(b)所示。

按上述步骤反复进行,直到不论水准管在任何位置,气泡偏离零点都不超过一格为止。

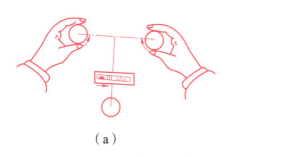

（a）　　　　　　　　　　　　　　　　（b）

图 2-2-5　仪器整平

三、照准

测量水平角时，要用望远镜十字丝分划板的竖丝瞄准观测目标，具体操作方法如下。

（1）松开望远镜和照准部制动螺旋，将望远镜对向明亮背景，调节目镜调焦螺旋，使十字丝清晰。

（2）利用望远镜上的粗瞄器，粗略对准目标，旋紧制动螺旋。

（3）通过调节物镜调焦螺旋，使目标影像清晰，注意消除视差，如图 2-2-6(a)所示。

（4）转动望远镜和照准部的微动螺旋，使十字丝分划板的竖丝精确地瞄准目标，注意尽可能瞄准目标的下部，如图 2-2-6(b)所示。

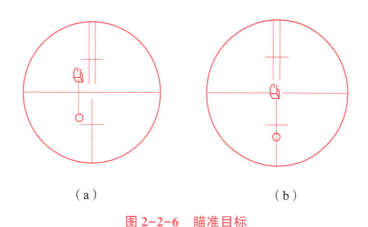

（a）　　　　　　　　　　　（b）

图 2-2-6　瞄准目标

四、读数

（1）打开反光镜，调节镜面位置，使读数窗内进光明亮均匀。

（2）调节读数显微镜目镜调焦螺旋，使读数窗内分划线清晰。

（3）按前述的 DJ6 型经纬仪的读数方法进行读数。

综上所述，经纬仪的使用程序为对中—整平—照准—读数。

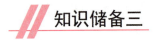 **技能指导二**

职业技能鉴定题目：

检验 DJ6 型经纬仪水准管轴是否合乎要求。

职业技能指导：

将经纬仪安置好后，照准部水准管大致平行于任意两个脚螺旋的连线方向，两手同时反向转动这两个脚螺旋，使水准管气泡居中（水准管气泡移动方向与左手大拇指运动方向一致）。将照准部转动 90°，此时转动第三个脚螺旋，使水准管气泡居中。

按上述步骤反复进行，直到不论水准管在任何位置，气泡偏离零点都不超过一格为止。

知识储备三

水平角观测方法（测回法）

测回法适用于在一个测站有两个观测方向的水平角观测。如图 2-2-7 所示，设要观测的水平角为 $\angle AOB$，先在目标点 A、B 设置观测标志，在测站点 O 安置经纬仪，然后分别瞄准 A、B 两目标点进行读数，水平度盘两个读数之差即要观测的水平角。为了消除水平角观测中的某些误差，通常对同一角度要进行盘左、盘右两个盘位观测（观测者对着望远镜目镜时，竖盘位于望远镜左侧，盘左又称为正镜，当竖盘位于望远镜右侧时，盘右又称为倒镜），盘左位置观测，称为上半测回，盘右位置观测，称为下半测回，上下两个半测回合称一个测回。

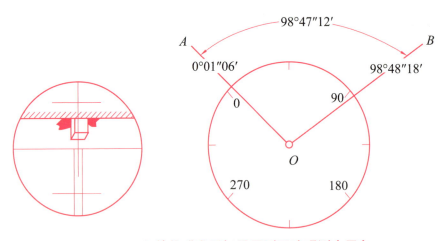

图 2-2-7　经纬仪瞄准目标及用测回法观测水平角

具体步骤如下。

（1）安置经纬仪于测站点 O，对中，整平。

（2）盘左位置瞄准 A 目标点，读取水平度盘读数为 a_1，记入记录手簿（见表 2-2-1）盘左 A

目标点水平度盘读数一栏。

（3）松开制动螺旋，顺时针方向转动照准部，瞄准 B 目标点，读取水平度盘读数为 b_1，记入记录手簿（见表 2-2-1）盘左 B 目标点水平度盘读数一栏。此时完成上半个测回的观测，即

$$\beta_{左}=b_1-a_1 \qquad (2-2-1)$$

（4）松开制动螺旋，倒转望远镜成盘右位置，瞄准 B 目标点，读取水平度盘的读数为 b_2，记入记录手簿（见表 2-2-1）盘右 B 目标点水平度盘读数一栏。

（5）松开制动螺旋，顺时针方向转动照准部，瞄准 A 目标点，读取水平度盘读数为 a_2，记入记录手簿（见表 2-2-1）盘右 A 目标点水平度盘读数一栏。此时完成下半个测回的观测，即

$$\beta_{右}=b_2-a_2 \qquad (2-2-2)$$

完成一个测回后，取盘左、盘右所得角值的算术平均值作为该角的一测回角值，即

$$\beta=\frac{\beta_{左}+\beta_{右}}{2} \qquad (2-2-3)$$

测回法的限差规定：一是两个半测回角值较差；二是各测回角值较差。对于精度要求不同的水平角，有不同的规定限差。当要求提高测角精度时，往往要观测 n 个测回，每个测回可按变动值概略公式 $\dfrac{180°}{n}$ 的差数改变度盘起始读数，其中 n 为测回数，例如测回数 $n=4$，则各测回的起始方向读数应等于或略大于 0°，45°，90°，135°，这样做的主要目的是减小度盘刻划不均匀造成的误差。

（6）记录格式见表 2-2-1。

表 2-2-1　水平角观测记录（测回法）记录手簿

测站点	竖盘位置	目标点	水平度盘读数	半测回角值	一测回角值	备注
	左					
	右					

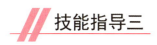

技能指导三

职业技能鉴定题目：

用测回法测出指定水平角值并做好相应记录。

职业技能指导:

具体步骤如下。

(1)安置仪器于测站点 O,对中,整平。

(2)盘左位置瞄准 A 目标点,读取水平度盘读数为 a_1,设为 128°06′36″,记入记录手簿(见表 2-2-2)盘左 A 目标点水平度盘读数一栏。

(3)松开制动螺旋,顺时针方向转动照准部,瞄准 B 目标点,读取水平度盘读数为 b_1,设为 217°58′48″,记入记录手簿(见表 2-2-2)盘左 B 目标点水平度盘读数一栏。此时完成上半个测回的观测,即 $\beta_{左} = b_1 - a_1 = 89°52′12″$。

(4)松开制动螺旋,倒转望远镜成盘右位置,瞄准 B 目标点,读取水平度盘的读数为 b_2,设为 37°58′42″,记入记录手簿(见表 2-2-2)盘右 B 目标点水平度盘读数一栏。

(5)松开制动螺旋,顺时针方向转动照准部,瞄准 A 目标点,读取水平度盘读数为 a_2,设为 308°06′42″,记入记录手簿(见表 2-2-2)盘右 A 目标点水平度盘读数一栏。此时完成下半个测回的观测,即 $\beta_{右} = b_2 - a_2 = 89°52′00″$。

完成一个测回后,取盘左、盘右所得角值的算术平均值作为该角的一测回角值,即 $\beta = \dfrac{\beta_{左} + \beta_{右}}{2} = 89°52′06″$。

(6)记录数据见表 2-2-2。

表 2-2-2 水平角观测记录(测回法)记录手簿

测站点	竖盘位置	目标点	水平度盘读数	半测回角值	一测回角值	备注
O	左	A	128°06′36″	89°52′12″	89°52′06″	
		B	217°58′48″			
	右	B	37°58′42″	89°52′00″		
		A	308°06′42″			

鉴定工作页

地区:_____ 姓名:_____ 准考证号:_____ 单位名称:_____

(1)本题分值:40 分。

(2)考核时间:20 min。

(3)考核要求。

①说出 DJ6 型经纬仪指定部件(不少于 6 个)及各组成部分的名称、功能。

②检验其水准管轴是否合乎要求。

③用测回法测出指定水平角值并做好相应记录,填入表 2-2-3 中。

④草图中的测站点和目标点由考生根据现场标明。

⑤上下半测回角值之差不超过±40″。

⑥水准管轴检验结论：_____。

表 2-2-3　水平角观测记录(测回法)记录手簿

测站点	竖盘位置	目标点	水平度盘读数	半测回角值	一测回角值	备注
	左					
	右					

评分标准

评分标准

技能拓展

参考答案

（1）什么是水平角？水平角的取值范围为多少？

（2）DJ6 型经纬仪由哪几部分组成？经纬仪的制动螺旋和微动螺旋各有什么作用？如何正确使用微动螺旋？

（3）经纬仪安置包括哪两个内容？其目的分别是什么？简述操作方法。

任务二　测设点的平面位置

知识储备

施工测量的基本工作

各种工程在施工阶段所进行的测量工作称为施工测量。施工测量在精度要求、进度安排和布置点位等方面都不同于测绘地形图。测设已知水平距离、测设已知水平角和测设已知高程点是测设的三项基本工作。点的平面位置测设方法通常有直角坐标法、极坐标法、距离交会法、角度交会法等几种。点的高程位置测设时，根据高程点的分布，有时需要先引测一个点的高程。有时测设的高程点组成一个水平面，有时测设的高程点组成同一坡度的直线。

一、施工测量的特点

（一）施工测量的精度

施工测量的精度要求比测绘地形图的精度要求更复杂。它包括施工控制网的精度、建筑物轴线测设的精度和建筑物细部放样的精度三个部分。施工控制网的精度是由建筑物的定位精度和控制范围的大小决定的，当定位精度要求较高和施工现场较大时，则需要施工控制网具有较高的精度。建筑物轴线测设的精度是指建筑物定位轴线的位置对施工控制网、周围建筑物或建筑红线的精度，这种精度一般要求不高。建筑物细部放样的精度是指建筑物内部各轴线对定位轴线的精度。这种精度的高低取决于建（构）筑物的大小、材料、性质、用途及施工方法等因素。一般来说，高层建筑物的放样精度要求高于低层建筑物，钢结构建筑物的放样精度要求高于钢筋混凝土结构建筑物，永久性建筑物的放样精度要求高于临时性建筑物，连续性自动化生产车间的放样精度要求高于普通车间，工业建筑的放样精度要求高于一般民用建筑，吊装施工方法对放样精度的要求高于现场浇灌施工方法。总之，应根据具体的精度要求进行放样。

（二）施工测量的进度计划

施工测量工作不像测绘地形图那样，是一项独立的测量工作。施工测量的进度计划必须与工程建设的施工进度计划相一致，不能提前，也不能延后。提前往往不可能，因为施工作业面未出现时，无法给出施工标志；有时过早给出施工标志，则施工标志还未到使用时就已经被损毁。当然，给定施工标志也不能落后于施工进度，没有标志则无法施工，这样，施工测量就影响施工进度，直接影响工程建设的工期。

（三）施工测量的安全问题

在施工现场上，由于人来车往及堆放材料，测量标志很难保存，设置测量标志时，应尽量避开人、车和材料堆放的影响。使用中，随时注意测量点位的检查与校核。该项工作若处理不好，极易给工程建设造成不必要的损失。

施工测量人员在施工现场工作，也应特别注意人员和仪器的安全。确定安放仪器的位置时，应确保下面牢固，上面无杂物掉下来，周围无车辆干扰。进入施工现场，测量人员一定要佩戴安全帽。同时，要保管好仪器、工具和施工图纸，避免丢失。

二、测设的基本工作

测设工作就是根据施工场地上已有的控制点或地物点，按照工程设计的要求，将建（构）筑物的特征点在实地上标定出来。因此，在测设之前，首先要确定这些特征点与控制点或地物点之间的角度、距离和高程之间的关系，这些位置关系称为测设数据。然后利用测量仪器，根据测设数据，将这些特征点在地面上标定出来。测设已知水平距离、测设已知水平角、测设已知高程是测设的三项基本工作。

(一) 测设已知水平距离

1. 概念

测设已知水平距离就是从地面直线的一个端点开始，沿指定直线的方向测设一段已知的水平距离，定出直线的另一端点的测设工作。

2. 方法

测设已知水平距离的工作，按使用仪器工具不同，分为使用钢尺测设和使用光电测距仪测设两种。

(1) 钢尺测设的一般方法如图 2-2-8 所示，设 A 为地面上的已知点，$D_设$ 为设计已知的水平距离，需要从 A 点开始沿 AB 方向测设水平距离 $D_设$，以标定端点 B。当测设精度要求不高时，可采用一般方法测定。具体操作：首先将钢尺的零点对准点 A，沿 AB 方向将钢尺抬平拉直，在尺面上读数为 $D_设$ 处插下测钎或吊锤球，在地面上标定出点 B'；然后将钢尺移动 10~20 cm，重复前面的操作，在地面上标定出一点 B''，以资检核，并取两次测设的平均位置作为 B 点的位置，以提高测设的精度。

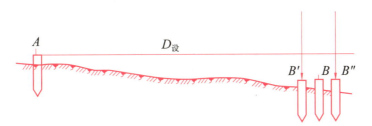

图 2-2-8　钢尺测设的一般方法测设已知水平距离

(2) 精确方法。当测设精度要求较高时，可先根据设计已知的水平距离 $D_设$，按一般方法在地面概略地定出 B' 点，如图 2-2-9 所示，精密丈量 AB' 的水平距离，并加入尺长、温度及倾斜改正数，设求出 AB' 的水平距离为 D'。若 D' 不等于 $D_设$，则计算倾斜改正数 ΔD，并进行改正，以标定 B 点位置。倾斜面改正数的计算公式为

$$\Delta D = D' - D_设$$

设改正时，沿 AB 方向，以 B' 点为准，当 $\Delta D < 0$ 时，向外改正；反之，则向内改正。

图 2-2-9　精确方法测设已知水平距离

（二）测设已知水平角

1. 概念

测设已知水平角工作与测量水平角的工作正好相反。测设已知水平角实际上是根据地面上已有的一条方向线和设计的水平角值，用经纬仪在地面上标定出另一条方向线的工作。

2. 方法

（1）一般方法。根据操作特点，水平角测设的一般方法又称盘左盘右分中法或正倒镜法。该方法多用于测设精度要求不高时。如图 2-2-10 所示，A 点为已知点，AB 为已知方向，欲测设一水平角 β，在地面上标定出 AC 方向线。测设时，首先在 A 点安置经纬仪，对中，整平，用盘左位置瞄准 B 点，使水平度盘读数为 $0°00'00''$，顺时针转动照准部至水平度盘读数为 β 值时，对准视线在地面上做标记点 C'，然后换成盘右位置瞄准 B 点，重复前面的操作，又在地面上做标记点 C''，最后取 $C'C''$ 连线的中点 C。AC 与 AB 两方向线之间的水平角就是要测设的角。为了检核，可重新观测 AB 与 AC 两方向线之间的水平角，并与设计值比较。

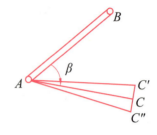

图 2-2-10　水平角测设的一般方法

（2）精确方法。水平角测设的精确方法又称垂线改正法，当测设精度要求较高时采用。如图 2-2-11 所示，设 AB 为已知方向线。安置经纬仪于 A 点，先用一般方法按欲测设的水平角 β 测设出 AC 方向线，并标定出 C 点，然后用测回法观测 AB 与 AC 两方向线之间的水平角（根据需要可观测多个测回）。设角度值为 β'，则角度之差 $\Delta\beta = \beta - \beta'$（$\Delta\beta$ 以秒为单位），并概量出 AC 的水平距离，由此可计算出在 C 点需要做的垂线改正数为

$$CC_0 = AC\tan\Delta\beta \approx AC\frac{\beta}{\rho''} \qquad (2\text{-}2\text{-}4)$$

式中，$\rho'' = 206\ 265''$。

再用钢尺从 C 点开始沿 AC 的垂线方向量取 CC_0 的水平距离重新做标记点 C_0。AC_0 方向线与 AB 之间的水平角更接近欲测设的水平角。改正时，应注意 $\Delta\beta$ 的符号。当 $\Delta\beta > 0$ 时，C_0 点向角度外调整；$\Delta\beta < 0$ 时，C_0 点向角度内调整。

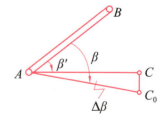

图 2-2-11　水平角测设的精确方法

（三）测设已知高程

1. 概念

测设已知高程就是根据地面上已知水准点的高程和设计点的高程，在地面上测设出设计点的高程标志线的工作。

2. 方法

如图 2-2-12 所示，已知某水准点的高程 $H_水$，欲在附近测设一高程为 $H_设$ 的 B 点的高程标志。测设时，先在水准点与待测设点之间安置水准仪，在水准点上立尺，读出后视读数 a，由此求出仪器的视线高 $H_i = H_水 + a$，再根据 B 点的设计高程，计算出水准尺立于该标志线上的应读前视数 $b_应 = H_i - H_设$，然后将水准尺紧贴 B 点木桩的侧面，并上下挪动，使水准仪望远镜的十字丝横丝正好对准应读前视数 $b_应$，沿尺底画一短横线，该短横线的高程即欲测设的已知高程。为了检核，可改变仪器的高度，重新读出后视读数和前视读数，计算该短横线的高程，与设计高程比较，符合要求，则该短横线作为测设的高程标志线，并注记相应高程符号和数值。

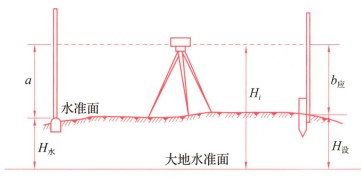

图 2-2-12 测设已知高程

技能指导

职业技能鉴定题目：

如图 2-2-13 所示，已知平面控制点 A 和 B，根据提供的测设数据 $\beta = 60°$ 和 $D_{AC} = 8$ m 采用盘左盘右分中法测设点的平面位置 C。

图 2-2-13 测设点的平面位置

职业技能指导：

A 点为已知点，AB 为已知方向，欲测设一水平角 β，在地面上标定出 AC 方向线。测设时，首先在 A 点安置经纬仪，对中，整平，用盘左位置瞄准 B 点，使水平度盘读数为 $0°00'00''$，顺时针转动照准部至水平度盘读数为 $60°00'00''$ 时，对准视线在地面上做标记点 C'，然后换成盘右位置瞄准 B 点，重复前面的操作，又在地面上做标记点 C''，最后取 $C'C''$ 连线的中点 C。AC 与 AB 两方向线之间的水平角就是要测设的 $60°$ 角。为了检核，可重新观测 AB 与 AC 两方向线之间的水平角，并与设计值比较。

确定 AC 直线与 AB 角度为 $60°$ 后，将钢尺的零点对准点 A，沿 AC 方向将钢尺抬平拉直，在尺面上读数为 $D_{AC} = 8$ m 处插下测钎或吊锤球，在地面标定出点 C''，然后将钢尺移动 10~20 cm，重复前面的操作，在地面上标定出点 C''。以资检核，并取两次测设的平均位置作为 C

点的位置，以提高测设的精度。

鉴定工作页

地区：＿＿＿＿ 姓名：＿＿＿＿ 准考证号：＿＿＿＿ 单位名称：＿＿＿＿

（1）本题分值：40分。

（2）考核时间：20 min。

（3）考核要求。

①说出 DJ6 型经纬仪各组成部分的名称、作用与用法。

②检验其水准管轴是否合乎要求。

③如图 2－2－14 所示，已知平面控制点 ＿＿＿＿ 和

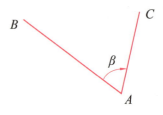

＿＿＿＿，根据提供的测设数据（β ＝＿＿＿＿ 和 D＿＿＿＿ ＝

＿＿＿＿ m）采用盘左盘右分中法测设点的平面位置。

图 2-2-14　测设点的平面位置

评分标准

评分标准

技能拓展

（1）DJ6 型经纬仪的基本操作程序有哪些？

（2）经纬仪读数时，水准管未居中，是否影响测设精确度？

参考答案

任务三　直角边方向的测设

知识储备

测设点位的方法

一、直角坐标法

直角坐标法是按直角坐标原理确定某点的平面位置的一种方法。当建筑场地已有相互垂直的主轴线或矩形方格网时，常采用直角坐标法测设点的平面位置。如图 2-2-15 所示，A、B

为建筑方格点，其坐标已知，P 为设计点，其坐标$(X_P，Y_P)$可以从设计图上查获。

欲将 P 点测设在地面上，其步骤如下。

(一)计算测设数据 ΔX，ΔY

由图 2-2-15 可知

$$\Delta X = X_P - X_A$$

$$\Delta Y = Y_P - Y_A$$

(二)测设方法

(1) 安置经纬仪于 A 点，瞄准 B 点，沿视线方向用钢尺测设横距 ΔY，在地面上标定出 C 点。

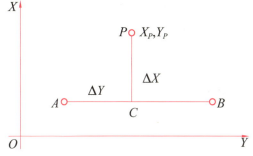

图 2-2-15　直角坐标法测设点的平面位置

(2) 安置经纬仪于 C 点，瞄准 A 点，顺时针测设 90°水平角，沿直角方向用钢尺测设纵距 ΔX，即可获得 P 点在地面上的位置。

(3) 重复操作或利用 P 点与其他点之间的关系检核 P 点的位置。

例题：设建筑方格网的两个角点 G_1、G_2 的坐标分别为$(100.00，100.00)$和$(100.00，200.00)$，欲根据其测设某厂房的角点 $P(120.00，125.00)$，试叙述测设方法。

解：由题意可知，方格网的两个角点 G_1、G_2 平行于 Y 轴，首先确定采用直角坐标法，从控制点 G_1 开始测设，其测设步骤如下。

(1) 计算测设数据：

$$\Delta X = 120.00 - 100.00 = 20.00$$

$$\Delta Y = 125.00 - 100.00 = 25.00$$

(2) 使用钢尺从控制点 G_1 开始，朝 G_2 方向测设水平距离 ΔY，得一垂线点 P'。

(3) 在垂线点 P' 上安置经纬仪，后视控制点 G_1，顺时针测设 90°水平角，得垂线 $P'P''$。

(4) 使用钢尺从垂线点 P' 开始，朝 P'' 点方向测设水平距离 ΔX，得 P 点在地面上的位置。

(5) 利用 P 点与周围其他点的关系，检核 P 点位置是否正确。

二、极坐标法

极坐标法是根据极坐标原理确定某点平面位置的方法。当已知点与待测设点之间的距离较近时常采用极坐标法。

A、B 为测量控制点，已知坐标$(X_A，Y_A)$，$(X_B，Y_B)$，P 为设计点，其坐标$(X_P，Y_P)$，由设计图可以查得，要将 P 点测设于地面，其步骤如下。

(1) 计算测设数据 β，D。用坐标反算方法计算出 D 和 α_{AP}，$\beta = \alpha_{AP} - \alpha_{AB}$。

(2) 测设方法如图 2-2-16 所示。

①安置经纬仪于 A 点，瞄准 B 点，顺时针测设水平角，在地面测设点的平面位置上标定

出 AP 方向线。

②自 A 点开始，用钢尺沿 AP 方向线测设水平距离 D_{AP}，在地面上标定出 P 点的位置。

③检核 P 点的位置。

例题：设建筑施工场地上有测量控制点 A、B，其坐标分别为（100.00，100.00）和（145.00，145.00），现欲根据其测设某厂房角点 Q（90.00，123.45），试叙述其测设方法。

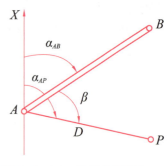

图 2-2-16　极坐标法测设点的平面位置

解：由题意可知，欲测设厂房角点 Q 距控制点 A 的位置比较近，在控制点 A 上安置仪器，采用极坐标法测设比较方便，其测设步骤如下。

①计算测设数据为

$$\alpha_{AB} = \arctan\left[(145.00-100.00)/(145.00-100.00)\right] = 45°00'00''$$

$$\alpha_{AQ} = \arctan\left[(123.45-100.00)/(90.00-100.00)\right] = 113°05'43''$$

$$D_{AQ} = \left[(123.45-100.00)^2+(90.00-100.00)^2\right]^{1/2} = 25.493 \text{ m}$$

$$\beta = 113°05'43''-45°00'00'' = 68°05'43''$$

②在 A 点安置经纬仪，对中，整平，后视 AB 方向，顺时针测设水平角 $68°05'43''$，标定出 AQ' 方向线。

③使用钢尺从 A 点开始，朝 Q 点方向测设 25.493 m 的水平距离，得 Q 点在地面上的位置。

④利用 Q 点与周围其他点的关系，检核 Q 点位置是否正确。

三、距离交会法

距离交会法是根据测设的距离相交会标定出点的平面位置的一种方法。当测设时，不便于安置仪器、测设精度要求不高，且距离小于一钢尺长度的情况下常采用这种方法。如图 2-2-17 所示，A、B 为两控制点，P 为待测设点，其步骤如下。

（1）计算测设数据 D_1，D_2。

（2）测设方法：测试时，使用两根钢尺，分别使两钢尺的零刻线对准 A、B 两点，同时拉紧和移动钢尺，两尺上读数为 D_1，D_2 时的交点就是 P 点的位置。测设后，应对 P 点进行检核。

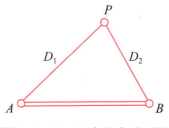

图 2-2-17　距离交会法测绘点的平面位置

例题：已知施工场地上测量控制点 C、F 点的坐标为（50.00，60.00）和（50.00，75.00），欲测设 K 点的坐标为（62.00，68.00），试叙述采用距离交会法测设 K 点的方法。

解：根据题意，测设步骤如下。

（1）计算测设数据为

$$D_{CK} = \left[(Y_K - Y_C)^2 + (X_K - X_K)^2 \right]^{1/2} = \left[(68.00 - 60.00)^2 + (62.00 - 50.00)^2 \right]^{1/2} = 14.422 \text{ m}$$

$$D_{FK} = \left[(Y_K - Y_F)^2 + (X_K - X_F)^2 \right]^{1/2} = \left[(68.00 - 75.00)^2 + (62.00 - 50.00)^2 \right]^{1/2} = 13.892 \text{ m}$$

（2）使用两根钢尺分别将钢尺的零刻线对准 C、F 点，找到 C 点处钢尺上长度为 14.422 m 的刻线和 F 点处钢尺上长度为 13.892 m 的刻线，将此两刻线重合为一点，并使两根钢尺同时抬平和拉直，将两刻线的重合点沿铅垂线投影到地面上，得到 K 点，即为欲测设的 K 点。

（3）利用 K 点与周围其他点的关系，检查 K 点位置是否正确。

四、角度交会法

角度交会法是根据测设角度所定方向线相交会标定出点的平面位置的一种方法，适用于不便于测设距离的地方。

如图 2-2-18 所示，图中 A，B，C 为已知控制点，P 点为所要测设的点，其坐标均已知，测设步骤如下。

（1）计算测设数据。根据坐标反算公式先反算出相应边的坐标方位角（以下简称方位角），然后计算水平角，最后计算水平角 β_1，β_2，β_3。

（2）测设方法：分别安置经纬仪于 A，B，C 三个控制点上，测设水平角，在地面上标定出三条方向线，其交点就是 P 点的位置。如果三个方向不交于一点，则每个方向可用两个小木桩临时固定在地面上，形成一个示误三角形。若示误三角形最大边长满足一定要求，取其三角形的中心作为测设点 P 的最终位置。如果只有两个已知控制点，测设 P 点后应进行检核。

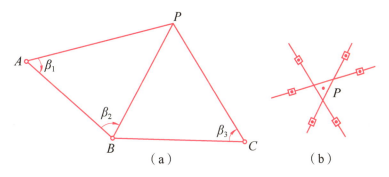

图 2-2-18　角度交会法测设点的平面位置
（a）测设方法；（b）示误三角形

例题：设某建筑施工场地上有测量控制点 N、M，其坐标分别为（45.66，51.55）和（85.23，97.34），欲根据 N、M 点采用角度交会法测设点 J（2.56，93.21），试叙述其测设方法。

解：测设步骤如下。

（1）计算测设数据为

$$\alpha_{NM} = \arctan\left[(97.34-51.55)/(85.23-45.66)\right] = 49°10'04''$$

$$\alpha_{NJ} = \arctan\left[(93.21-51.55)/(2.56-45.66)\right] = 135°58'24''$$

$$\alpha_{MJ} = \arctan\left[(93.21-97.34)/(2.56-85.23)\right] = 182°51'36''$$

$$\alpha_{MN} = \alpha_{NM} + 180° = 49°10'04'' + 180° = 229°10'04''$$

在 N 点顺时针测设的水平角 $\beta = \alpha_{NJ} - \alpha_{NM} = 135°58'24'' - 49°10'04'' = 86°48'20''$

在 M 点顺时针测设的水平角 $\alpha = \alpha_{MJ} - \alpha_{NM} = 182°51'36'' - 229°10'04'' = 313°41'32''$

（2）分别在 N、M 点上安置一台经纬仪，N 点上的经纬仪后视 M 点，顺时针测设水平角 $86°48'20''$，在地面上得到 NJ 方向线。在 M 点上的经纬仪后视 N 点，顺时针测设水平角 $313°41'32''$，在地面上得到 M 点方向线。

（3）由 N、M 点上的经纬仪观测者指挥，做测设标志者分别将标志朝 NJ 方向线和 M 点方向线上移动。当标志同时位于 NJ 方向线和 M 点方向线上时，该处即为欲测设 J 点在地面上的位置。

（4）对测设 J 点的位置进行检查。

技能指导

职业技能鉴定题目：

直角边方向的测设

（1）本题分值：40 分。

（2）考核时间：20 min。

（3）考核要求。

①说出 DJ6 型经纬仪指定部分(不少于 6 个)的名称、功能。

②检验其水准管轴是否合乎要求。

③根据现场已知边采用盘左盘右分中法测设一个直角边，并用测回法检测其放样精度，要求与设计值相差在 $\pm20''$ 范围内。

④水准管轴检验结论：_____。

职业技能指导：

（1）测设直角边。

已知 A、B 控制点的位置，A、B 点为已知点，AB 为已知方向，欲测设一水平角 $90°$，在地面上标定出 AC 方向线。测设时，首先在 A 点安置经纬仪，对中，整平，用盘左位置瞄准 B 点，使水平度盘读数为 $0°00'00''$，顺时针转动照准部至水平度盘读数为 $90°00'00''$ 时，对准视线在地面上做标记点 C'，然后换成盘右位置瞄准 B 点，重复前面的操作，又在地面上做标记点 C''，最后取 $C'C''$ 连线的中点 C。AB 与 AC 两方向线之间的水平角就是要测设的角 $90°$。为了检核，可重新观测 AB 与 AC 两方向线之间的水平角，并与设计值比较。

(2)用测回法检测其放样精度,具体步骤如下。

①安置仪器于测站点 A,对中,整平。

②盘左位置瞄准 B 目标点,读取水平度盘读数为 a_1,设为 $0°02'30''$,记入记录手簿(见表2-2-4)盘左 B 目标点水平读数一栏。

③松开制动螺旋,顺时针方向转动照准部,瞄准 C 目标点,读取水平度盘读数为 b_1,设为 $90°02'35''$,记入记录手簿(见表2-2-4)盘左 C 目标点水平度盘读数一栏。此时完成上半个测回的观测,即 $\beta_左 = b_1 - a_1 = 90°00'05''$。

④松开制动螺旋,倒转望远镜成盘右位置,瞄准 C 目标点,读取水平度盘的读数为 b_2,设为 $180°02'35''$,记入记录手簿(见表2-2-4)盘右 C 目标点水平度盘读数一栏。

⑤松开制动螺旋,顺时针方向转动照准部,瞄准 B 点,读取水平度盘读数为 a_2,设为 $270°02'36''$,记入记录手簿(见表2-2-4)盘右 B 点目标水平度盘读数栏。此时完成下半个测回的观测,即 $\beta_右 = b_2 - a_2 = 90°00'01''$。完成一个测回后,取盘左、盘右所得角值的算术平均值作为该角的一测回角值,即 $\beta = \dfrac{\beta_左 + \beta_右}{2} = 90°00'03''$。

⑥记录数据见表2-2-4。

表2-2-4　水平角观测记录(测回法)记录手簿

测站点	竖盘位置	目标点	水平度盘读数	半测回角值	一测回角值	备注
O	左	B	$0°02'30''$	$90°00'05''$	$90°00'03''$	
		C	$90°02'35''$			
	右	C	$180°02'35''$	$90°00'01''$		
		B	$270°02'36''$			

结论:$3''$在 $±20''$ 范围内,符合精度要求。

鉴定工作页

地区:_____　姓名:_____　准考证号:_____　单位名称:_____

(1)本题分值:40分。

(2)考核时间:20 min。

(3)考核要求。

①说出 DJ6 型经纬仪指定部分(不少于6个)的名称、功能。

②检验其水准管轴是否合乎要求。

③根据现场已知边采用盘左盘右分中法测设一个直角边,并用测回法检测其放样精度,要求与设计值相差在 $±20''$ 范围内,记录在表2-2-5中。

④水准管轴检验结论：_____。

表 2-2-5　水平角观测记录(测回法)记录手簿

测站点	竖盘位置	目标点	水平度盘读数	半测回角值	一测回角值	备注
	左					
	右					

评分标准

评分标准

技能拓展

(1) 施工测量的任务与具体内容是什么？施工测量有什么特点？

(2) 测绘与测设有什么区别？

参考答案

任务四　经纬仪放样正方形

知识储备

点平面位置测设

一、延长直线定点

在扩建或改建工程的施工场地上，常常需要延长建筑基线至要求的位置。延长直线时根据有无障碍物，具体操作不一样。

(一)无障碍物延长直线

如图 2-2-19 所示，地面上有直线 AB，需要将直线沿 AB 方向延长至 C 点，且 BC 之间无任何障碍

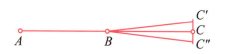

图 2-2-19　无障碍物延长直线定点方法

物。测设时，在 B 点安置经纬仪，对中，整平先用盘左位置瞄准 A 点，纵转望远镜，在 AB 延长线上做标记点 C'，再用盘右位置瞄准 A 点，纵转望远镜，在 AB 延长线上做标记点 C''，最后取 $C'C''$ 连线的中点 C 作为 AB 直线延长线上的点。

（二）有障碍物延长直线

如图 2-2-20 所示，地面上有直线 AB，需要将直线沿 AB 方向延长至 E、F 点，且 B、E 点之间有一幢建筑物阻挡视线。测设时，可以在延长直线的障碍物处设置一特殊

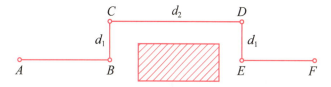

图 2-2-20　有障碍物延长直线定点方法

图形（矩形或三角形）而避开该障碍物。图 2-2-20 中设置了一矩形，首先在 B 点安置经纬仪，后视 A 点，顺时针测设一 90°水平角，得 BC 方向线，并用钢尺从 B 点开始测设水平距离 d_1，得 C 点。又将经纬仪安置于 C 点，后视 B 点，顺时针测设 270°水平角，得 CD 方向，用钢尺从 C 点开始测设水平距离 d_2（能避开该障碍物即可），得 D 点。然后在 D 点安置经纬仪，后视 C 点，顺时针测设 270°水平角，得 DE 方向，并用钢尺从 D 点开始，测设水平距离 d_1，得 E 点，E 点即 AB 直线延长线上的点。若在 E 点安置经纬仪，后视 D 点，顺时针测设 90°水平角，得 EF 方向线，EF 即为 AB 直线的延长直线。

二、确定直线上的点

确定两点之间的直线上的点也有两种情况，一种是两点之间通视的情况下，可在直线的一个端点安置经纬仪瞄准直线的另一个端点，固定照准部，纵转望远镜在中间标定出需要的点位；另一种是在两点之间不通视的情况下，如图 2-2-21 所示，A、B 两点之间不通视，需要在 AB 直线上标定出一点 F。可以这样操作：首先根据目测在地面上标定出 F 点的概略位置 F' 点，然后安置经纬仪于 F' 点，后视 A 点，用正倒镜法将直线 AF' 延长至 B' 点，并测量出 $B'B$ 之间的距离

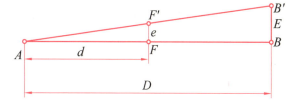

图 2-2-21　两点间不通视时确定
直线上点的方法

E，利用 AB 的间距 D 和 AF'（$AF' \approx AF$）的间距 d，根据相似三角形的原理，即可求出 F' 点偏离直线的距离 e，即

$$e = FF' = Ed/D$$

将经纬仪沿垂直 AB 直线方向移动 e 值，再用同样方法观测一次，看仪器是否已在直线上。若还有偏差，再移动仪器，直到仪器移至 AB 直线上，然后在经纬仪锤球下面钉上小钉，该点即两点之间直线上的点。

⫽ 技能指导

根据考场人员所提供的两个控制点，量出两点之间的水平距离即正方形的边长；根据所量取的边长，按逆时针方向逐站测设出正方形另外两个控制点（要求每个放样点打上木桩，并钉上小铁钉作为标志）。

职业技能指导：

如图 2-2-22 所示，已知 A、B 控制点的位置，量出两点之间的水平距离即正方形的边长为 d。

（1）以 B 为后视点，测设直角边 BD。

已知 A、B 控制点的位置，A、B 点为已知点，AB 为已知方向，欲测设一水平角 90°，在地面上标定出 BD 方向线。测设时，首先在 B 点安置经纬仪，对中，整平，用盘左位置瞄准 A 点，使水平度盘读数为 0°00′00″，顺时针转动照准部至水平度盘读数为 90°00′00″时，对准视线在地面上做标记点 D'，然后换成盘右位置瞄准 A 点，重复

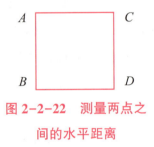

图 2-2-22　测量两点之间的水平距离

前面的操作，又在地面上做标记点 D''，最后取 $D'D''$ 连线的中点 D。AB 与 BD 两方向线之间的水平角就是要测设的角 90°。为了检核，可重新观测 AB 与 BD 两方向线之间的水平角，并与设计值比较。

确定 AB 直线与 BD 角度为 90°后，将钢尺的零点对准 B 点，沿 BD 方向将钢尺抬平拉直，在尺面上读数为 $D_{BD}=d$ 处插下测钎或吊锤球，在地面上标定出点 D'，然后将钢尺移动 10~20 cm，重复前面的操作，在地面上标定出点 D''。以资检核，并取两次测设的平均位置作为 D 点的位置，以提高测设的精度。

（2）以 A 为后视点，测设直角边 AC。

已知 A、B 控制点的位置，A、B 点为已知点，AB 为已知方向，欲测设一水平角 90°，在地面上标定出 AC 方向线。测设时，首先在 A 点安置经纬仪，对中，整平，用盘左位置瞄准 B 点，使水平度盘读数为 0°00′00″，顺时针转动照准部至水平度盘读数为 90°00′00″时，对准视线在地面上做标记点 C'，然后换成盘右位置瞄准 B 点，重复前面的操作，又在地面上做标记点 C''，最后取 $C'C''$ 连线的中点 C。AB 与 AC 两方向线之间的水平角就是要测设的角 90°。为了检核，可重新观测 AB 与 AC 两方向线之间的水平角，并与设计值比较。

确定 AB 直线与 AC 角度为 90°后，将钢尺的零点对准 A 点，沿 AC 方向将钢尺抬平拉直，在尺面上读数为 $D_{AC}=d$ 处插下测钎或吊锤球，在地面上标定出点 C'，然后将钢尺移动 10~20 cm，重复前面的操作，在地面上标定出一点 C''。以资检核，并取两次测设的平均位置作为 C 点的位置，以提高测设的精度。

（3）检核 C、D 点长度是否符合规定长度 d。

鉴定工作页

地区：＿＿＿＿　姓名：＿＿＿＿　准考证号：＿＿＿＿　单位名称：＿＿＿＿

（1）考核内容。

①根据考场人员所提供的两个控制点，量出两点之间的水平距离即正方形的边长。

②根据所量取的边长，按逆时针方向逐站测设出正方形另外两个控制点(要求每个放样点打上木桩，并钉上小铁钉作为标志)。

③最后两个控制点之间的长度由考评人员量取。

（2）考核要求。

①如操作违纪，将停止考核。

②考核采用百分制，考核项目得分按试题权重进行折算。

③考核方式说明：该项目为笔试与操作结合，考核按评分标准和操作过程及结果进行评分。

④测量技能说明：该项目主要考核考生利用经纬仪放样的能力。

（3）考核时间。

①准备时间：1 min(不计入考核时间)。

②正式操作时间：30 min。

③提前完成不加分，超时操作按规定标准评分。

评分标准

评分标准

技能拓展

（1）测设点的平面位置有哪些方法？这些方法各适用于什么场合？测设时需要哪些测设数据？

（2）测设的基本工作包括哪些项目？试描述每项工作的操作方法。

参考答案

任务五　测回法测定闭合四边形的内角和
并作角度闭合差调整

知识储备

导线角度闭合差的调整方法

角度闭合差是指导线测量中实际观测角度与应有角度之间的差异。在导线测量中，各种因素的影响，如测量误差、地形变化等，会造成导线角度闭合差不为零。为了消除角度闭合差对导线精度的影响，需要对闭合差进行合理的调整。

一、角度闭合差的计算

角度闭合差的计算公式：角度闭合差＝实际观测角度总和－应有角度总和。其中，实际观测角度总和是指实际观测得到的所有角度之和，应有角度总和是指理论上所有角度之和。

二、角度闭合差的调整

角度闭合差的调整方法是将闭合差反符号后，按照一定的比例分配到每个观测角度上。具体步骤如下。

（1）计算导线角度闭合差，并将闭合差反符号后得到改正角度。

（2）将改正角度按照以下公式分配到每个观测角度上：改正角度＝改正角度/实际观测角度个数。

（3）将每个观测角度加上相应的改正角度，得到改正后的角度。

（4）重复步骤（2）和步骤（3），直到角度闭合差满足要求为止。

三、注意事项

（1）在计算导线角度闭合差时，应确保计算准确，避免误差累积。

（2）在分配改正角度时，应按照上述公式进行计算，避免人为误差。

（3）在调整导线角度闭合差时，应确保每个观测角度都有相应的改正角度，避免遗漏。

总结：通过计算、调整和反复验证，可以消除角度闭合差对导线精度的影响，提高测量的精度和可靠性。在调整过程中需要注意计算准确、分配合理、不遗漏等问题，以保证测量的质量和效果。

技能指导

职业技能鉴定题目：

使用 DJ6 型经纬仪，如图 2-2-23 所示，利用测回法测量四边形的 4 个内角，并将 4 个内角求和，作角度闭合差调整。要求能正确使用仪器，并且满足上下测回值之差不超过 40″。当上下半测回角值之差满足精度要求时，求角度平均值。

图 2-2-23　测回法测量四边形内角

职业技能指导：

具体步骤如下。

(1) 测站点 1A。

①安置仪器于测站点 1A，对中，整平。

②盘左位置瞄准 4A 目标点，读取水平度盘读数为 $4a_1$，设为 0°02′30″，记入记录手簿(见表 2-2-6)盘左 4A 目标点水平度盘读数一栏。

③松开制动螺旋，顺时针方向转动照准部，瞄准 2A 目标点，读取水平度盘读数为 $2a_1$，设为 89°44′17″，记入记录手簿(见表 2-2-6)盘左 2A 目标点水平度盘读数一栏。此时完成上半个测回的观测，即

$$\beta_{左} = 2a_1 - 4a_1 = 89°41′47″ \tag{2-2-5}$$

④松开制动螺旋，倒转望远镜成盘右位置，瞄准 4A 目标点，读取水平度盘读数为 $4a_2$，设为 180°02′27″，记入记录手簿(见表 2-2-6)盘右 4A 目标点水平度盘读数一栏。

⑤松开制动螺旋，顺时针方向转动照准部，瞄准 2A 目标点，读取水平度盘读数为 $2a_2$，设为 269°44′20″，记入记录手簿(见表 2-2-6)盘右 2A 目标点水平度盘读数栏。此时完成下半个测回的观测，即

$$\beta_{右} = 2a_2 - 4a_2 = 89°41′53″ \tag{2-2-6}$$

完成一个测回后，取盘左、盘右所得角值的算术平均值作为该角的一测回角值，即

$$\beta = \frac{\beta_{左} + \beta_{右}}{2} = 89°41′50″ \tag{2-2-7}$$

(2) 测站点 2A。

①安置仪器于测站点 2A，对中，整平。

②盘左位置瞄准 1A 目标点，读取水平度盘读数为 $1a_1$，设为 0°02′30″，记入记录手簿(见表 2-2-6)盘左 1A 目标点水平度盘读数一栏。

③松开制动螺旋，顺时针方向转动照准部，瞄准 3A 目标点，读取水平度盘读数为 $3a_1$，

设为 $89°52'36''$，记入记录手簿（见表 2-2-6）盘左 3A 目标点水平度盘读数一栏。此时完成上半个测回的观测，即

$$\beta_{左} = 3a_1 - 1a_1 = 89°50'06'' \qquad (2-2-8)$$

④松开制动螺旋，倒转望远镜成盘右位置，瞄准 1A 目标点，读取水平度盘的读数为 $1a_2$，设为 $180°02'21''$，记入记录手簿（见表 2-2-6）盘右 1A 目标点水平度盘读数一栏。

⑤松开制动螺旋，顺时针方向转动照准部，瞄准 3A 目标点，读取水平度盘读数为 $3a_2$，设为 $269°52'27''$，记入记录手簿（见表 2-2-6）盘右 3A 目标点水平度盘读数栏。此时完成下半个测回的观测，即

$$\beta_{右} = 3a_2 - 1a_2 = 89°50'06'' \qquad (2-2-9)$$

完成一个测回后，取盘左、盘右所得角值的算术平均值作为该角的一测回角值，即

$$\beta = \frac{\beta_{左} + \beta_{右}}{2} = 89°50'06'' \qquad (2-2-10)$$

（3）测站点 3A。

①安置仪器于测站点 3A，对中，整平。

②盘左位置瞄准 2A 目标点，读取水平度盘读数为 $2a_1$，设为 $0°02'30''$，记入记录手簿（见表 2-2-6）盘左 2A 目标点水平度盘读数一栏。

③松开制动螺旋，顺时针方向转动照准部，瞄准 4A 目标点，读取水平度盘读数为 $4a_1$，设为 $81°20'41''$，记入记录手簿（见表 2-2-6）盘左 4A 目标点水平度盘读数一栏。此时完成上半个测回的观测，即

$$\beta_{左} = 4a_1 - 2a_1 = 81°18'11'' \qquad (2-2-11)$$

④松开制动螺旋，倒转望远镜成盘右位置，瞄准 2A 目标点，读取水平度盘的读数为 $2a_2$，设为 $180°02'30''$，记入记录手簿（见表 2-2-6）盘右 2A 目标点水平度盘读数一栏。

⑤松开制动螺旋，顺时针方向转动照准部，瞄准 4A 目标点，读取水平度盘读数为 $4a_2$，设为 $261°20'38''$，记入记录手簿（见表 2-2-6）盘右 4A 目标点水平度盘读数栏。此时完成下半个测回的观测，即

$$\beta_{右} = 4a_2 - 2a_2 = 81°18'08'' \qquad (2-2-12)$$

完成一个测回后，取盘左、盘右所得角值的算术平均值作为该角的一测回角值，即

$$\beta = \frac{\beta_{左} + \beta_{右}}{2} = 81°18'10'' \qquad (2-2-13)$$

（4）测站点 4A。

①安置仪器于测站点 4A，对中，整平。

②盘左位置瞄准 3A 目标，读取水平度盘读数为 $3a_1$，设为 $0°02'29''$，记入记录手簿（见表 2-2-6）盘左 3A 目标点水平度盘读数一栏。

③松开制动螺旋，顺时针方向转动照准部，瞄准 1A 目标点，读取水平度盘读数为 $1a_1$，

设为99°12′37″，记入记录手簿(见表2-2-6)盘左1A目标点水平度盘读数一栏。此时完成上半个测回的观测，即

$$\beta_{左} = 1a_1 - 3a_1 = 99°10′08″ \tag{2-2-14}$$

④松开制动螺旋，倒转望远镜成盘右位置，瞄准3A目标点，读取水平度盘读数为$3a_2$，设为180°02′36″，记入记录手簿(见表2-2-6)盘右3A目标点水平度盘读数一栏。

⑤松开制动螺旋，顺时针方向转动照准部，瞄准1A目标点，读取水平度盘读数为$1a_2$，设为279°12′38″，记入记录手簿(见表2-2-6)盘右1A目标点水平度盘读数栏。此时完成下半个测回的观测，即

$$\beta_{右} = 1a_2 - 3a_2 = 99°10′02″ \tag{2-2-15}$$

完成一个测回后，取盘左、盘右所得角值的算术平均值作为该角的一测回角值，即

$$\beta = \frac{\beta_{左} + \beta_{右}}{2} = 99°10′05″ \tag{2-2-16}$$

(5)角度闭合差调整。

①四站回测角值相加$\Sigma = 89°41′50″ + 89°50′06″ + 81°18′10″ + 99°10′05″ = 360°00′11″$记入记录手簿(见表2-2-6)求和一栏。

②角度闭合差 $= 360°00′11″ - 360°00′00″ = +11″$

$$\Sigma_{改} = -11″$$

③分配到每个观测角度上的改正角度分别为-3″，-3″，-2″，-3″。

④将每个观测角度加上相应的改正角度，得到改正后的角度，分别为89°41′47″，89°50′03″，81°18′08″，19°10′02″。

(6)记录数据见表2-2-6。

表2-2-6　测回法观测水平角及闭合差调整记录手簿

测站点	目标点	竖盘位置	水平度盘读数	半测回角值	一测回角值	改正数	改正后的角值
1A	4A	左	0°02′30″	89°41′47″	89°41′50″	-3″	89°41′47″
	2A		89°44′17″				
	4A	右	180°02′27″	89°41′53″			
	2A		269°44′20″				
2A	1A	左	0°02′30″	89°50′06″	89°50′06″	-3″	89°50′03″
	3A		89°52′36″				
	1A	右	180°02′21″	89°50′06″			
	3A		269°52′27″				

测站点	目标点	竖盘位置	水平度盘读数	半测回角值	一测回角值	改正数	改正后的角值
3A	2A	左	0°02′30″	81°18′11″	81°18′10″	−2″	81°18′08″
	4A		81°20′41″				
	2A	右	180°02′30″	81°18′08″			
	4A		261°20′38″				
4A	3A	左	0°02′29″	99°10′08″	99°10′05″	−3″	99°10′02″
	1A		99°12′37″				
	3A	右	180°02′36″	99°10′02″			
	1A		279°12′38″				
Σ					360°00′11″	−11″	360°00′00″

鉴定工作页

地区：_____ 姓名：_____ 准考证号：_____ 单位名称：_____

（1）考核要求。

①利用测绘法测量四边形的 4 个内角，并将 4 个内角求和，作角度闭合差调整。

②要求能正确使用仪器，并且满足上下测回值之差不超过 40″。当上下半测回角值之差满足精度要求时，求角度平均值。

③考核采用百分制，考核项目得分按试题权重进行折算。

④考核方式说明：该项目为实际操作，所用仪器为 DJ6 型经纬仪，考核按评分标准及操作过程进行评分。

注意：须工作人员 1~2 人配合拿测钎。

（2）考核时间。

①准备时间：1 min(不计入考核时间)。

②正式操作时间：50 min。

③提前完成不加分，超时操作按规定标准评分。

（3）本题分值 100 分，本题权重 40%。

评分标准

评分标准

技能拓展

水平角测量的主要误差有哪些？在观测过程中如何消除或削弱这些误差的影响？

参考答案

知识链接

经纬仪定线

水平角观测

项目三

全站仪操作

知识目标

了解全站仪各部件的名称及作用；

掌握全站仪的基本操作程序；

理解坐标测量的原理及基本测法、记录、计算；

掌握坐标放样的基本原理和操作方法。

技能目标

练习全站仪的安置、粗平、瞄准、精平与读数；

能根据测站点和棱镜点测出目标点的三维坐标。

素质目标

培养创新精神：不断探索全站仪操作的新方法、新技术，提高操作效率和精度；

增强创新思维：在掌握好所学知识并提升个人专业知识和能力的基础上，能建构知识体系独立思考，并且完成任务；

提升职业素养：在使用仪器时遵守精度要求，填写记录时注意规范性。

任务一　坐标测量

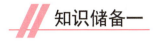

知识储备一

全站仪的认识

坐标测量所使用的仪器为苏州一光仪器有限公司 RTS902 型全站仪，工具有棱镜。

一、全站仪的构造

(一) 部件名称

RTS902 型全站仪主要由经纬仪、测距仪和计算机三部分组成，如图 2-3-1 所示。

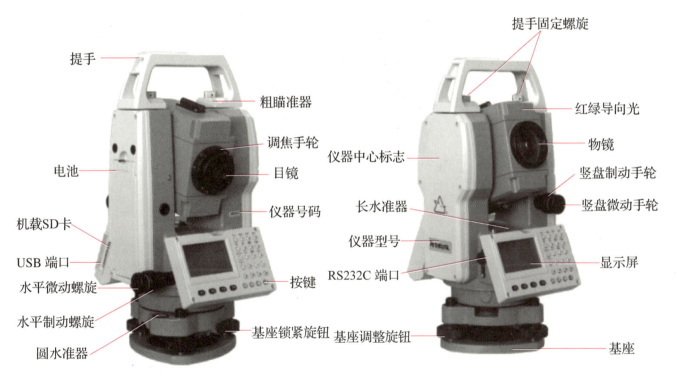

图 2-3-1　RTS902 型全站仪

1. 全站仪的望远镜

全站仪基本上采用望远镜光轴(视准轴)和测距光轴完全同轴的光学系统一次照准就能同时测出距离和角度。

2. 竖轴倾斜的自动补偿

在一些较高精度的电子经纬仪和全站仪中安置了竖轴倾斜自动补偿器，以自动改正竖轴倾斜对水平角和竖直角的影响。

说明：

(1)电子经纬仪照准部的整平可使竖轴铅直，但受气泡灵敏度和作业的限制，仪器的精确整平有一定困难。这种竖轴不铅直的误差称为竖轴误差。

(2)竖轴误差对水平方向和竖直角的影响能通过盘左、盘右读数取中数消除。

(3)精确的竖轴补偿器，仪器整平到3′以内，其自动补偿精度可达0.1″。

3. 数据记录与传输

(1)通过电缆将仪器的数据传输接口和外接的记录器连接起来，从而将数据直接存储在外接的记录器中。

(2)仪器内部有一个大容量的内存，用于记录数据。

(3)采用插入数据记录卡。

(二) 显示屏

图2-3-2所示为RTS902型全站仪的显示屏。表2-3-1给出了显示屏配套按键对应的功能。

图2-3-2　RTS902型全站仪的显示屏

表2-3-1　显示屏配套按键对应的功能

按键	名称	功能
F1~F4	软件	功能参考显示屏幕最下面一行所显示的信息
9~±	数字、字符键	1. 在输入数字时，输入按键相对应的数字； 2. 在输入字母或特殊字符时，输入按键上方相应的字符
POWER	电源键	控制仪器电源的开/关
★	星键	用于若干仪器常用功能的操作
Esc	退出键	退回到前一个菜单显示或前一个模式
Shift	切换键	1. 在输入模式下，可切换字母或数字； 2. 在测量模式下，用于测量目标的切换
BS	退格键	1. 在输入模式下，删除光标左侧的一个字符； 2. 在测量模式下，用于打开电子水泡显示
Space	空格键	在输入模式下，输入一个空格

续表

按键	名称	功能
Func	功能键	1. 在测量模式下,用于软件对应功能信息的翻页; 2. 在程序菜单模式下,用于菜单翻页
ENT	确认键	选择选项或确认输入的数据

二、电池使用

(一)电池电量图标

电池电量图标用于指示电池剩余电量情况,如图 2-3-3 所示。

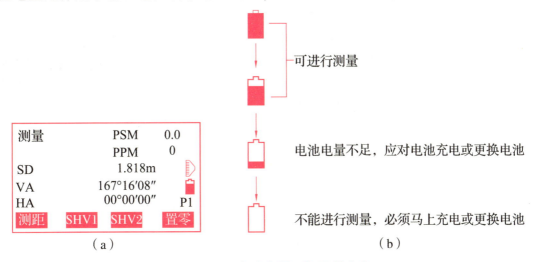

图 2-3-3 电池电量图标及其含义

(a)显示屏幕;(b)电池剩余电量情况

提示:

(1)电池工作时间的长短取决于诸多因素,如仪器周围的温度、充电时间的长短以及充电和放电的次数。为保险起见,在正式使用前,建议先对电池充足电或准备若干充足电的备用电池。

(2)电池电量图标表明当前测量模式下的电池电量级别。角度测量模式下显示的电池电量状况不适用于距离测量。由于测距的耗电量大于测角,当角度测量模式变换为距离测量模式时,可能会因电池电量不足而发生仪器运行中断。

(3)观测模式改变时,电池电量图标不一定会立刻显示电量减少或增加。因为电池电量指示系统是用来显示电池电量的总体状况的,它不能反映瞬间电池电量的变化。

(4)建议外业测量出发前先检查一下随机电池和备用电池的电量状况。

(二)电池更换

1. 步骤

(1)将电池底部的导向块插入仪器上的电池导向孔内。

(2)向内轻按电池顶部至听到"咔嗒"声响。

2. 电池拆下

(1)按住电池上的按钮向下按解锁钮。

(2)向外取出电池。

(三)电池充电

如图 2-3-4 所示，将充电器与电池相连接，然后将充电器适配器插头连接 220 V 交流电源。充电器红色指示灯亮，表示正在充电，持续 6~8 h 后，红灯变成绿灯，表示充电完成。

提示：

(1)新电池(或几个月没有使用的电池)需要经过几次充电和放电的过程，才能达到最佳性能，请至少对其充电 10 h。

(2)如果需要电池充电达到最大的容量，建议在绿灯亮后继续保持充电状态 1~2 h。建议外业测量出发前先检查一下随机电池和备用电池的电量状况。

图 2-3-4　电池充电连接图

(3)指示灯状态：红灯一直亮表示正在充电；绿灯一直亮表示充电完成；红灯闪烁表示等待、空载、接触不良或电池故障。

(4)如果接入交流电源后，红灯一直闪烁，请将充电器从交流电源上取下，稍待片刻后再重新接入交流电源。

技能指导一

职业技能鉴定题目：

(1)全站仪指定部件名称、功能。

(2)电池安装结论_____，电量检查结论_____。

职业技能指导：

(1)RTS902 型全站仪各组成部分的名称参考图 2-3-1，功能详见知识储备二。

(2)电池安装结论：<u>正常</u>，电量检查结论：<u>正常</u>，功能详见知识储备一中电池使用。

知识储备二

全站仪的使用

全站仪的基本操作程序：对中、整平仪器、调焦与照准等。

下面以 RTS902 型全站仪为例，介绍全站仪的使用。

一、对中

对中步骤如图 2-3-5 所示。

(1)安放三脚架。

使三脚架腿等长,三脚架头位于测点上且近似水平,三脚架腿牢固地支撑于地面上。

(2)架设仪器。

将仪器放于三脚架头上,一只手握住仪器,另一只手旋紧中心螺旋。

(3)测点调焦。

通过光学对点器的目镜观察,旋转对中器的目镜至分划板十字丝看得最清楚,再旋转对点器调焦环至地面测点看得最清楚。

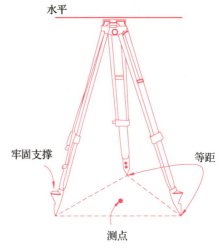

图 2-3-5　全站仪对中

二、使用光学对点器(选装)整平仪器

使用光学对点器(选装)整平仪器的步骤如下

(1)使测点位于十字丝中心。

调节仪器脚螺旋使测点位于光学对点器小圆圈中心,如图 2-3-6(a)所示。

(2)使圆水准器气泡居中。

缩短离气泡最近的三脚架腿,或者伸长离气泡最远的三脚架腿,使气泡居中,此操作须重复进行,如图 2-3-6(b)所示。

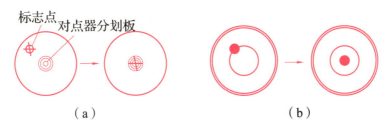

（a）　　　　　　　　　　　　（b）

图 2-3-6

(a)使测点位于十字丝中心;(b)使圆水准器气泡居中

(3)使照准部水准器气泡居中。

松开水平制动手轮,转动照准部,使长水泡平行于脚螺旋 A、B 的连线,旋转脚螺旋 A、B 使气泡居中,气泡向顺时针旋转的脚螺旋方向移动,如图 2-3-7 所示。

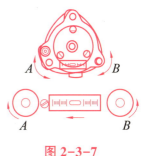

图 2-3-7

（4）旋转90°使气泡居中。

将照准部旋转90°使照准部水准器轴垂直于仪器脚螺旋 A、B 的连线，旋转脚螺旋 C 使气泡居中，如图2-3-8所示。

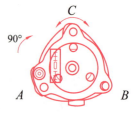

图2-3-8

（5）再旋转90°并检查气泡位置。

将照准部旋转90°并检查气泡是否居中，如图2-3-9所示，若不居中，则按下述步骤操作。

图2-3-9

①以等量反向旋转脚螺旋 A、B，使气泡向中心移动偏移量的1/2。

②将照准部旋转90°，旋转脚螺旋。

③使气泡向中心移动偏移量的1/2。

（6）检查气泡在任何方向上是否都位于同一位置。

检查气泡在任何方向上是否都位于同一位置，如果不是，应重复上述步骤进行整平。

（7）使仪器对准测点。

稍许松开中心螺旋，通过光学对中器的目镜观察，同时小心地将仪器在三脚架头上滑动，至使测点位于十字丝中心后旋紧中心螺旋，如图2-3-10所示。

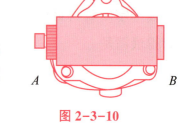

图2-3-10

（8）再次检查确认照准部水准器气泡。

再次检查确认照准部水准器气泡是否保持居中，如果不居中，重复步骤(3)后的操作。

三、使用激光对点器整平仪器

使用激光对点器整平仪器的步骤如下。

（1）按电源键开机。

（2）按 BS 键进入补偿模式设置，如图2-3-11所示。

（3）按方向键▶使数字变为1即可打开激光下对点器，在地面上可以看到一红色光斑，如图2-3-12所示再次按方向键▶使数字增加可以增强激光点的亮度。

图2-3-11

图2-3-12　光斑与地面标志点重合

（4）调整仪器使光斑与地面标志点重合，方法与使用光学对点器一致。

（5）按方向键◄减小数字可减弱激光点的亮度，数字变为0时激光对点关闭。

四、调焦与照准

调焦与照准的步骤如下。

（1）目镜调焦。

用望远镜观察一明亮的背景。将目镜顺时针旋到底，再沿逆时针方向慢慢旋转至十字丝成像最清晰。

（2）照准目标。

松开垂直和水平制动螺旋，用粗瞄准器瞄准目标使其进入视场并锁紧两个制动螺旋。

（3）物镜调焦。

旋转望远镜调焦环至目标成像最清晰。

用垂直和水平微动螺旋使十字丝精确照准目标。微动手轮的最终旋转方向都应是顺时针方向。

（4）再次调焦至无视差。

进行调焦，直至使目标成像与十字丝间不存在视差。

五、开机、关机

（一）开机步骤

（1）按 POWER 键开机后，仪器界面如图 2-3-13 所示，按 F3 键（注册）输入购买时给予的注册码，或直接按 F4 键（跳过），仪器进入自检模式。

若按 F4 键（跳过），则仪器自动限制最多仅可存储 10 组数据。

（2）仪器自检后自动进入图 2-3-14 所示的界面显示。

（3）按 F1 键（测量）进入图 2-3-15 所示的测量模式。

（4）按 F3 键（内存）进入图 2-3-16 所示的内存模式。

图 2-3-13

图 2-3-14

图 2-3-15

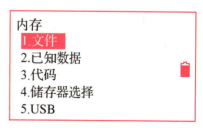

图 2-3-16

（5）按 F4 键（设置）进入图 2-3-17 所示的系统设置模式。

（6）按★键进入图 2-3-18 所示的星键设置模式。

图 2-3-17

图 2-3-18

（二）关机步骤

仪器工作状态下，按 POWER 键，出现图 2-3-19 所示的界面，按 F3 键（是）则仪器关机，按 F4 键（否）则返回原界面。

图 2-3-19

六、★键（星键）模式

按★键即可看到若干设置选项。这些选项作为仪器的一些常规设置，可以在仪器工作的过程中随时进行设置。

（一）按★键可以进行的仪器设置

（1）液晶屏背光的开启和关闭。

（2）激光指向的开启和关闭。

（3）液晶屏显示对比度的调节。

（4）分划板亮度的调节。

（5）按键蜂鸣的开启和关闭。

（6）回光信号的查看。

（二）★键模式设置步骤

按★键进入星键模式。

（1）设置液晶屏背光。

按向上或向下方向键或按 1 键，使"1. 背光"选项被反黑显示，按向左或向右方向键选择"是"或"否"选项开启或关闭背光，"是"选项表示背光打开，"否"选项表示背光关闭，如图 2-3-20、图 2-3-21 所示。

（2）设置激光指向。

按向上或向下方向键或按 2 键，使"2. Laser"选项被反黑显示，按向左或向右方向键选择"是"或"否"选项开启或关闭激光指向，"是"选项表示指向打开，"否"选项表示指向关闭，如图 2-3-22 所示。

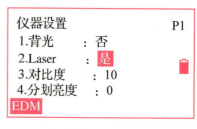

图 2-3-20　　　　　　　　　　图 2-3-21　　　　　　　　　　图 2-3-22

（3）调节显示对比度。

按向上或向下方向键或按 3 键，使"3. 对比度"选项被反黑显示，按向左或向右方向键进行调节，数字改变的同时，屏幕显示对比度也同时改变，如图 2-3-23 所示。

（4）调节分划板亮度。

按向上或向下方向键或按 4 键，使"4. 分划亮度"选项被反黑显示，按向左或向右方向键进行调节，数字改变的同时，分划板亮度也同时改变，数字为 0 时，表示分划板照明关闭，如图 2-3-24 所示。

（5）设置按键蜂鸣。

按向下方向键或 Func 键翻页至星键模式第二页。按 1 键，使"1. 键蜂鸣"选项被反黑显示，按向左或向右方向键选择"是"或"否"选项开启或关闭按键蜂鸣，"是"选项表示蜂鸣打开，"否"选项表示蜂鸣关闭，如图 2-3-25 所示。

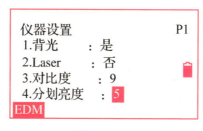

图 2-3-23　　　　　　　　　　图 2-3-24　　　　　　　　　　图 2-3-25

（6）设置打开/关闭红绿导向光。

继续按 2 键，使"2. 导向光"选项被反黑显示，按向左或向右方向键选择导向光亮度，"1"表示最暗，"9"表示最亮，"0"表示关闭，如图 2-3-26 所示。

（7）回光信号查看。

仪器照准棱镜后，按 3 键，使"3. Signal"选项被反黑显示，同时仪器发出蜂鸣声。该选项只能用于查看，其数值根据气象条件以及目标的距离等测距相关条件发生改变，无法手动进行修改，如图 2-3-27 所示。

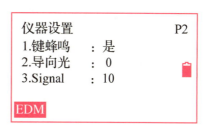

图 2-3-26　　　　　　　　　　图 2-3-27

七、输入数字、字母的方法

输入数字、字母的步骤如下

（1）进入代码输入窗口光标闪烁位置即当前输入位置，用屏幕右侧的"A"图标表示当前按键后输入的为大写字母或特殊字符，如图 2-3-28 所示。

（2）每一按键上定义三个字母，每按一次，光标位置处显示出其中的一个字母，如图 2-3-29 所示。所需字母出现后，按向右键将光标移至下一个待输入位置（若两次输入的字母不在同一个键上，则直接按下一个键即可）。

（3）按 SFT 键切换到小写字母输入模式，用屏幕右侧"a"图标表示，如图 2-3-30 所示。

图 2-3-28

图 2-3-29

图 2-3-30

（4）按 SFT 键切换到数字输入模式，进行数字输入，用屏幕右侧"1"图标表示，如图 2-3-31 所示。在数字输入模式下，每一按键对应一个数字，每按一次即可输入一个数字，光标自动移动到下一个待输入位置。

（5）输入完毕后，按 ENT 键确认，仪器保存所输入的代码。

提示：

在输入出错的情况下，可以通过方向键将光标移动到输入错误的字符之后，按 BS 键删除光标所在位置的前一个数字或字符。

图 2-3-31

八、垂直角的倾斜改正

当启动倾斜传感功能时，将显示由于仪器不严格水平而需要对垂直角自动施加的改正数，如图 2-3-32 所示。

为确保精密测角，必须启动倾斜传感器。倾斜量的显示也可用于仪器精密整平。若显示"超出"，则表示仪器倾斜已超出自动补偿范围，必须人工整平仪器。

RTS902 型全站仪可对仪器竖轴在 X 方向倾斜而引起的竖直角读数误差进行补偿。

仪器倾斜超出改正范围，屏幕显示"超出"，按 BS 键进入补偿器设置界面，屏幕显示"OVER"，如图 2-3-33 所示，仪器无法进行正常工作，需要重新整平后，再开始正常测量。

旋转脚螺旋，整平仪器，整平后，屏幕显示当前垂直角的补偿值如图 2-3-34 所示，按

Esc 键返回先前状态。

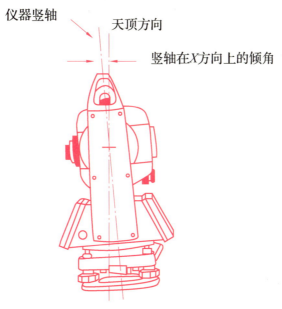

图 2-3-32　垂直角的倾斜改正

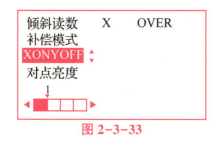

图 2-3-33

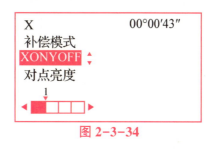

图 2-3-34

技能指导二

职业技能鉴定题目：

水准管轴检验结论：_____ ；仪器标号：_____。

职业技能指导：

水准管轴检验结论：__合格__ ；仪器标号：__RTS902__ ，详见知识储备二 。

知识储备三

坐标测量

坐标测量是根据已知点的坐标、已知边的方位角，计算未知点的坐标的一种方法。下面以 RTS902 型全站仪为例，介绍坐标测量。

一、坐标测量的原理

全站仪坐标测量原理是用极坐标法直接测量待定点坐标，其实质是在已知测站点同时采集角度和距离，将其经微处理器进行实时数据处理，由显示器输出测量结果，如图 2-3-35 所示。

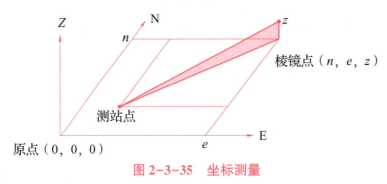

图 2-3-35 坐标测量

二、输入测站数据

输入测站数据的步骤如下

（1）量取仪器高和目标高。

（2）进入测量模式第二页，如图 2-3-36 所示。

（3）按 F1(坐标)键进入"坐标测量"屏幕，如图 2-3-37 所示。

（4）选择"测站定向"。

（5）选择"测站坐标"，如图 2-3-38 所示。

图 2-3-36

图 2-3-37

图 2-3-38

（6）输入点名、仪器高、测站坐标、代码、用户名以及天气温度气压数据，如图 2-3-39 所示。若需要调用仪器内存中已知坐标数据，按 F1(调取)键。

（7）按 F4(OK)键确认输入的坐标值如图 2-3-40 所示。仪器自动进入后视定向菜单，如图 2-3-41 所示。

（8）存储测站数据按 F2(记录)键。

图 2-3-39

图 2-3-40

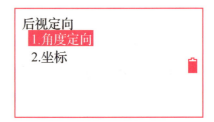

图 2-3-41

三、调用内存中已知坐标数据

存储在当前文件和查找坐标文件中的已知坐标数据可以通过(调取)调用。调用前请确认在内存模式下已将存储有所需坐标的文件选取为查找坐标文件。

（1）在输入测站数据时，按 F1 键（调取），屏幕上显示出已知坐标数据列表，如图 2-3-42 所示。

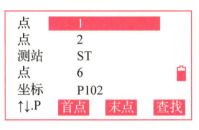

图 2-3-42

点：存储在当前文件和查找坐标文件中的已知点数据。

坐标/测站：存储在当前文件和查找坐标文件中的坐标数据。

（2）将光标移至所需点号后按 ENT 键读入并显示该点号及其坐标，如图 2-3-42 所示。

①按 F1 键（↑↓.P）后，按▲/▼键显示上一页或下一页。

②按 F2 键（首点）将光标移至首页首点。

图 2-3-43

③按 F3 键（末点）将光标移至末页末点。

④按 F4 键（查找）进入坐标数据查找屏幕，通过输入待查找点的点号来查找所需点，当已知数据较多时搜寻的时间会较长。

（3）按 F4 键（OK）确认读入的测站数据，如图 2-3-43 所示。

对读入的坐标数据可以进行编辑，所进行的编辑不会影响原数据，编辑后点号不再显示。

四、后视方位角设置

后视方位角可以通过测站点坐标和后视点坐标反算得到，如图 2-3-44 所示。

后视方位角的设置步骤下

（1）在"坐标测量"模式下选择"测站坐标"，如图 2-3-45 所示。

（2）选择"后视定向"，如图 2-3-46 所示。

（3）选择"后视"并输入后视点的坐标。

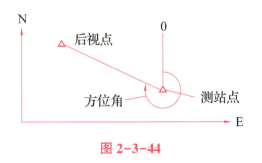

图 2-3-44

图 2-3-45

若需要调用仪器内存中已知坐标数据，按 F1 键（调取）。

（4）按 F4 键（OK）确认输入的后视点数据，如图 2-3-47 所示。

（5）照准后视点按 F4 键（OK）设置后视方位角，如图 2-3-48 所示。

图 2-3-46

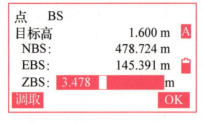

图 2-3-47

图 2-3-48

五、三维坐标测量

在测站及其后视方位角设置完成后便可测定目标点的三维坐标，如图 2-3-49 所示。

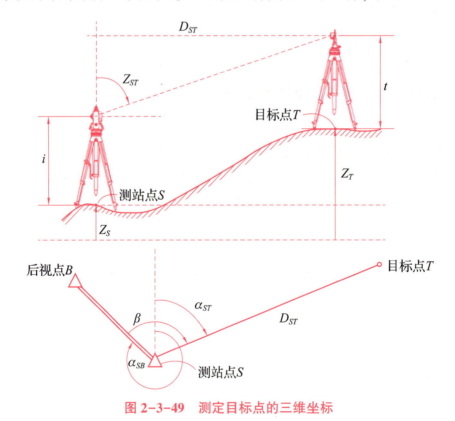

图 2-3-49 测定目标点的三维坐标

目标点的三维坐标计算公式为

$$a_{SB} = \arctan\left(\frac{E_B - E_S}{N_B - N_S}\right)$$

$$a_{ST} = a_{SB} + \beta$$

$$N_T = N_S + D_{ST}\cos a_{ST}$$

$$E_T = E_S + D_{ST}\sin a_{ST}$$

$$Z_T = Z_S + D_{ST}/\tan Z_{ST} + i - t$$

式中，a_{ST}为后视方位角；E_B为后视点 E 坐标；E_S为测站点 E 坐标；N_B为后视点 N 坐标；N_S为测站点 N 坐标；a_{ST}为目标点方位角；β为后视点 B、测站点 S、目标点 T 之间的水平角；N_T为目标点 N 坐标；D_{ST}为测站点 N 坐标；E_T为目标点 E 坐标；Z_S为目标点 Z 坐标；Z 为测站点 Z 坐标；i 为仪器高；t 为目标高。

三维坐标测量的步骤如下

（1）照准目标点上安置的棱镜。

（2）进入"坐标测量"界面，如图 2-3-50 所示。

（3）选择"测量"开始坐标测量，在屏幕上显示出所测目标点的坐标值，如图 2-3-51 所示。

图 2-3-50

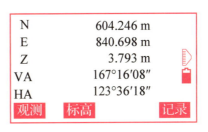

图 2-3-51

①按 F2 键(标高)可重新输入测站数据。

②当待观测目标点的目标高不同时，开始观测前先将目标高输入。

③观测前或观测后，按 F2 键(标高)可输入目标高，目标点 Z 坐标随之更新。

④照准下一目标点后，按 F1 键(观测)开始测量。用同样的方法对所有目标点进行测量。

⑤按 Esc 键结束坐标测量返回"坐标测量"界面。

技能指导三

职业技能鉴定题目：

（1）测出指定点_____的坐标值并按要求的文件名_____和点名_____记录在仪器里。

（2）已知平面控制点：

测站点_____、坐标值(_____，_____)；

后视点_____、坐标值(_____，_____)；

待测点_____、坐标值(_____，_____)。

职业技能指导：

（1）测出指定点___C___的坐标值，按要求的文件名___A___和点名___B___记录在仪器里。详见知识储备二中第七点"输入数字、字母的方法"。

(2) 已知平面控制点：

测站点____A____、坐标值(____36 124.452____ , ____73 533.254____)；

后视点____B____、坐标值(____35 960.003____ , ____73 436.941____)；

待测点____C____、坐标值(____36 018.480____ , ____73 456.107____)。

解题步骤如下。

测站点 A：

点仪器高 1.722 m。

X_N：36 124.452。

Y_E：73 533.254。

Z：46 371.567。

后视点 B：

目标高 1.736 m。

X_N：35 960.003。

Y_E：73 436.941。

Z：46 312.961。

待测点 C：

X_N：36 018.480。

Y_E：73 456.107。

Z：46 371.602。

▰ 鉴定工作页

地区：_____ 姓名：_____ 准考证号：_____ 单位名称：_____

(1) 本题分值：30 分。

(2) 考核时间：20 min。

(3) 考核要求。

①说出全站仪指定部件名称、功能。

②测出指定点_____的坐标值并按要求的文件名_____和点名_____记录在仪器里。

③电池安装结论_____。电量检查结论_____。

水准管轴检验结论：_____。仪器编号：_____。

④已知平面控制点：

测站点_____、坐标值(_____ , _____)；

后视点_____ 、坐标值(_____ ，_____)；
待测点_____ 、坐标值(_____ ，_____)。

评分标准

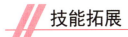

（1）两点间角度测量的操作步骤。
（2）测距模式设置的注意点。
（3）后方交会计算流程。

参考答案

任务二　坐标放样

放样测量

下面以 RTS902 型全站仪为例，介绍放样测量。

放样测量用于实地上测设所要求的点位。在放样过程中，通过对照准点角度、距离或坐标的测量，仪器将显示出预先输入的放样值与实测值之差以指导放样。

显示的差值由以下公式计算。

水平角差值为

$$dHA=水平角放样值-水平角实测值$$

距离差值为

$$S-OS=斜距实测值-斜距放样值$$

$$S-OH=平距实测值-平距放样值$$

$$S-OV=高差实测值-高差放样值$$

放样可以采用斜距、平距、高差、坐标或悬高方式进行。

电子测距参数设置可以在放样测量菜单下进行。

一、角度和距离放样测量

角度和距离放样测量是根据相对于某参考方向转过的角度和至测站点的距离测设所需点位的，如图 2-3-52 所示。

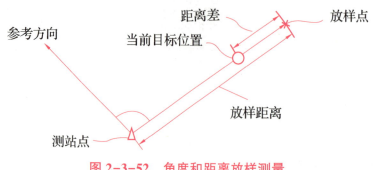

图 2-3-52　角度和距离放样测量

角度和距离放样测量步骤(1)~步骤(6)如下

(1) 进入测量模式第 2 页，按 F2 键(程序)进入"程序菜单"显示界面，如图 2-3-53 所示。

(2) 选择"放样测量"进入相应界面，如图 2-3-54 所示。

(3) 输入测站数据。

(4) 设置后视方位角。

(5) 选择"放样测量"进入相应界面，如图 2-3-55 所示。

(6) 选择"角度距离"进入相应界面。按 F2 键(切换)选择距离输入模式。每按一次 F2 键(切换)，输入模式将在斜距、平距、高差之间切换。

图 2-3-53

图 2-3-54

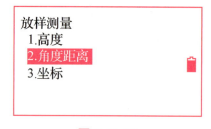

图 2-3-55

(7) 输入下列各值，如图 2-3-56、图 2-3-57 所示。

①斜距/平距/高差放样值。

仪器至放样点之间的放样距离值。

②角度放样值。

放样点方向与参考方向间的夹角。

③照准目标的高度值。

（8）按 F4 键（OK）确认输入放样值。

显示的差值如图 2-3-58 所示。

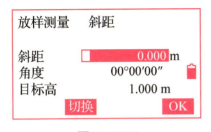
图 2-3-56

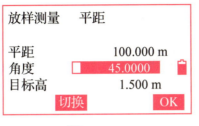
图 2-3-57

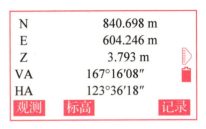
图 2-3-58

（9）转动仪器照准部至使显示的"dHA"值为 0，并将棱镜设立到所照准方向上。按 F1 键（观察）开始测量。屏幕上显示出距离实测值与放样值之差"S-0 SD"，如图 2-3-59 所示。

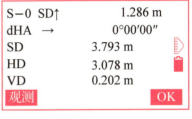
图 2-3-59

（10）在照准方向上将棱镜移向或远离测站使"S-0 SD"的值为"0 m"。移动的方向如下。

①←：将棱镜左移。

②→：将棱镜右移。

③↓：将棱镜移向测站。

④↑：将棱镜远离测站。

（11）按 F4 键（OK）结束放样，返回"放样测量"界面。

二、坐标放样测量

在给定了放样点的坐标后，仪器自动计算出放样的角度和距离值，利用角度和距离放样功能可测设出放样点的位置，如图 2-3-60 所示。

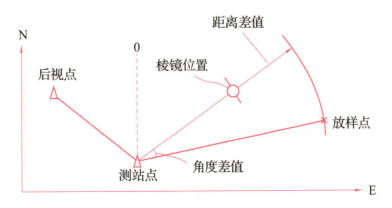
图 2-3-60　坐标放样测量

为确定 Z 点坐标，将目标点设置在同高度测杆等物上。

坐标放样测量步骤（1）～步骤（6）如下

（1）进入测量模式第 2 页，按 F1 键（程序）进入"程序菜单"显示界面，如图 2-3-61 所示。

（2）选择"放样测量"进入相应界面，如图 2-3-62 所示。

（3）输入测站数据。

（4）设置后视方位角。

（5）选择"放样测量"进入相应界面，如图 2-3-63 所示。

（6）选择"坐标"进入相应界面。

图 2-3-61

图 2-3-62

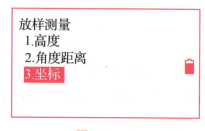
图 2-3-63

（7）输入放样点坐标，如图 2-3-64 所示。

按 F1 键（调取）可调用内存中的已知坐标数据。

（8）按 F4 键（OK）确认输入放样点坐标，如图 2-3-65 所示。

（9）按 F1 键（观测）开始坐标放样测量。通过观测和移动棱镜测设出放样点位，如图 2-3-66 所示。

① ▲：低于放样高程。

② ▼：高于放样高程。

图 2-3-64

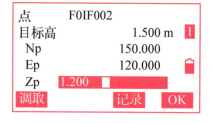
图 2-3-65

图 2-3-66

（10）按 Esc 键返回"放样测量"界面。

三、悬高放样测量

悬高放样测量用于测设由于位置过高或过低而无法在其位置上设置棱镜的放样点位。

悬高放样测量步骤如下

（1）将棱镜设置在放样点的正上方或正下方，用带尺量取棱镜高（棱镜中心至地面点的距离），按 Space 键输入棱镜高。

（2）进入测量模式第 2 页，按 F1 键（程序）进入"程序菜单"显示界面。选取"放样测量"进入相应界面，如图 2-3-67 所示。

（3）输入测站数据。

（4）选择"放样测量"进入相应界面，如图 2-3-68 所示。

图 2-3-67　　　　　　　　　　　　图 2-3-68

（5）选择"高度"进入相应界面，如图 2-3-69 所示。

（6）输入数据后按 F4 键(OK)确认。

（7）按 F1 键(观测)进行测量，如图 2-3-70 所示。

（8）按 F2 键(悬高)进行测量，如图 2-3-71 所示。向上或向下转动望远镜测定放样点位。

① ▲：向上转动望远镜。

② ▼：向下转动望远镜。

（9）按 Esc 键返回"放样测量"界面。

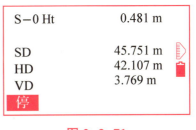

图 2-3-69　　　　　　　图 2-3-70　　　　　　　图 2-3-71

技能指导

职业技能鉴定题目：

（1）说出仪器各组成部分的名称、作用与用法。

（2）检验其水准管轴是否合乎要求。

水准管轴检验结论：_____。仪器编号：_____。

（3）提供两个已知平面控制点：测站点名_____、坐标值(_____，_____)和后视点名_____、坐标值(_____，_____)，放样点名_____、坐标值(_____，_____)。考评员根据考场事先准备的测站点位和坐标数据进行测站设置，在其他已知控制点上安置棱镜作为放样点，将放棱镜处的数据作毫米位的调整，作为放样数据进行放样。考生完成的工作为根据全站仪显示的信息，完成棱镜移动方向的说明：棱镜____（向左、向右）移动____°____′____"，____（向前、向后）移动_____ m。

职业技能指导：

（1）RTS902 全站仪各组成部分的名称参考图 2-3-1，功能详见知识储备一。

（2）水准管轴检验结论：__合格__。仪器标号：__RTS902__，详见知识储备二。

（3）根据提供两个已知平面控制点：测站点__A__、坐标值(__3 235 930.805__，__573 514.964__)和后视点__B__、坐标值(__35 862.475__，__73 481.326__)，放样点点__C__、坐标值(__323 877.049__，__573 415.414__)。考评员根据考场事先准备的测站点位和坐标数据进行测站设置，在其他已知控制点上安置棱镜作为放样点，将放棱镜处的数据作毫米位的调整，作为放样数据进行放样。考生完成的工作为根据全站仪显示的信息，完成棱镜移动方向的说明：棱镜__向左__（向左、向右）移动__0__°__01__′__02__"；向后（向前、向后）移动__0.521__ m。

评分标准

评分标准

技能拓展

（1）悬高放样测量的精度分析。

（2）对边测量的原理。

参考答案

知识链接

智能全站仪点测量　　　智能全站仪点放样

模块三

工程测量员（高级）职业技能鉴定指导

项目一

水准仪操作

知识目标

掌握三等水准测量的各项限差要求及操作步骤；

了解二等水准测量的选点与埋石及仪器的选用；

掌握二等水准测量(附合水准路线、闭合水准路线、支水准路线)的操作程序和测站计算校核方法；

掌握闭合水准路线的平差计算；

掌握路线横断面测量的流程和横断面图的绘制。

技能目标

掌握二、三等水准路线测站的观测、计算和校核的方法；

能用水准仪进行三等水准测量并计算；

能用电子水准仪进行二等水准测量(附合水准路线、闭合水准路线、支水准路线)并计算；

掌握测量平差的方法，具有对简单水准网进行平差计算的能力；

能绘制出给定中桩的公路横断面图。

素质目标

具有坚定的理想信念、深厚的爱国情感；

具备良好的沟通协调能力、计划组织能力和团队合作能力；

具备吃苦耐劳的精神和坚持不懈的毅力。

任务一　三等闭合水准测量

 **知识储备一**

闭合水准路线

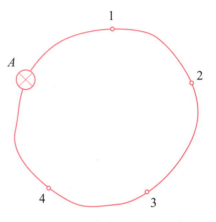

闭合水准路线是水准测量从已知高程的水准点开始，最后又闭合到起始点上的水准路线，如图 3-1-1 所示。沿这种路线进行水准测量，测得各相邻水准点之间测段高差的总和在理论上应等于零，可以作为观测正确性的检核条件，即闭合水准路线的高差观测值应满足条件

$$\sum h_{理论} = 0 \qquad (3-1-1)$$

图 3-1-1　闭合水准路线示意图

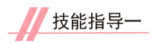 **技能指导一**

职业技能鉴定题目：

闭合水准路线观测正确性的检核条件是什么？

职业技能指导：

$\sum h_{理论} = 0$。

 **知识储备二**

三等水准测量各项指标要求

用微倾式水准仪进行三等水准测量的各项作业限差要求详见表 3-1-1。

表 3-1-1　用微倾式水准仪进行三等水准测量的各项作业限差要求

等级	仪器类别	视线长度/m	前后视距差/m	任一测站上前后累积视距差/m	视线离地面最低高度/m	基辅分划（黑红面）读数差/mm	基辅分划（黑红面）所测高差之差/mm
三等	DS1、DSZ1	≤100	≤3.0	≤6.0	0.3	1.0	1.5
	DS3、DSZ3	75				2.0	3.0

技能指导二

职业技能鉴定题目：

采用中丝读数法用 DS3 微倾式水准仪进行三等水准测量，视线长度、前后视距差、任一测站上前后累积视距差、基辅分划读数差、基辅分划所测高差之差的限差分别是多少？

职业技能指导：

视线长度不超过 75 m，前后视距差不超过 3 m，任一测站上前后累积视距差不超过 6 m，基辅分划读数差不超过 2.0 mm，基辅分划所测高差之差不超过 3.0 mm。

知识储备三

三等水准测量测站上的观测顺序和方法

(1)三等水准测量每测站照准标尺分划顺序为

①后视标尺黑面(基本分划)。

②前视标尺黑面(基本分划)。

③前视标尺红面(辅助分划)。

④后视标尺红面(辅助分划)。

上述方法称为"后前前后"或"黑黑红红"。

(2)测站观测采用光学测微法，一测站操作顺序如下。

①将仪器整平。气泡式水准仪望远镜绕垂直轴旋转时，水准气泡两端影像的分离不得超过 1 cm；自动安平水准仪的圆气泡应位于指标环中央。

②将望远镜照准后视标尺黑面，用倾斜螺旋调整水准气泡准确居中，按视距丝和中丝精确读定标尺读数。

③旋转望远镜照准前视标尺黑面，按照步骤②操作。

④照准前视标尺红面，按照步骤②操作，此时只读中丝读数。

⑤旋转望远镜照准后视标尺红面，按照步骤④操作。

简言之，在每一测站上，仪器经过粗平后，再进行照准—精平—读数。但需要注意，与四等水准测量不同，三等水准测量需要进行往返观测。

对于观测者，观测顺序为"后前前后"；对于立尺者，观测顺序为"黑黑红红"。

技能指导三

职业技能鉴定题目：

三等水准测量的观测顺序是什么？

职业技能指导：

"后前前后"或"黑黑红红"。

知识储备四

三等水准测量的记录和闭合差容许值

三等水准测量的记录和四等水准测量一样，详见"四等水准测量(附合路线)"，不再赘述。另外，三等水准测量的闭合差容许值和四等水准测量不同，见式(3-1-2)。

三等水准测量的闭合差容许值为

$$f_{h允} = \pm 12\sqrt{L}$$
$$f_{h允} = \pm 4\sqrt{n}$$

(3-1-2)

式中，当为平地时，取 $f_{h允} = \pm 12\sqrt{L}$ mm，当为山地或丘陵地区时，取 $f_{h允} = \pm 4\sqrt{n}$ mm；L 为路线长度，单位为 km；n 为水准路线中的测站数。

技能指导四

职业技能鉴定题目：

如图 3-1-2 所示，已知水准点 A 的高程为 $H_A = 5.832$ m，请按照三等水准测量要求测量一条闭合水准路线，并填写外业记录表。

职业技能指导：

操作步骤如下。

(1) 首先，观测员在 A、1 两点大概中间位置架设水准仪，立尺员在 A、1 两点立尺，经过粗平—瞄准—精平后，按照视距丝、中丝读数顺序，先读 A 点处水准尺黑面读数，记录员将读数填入表 3-1-2；其次，观测员旋转望远镜对准 1 点水准尺黑面，经过瞄准—精平后进行视距丝、中丝读数，记录员将读数填入表 3-1-2；再次，在 1 点处，立尺员将水准尺红面对准水准仪，观测员将水准仪精平后，对 1 点处水准尺红面进行读数，此时只需读中丝读数，记录员将读数填

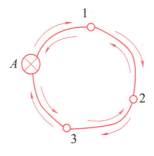

图 3-1-2　闭合水准路线
施测路线

入表 3-1-2；最后，立尺员将 A 点处的水准尺红面对准水准仪，观测员经过瞄准—精平后进行读数，记录员将中丝读数填入表 3-1-2。记录员将各个计算结果与三等水准测量的限差进行比较，若没有超过限差要求，则进行搬站；若超限，则需要查找原因，若有必要对本站进行重测。

(2) 1 点处立尺员保持原位，A 点处立尺员迁移至 2 点，观测员在 1、2 点大概中间位置架设水准仪，按照"后前前后"顺序进行观测并记录。记录员将各个计算结果与限差进行比较，若没有发生超限情况，则进行搬站；若超限，则需要查找原因，若有必要对本站进行重测。

(3) 2 点处立尺员保持原位，1 点处立尺员迁移至 3 点，观测员在 2、3 点大概中间位置架设

设水准仪，按照"后前前后"顺序进行观测并记录。记录员将各个计算结果与限差进行比较，若没有发生超限情况，则进行搬站；若超限，则需要查找原因，若有必要对本站进行重测。

（4）3点处立尺员保持原位，2点处立尺员迁移至 A 点，观测员在3、A 两点大概中间位置架设水准仪，按照"后前前后"顺序进行观测并记录。记录员将各个计算结果与限差进行比较，若没有发生超限情况，则计算闭合差；若超限，则需要查找原因，若有必要对本站进行重测。

本例中闭合差计算结果为 1 mm，没有超过 $\pm 12\sqrt{L} = 12$ mm，则说明外业观测合格。

因三等水准测量需要往返测，以图 3-1-2 为例，按照逆时针的顺序进行观测、记录，将结果填入三等水准测量观测记录表，不再赘述。返测结束后，若闭合差符合限差要求，则对各个待定点高差求取平均值。在本例中，以 A、1 两点的点高差为例，$h_{A1均} = \dfrac{|h_{A1}| + |h_{1A}|}{2}$，符号取往测或返测的符号，其他待定点高差中数的平均值按照同样的方法计算，最后转入内业计算，计算待定点的高程并进行精度评定。

表 3-1-2 三等水准测量观测记录表

测站编号	点号	后尺 上丝 下丝 / 后视距 / 视距差 d/m	前尺 上丝 下丝 / 前视距 / $\sum d$/m	方向及尺号	水准尺读数/mm 黑面	水准尺读数/mm 红面	K +黑-红/mm	平均高差/mm	备注
		（1）	（5）	后 K_1	（3）	（8）	（10）		
		（2）	（6）	前 K_2	（4）	（7）	（9）		
		（12）	（13）	后-前	（16）	（17）	（11）		
		（14）	（15）						
1	A—1	2 940	0 739	后 5	2 647	7 333	+1	+2 195.0	A 为已知水准点，高程为 5.328 m $K_1 = 4\ 687$ $K_2 = 4\ 787$
		2 350	0 161	前 6	0 451	5 239	−1		
		59.0	57.8	后-前	+2 196	+2 094	+2		
		+1.2	+1.2						
2	1—2	2 098	0 928	后	1 939	6 726	0	+1 166.5	
		1 779	0 617	前	0 772	5 460	−1		
		31.9	31.1	后-前	+1 167	+1 266	+1		
		+0.8	+2.0						
3	2—3	0 927	2 099	后	0 771	5 459	−1	−1 167.5	
		0 617	1 779	前	1 940	6 725	+2		
		31.0	32.0	后-前	−1 169	−1 266	−3		
		−1.0	+1.0						
4	3—A	0 738	2 941	后	0 452	5 241	−2	−2 192.5	
		0 161	2 351	前	2 646	7 332	+1		
		57.7	59.0	后-前	−2 194	−2 091	−3		
		−1.3	−0.3						
检核计算		水准路线长度 $L = 0.36$ km，$f_h = 1$ mm，$f_{h允} = \pm 12\sqrt{L}$ mm 或 $\pm 4\sqrt{n}$ mm $= \pm 12$ mm。☑合格 □不合格							

鉴定工作页

地区：_____　姓名：_____　准考证号：_____　单位名称：_____

（1）考核说明：本题分值 100 分，权重 30%。

（2）考核时间：40 min。

（3）考核要求：DS3 微倾式水准仪、双面水准尺进行三等闭合水准测量的观测、记录、计算，不得少于 4 个测站，见表 3-1-3。

表 3-1-3　三等水准测量（闭合路线）操作考核记录表

准考证号：_____　仪器型号：_____　天气：_____　开始时间：_____　结束时间：_____

测站编号	点号	后尺	上丝	前尺	上丝	方向及尺号	水准尺读数/mm		$K+$ 黑-红 /mm	平均高差/mm	备注
			下丝		下丝		黑面	红面			
		后视距		前视距							
		视距差 d/m		$\sum d$/m							
						后 K_1					
						前 K_2					
						后-前					
检核计算	水准路线长度 $L=$ _____，$f_h=$ _____，$f_{h允}=\pm12\sqrt{L}$ mm 或 $\pm4\sqrt{n}$ mm。□合格　　□不合格										

评分标准

评分标准

技能拓展

（1）简述三等水准测量和四等水准测量的不同。

（2）自选一条闭合路线，采用三等水准测量的方式进行测量和记录。

参考答案

任务二 二等水准测量（附合水准路线）

 **知识储备**

二等水准测量

一、选点与埋石

（一）选点

1. 选定水准路线

（1）应尽量沿坡度较小的公路、大路进行。

（2）应避开土质松软的地段和磁场甚强的地段。

（3）应避开高速公路。

（4）应尽量避免通过行人车辆频繁的街道，大的河流、湖泊，沼泽与峡谷等障碍物。

（5）当一等水准路线通过大的岩层断裂带或地质构造不稳定的地区时，应会同地质、地震有关部门共同研究选定。

2. 选定水准点

水准点应选在地基稳定、具有地面高程代表性的地点，并且利于标石长期保存和高程连测，便于卫星定位技术测定坐标的地点。

水准点宜选在路线附近的政府机关、学校、公园内。设在路肩的道路水准点宜选在里程碑或道路上的固定方位物附近（2 m 以内）。

下列地点，不应选定为水准点：

（1）易受水淹或地下水位较高的地点；

（2）易发生土崩、滑坡、沉陷、隆起等地面局部变形的地点；

（3）路堤、河堤、冲积层河岸及地下水位变化较大的地点（如油井、机井附近）；

（4）距铁路 50 m、距公路 30 m 以内（普通水准点除外）以内或其他受剧烈震动的地点；

（5）不坚固或准备拆修的建筑物上；

（6）短期内将因修建而可能毁掉标石或不便于观测的地点；

（7）道路填方地段。

3. 选定基岩水准点

基岩水准点宜选在基岩露头或距地面不深于 5 m 的基岩上。选定基岩水准点，应有地质人员参加，收集分析已有资料，现场踏勘了解地质构造、岩石和土的性质、不良地质现象及地下水等。若已有资料不能满足要求，应进行必要的勘探。基岩水准点选定后，应逐点编写并提交地质勘察报告。地质勘察报告包含以下内容：

（1）水准点的大地坐标、地形、地貌、地质构造，不良地质现象，地层成层条件，岩石和土的物理力学性质；

（2）地基的稳定性，岩石和土的均匀性以及容许承载力，地下水深及变化幅度，土的最大冻结深度和溶解深度，水准点设置后可能出现的工程地质危害及施工建议；

（3）点位周围 50 m 内的工程地质剖面图和水准点坑位地质柱状图。

地质勘察报告的编写参照《建筑地基基础设计规范》(GB 50007—2002)第 3.0.3 条的规定执行。

4. 点位选定后应做的工作

每一个水准点选定后，都应设立一个注有点号、标石类型的点位标记，按规范要求和格式，填绘水准点之记。在选定水准路线的过程中，应逐段按要求绘制水准路线图。对于水准网的结点，应按要求和格式填绘路线结点接测图。

5. 选点中应补充收集的资料

如果在技术设计时，所需的资料未能收集齐全，则在选点时，还须补充收集测区的自然地理、交通运输、物资供应、沙石水源、人力资源以及其他有关埋石和观测的资料。

6. 选点结束后应上交的资料

（1）水准点之记、水准路线图、路线结点接测图。

（2）基岩水准点的地质勘察报告。

（3）选点中收集的其他有关资料。

（4）选点工作技术总结（扼要说明测区的自然地理情况，选点工作实施情况及对埋石与观测工作的建议，旧水准标石利用情况，拟设水准标石类型、数量统计表等）。

（二）埋石

1. 标石类型

水准点标石根据其埋设地点、制作材料和埋石规格的不同，分为 14 种标石类型，见表 3-1-4。其中，道路水准标石是埋设在道路肩部的普通水准标石。

表 3-1-4　水准点标石类型

水准点类型	标石类型
基岩水准点	深层基岩水准标石 浅层基岩水准标石

续表

水准点类型	标石类型
基本水准点	岩层基本水准标石 混凝土柱基本水准标石 钢管基本水准标石 永冻地区钢管基本水准标石 沙漠地区混凝土柱基本水准标石
普通水准点	岩层普通水准标石 混凝土柱普通水准标石 钢管普通水准标石 永冻地区钢管普通水准标石 沙漠地区混凝土柱普通水准标石 道路水准标石 墙脚水准标志

2. 选定埋石类型

水准点标石的类型除基岩水准点的标石应按地质条件专门设计外，其他水准点的标石类型应根据冻土深度及土质状况按下列原则选定：

（1）有岩层露头或在地面下不深于 1.5 m 的地点，优先选择埋设岩层水准标石；

（2）沙漠地区或冻土深度小于 0.8 m 的地区，埋设混凝土柱水准标石；

（3）冻土深度大于 0.8 m 或永久冻土地区，埋设钢管水准标石；

（4）有坚固建筑物(房屋、纪念碑、塔、桥基等)和坚固石崖处，可埋设墙脚水准标志；

（5）水网地区或经济发达地区的普通水准点，埋设道路水准标石。

3. 水准标志

水准标石顶面中央应嵌入一个铜或不锈钢的半圆球形金属水准标志。道路水准标志使用黄褐色的 PVC 材料制作。列入国家空间数据基础框架工程的水准点，应使用坐标、高程和重力测量的共用标志。

4. 标石埋设

(1)基岩水准标石的埋设。

1)深层基岩(岩层距地面深度超过 3 m)水准标石的埋设。

深层基岩水准标石应根据地质条件，设计成单层或多层保护管式的标石，由专业单位设计和建造。

2)浅层基岩(岩层距地面深度不超过 3 m)水准标石的埋设。

①预制钢筋骨架。

混凝土柱石的骨架需用到 3 根直径为 10 mm 的足筋和直径为 6 mm 的裹筋，每隔 0.3 m 捆绑一圈裹筋，扎成三棱柱体。足筋两端弯成直径为 25 mm 的半圆，裹筋围成边长为 175 mm 的等边三角形，裹筋两端重叠扎紧。捆扎好的钢筋骨架长度等于混凝土柱石长度加长 0.1 m。

混凝土基座的钢筋骨架用直径为 10 mm 的钢筋交叉捆扎成网状，钢筋两端弯成直径为 25 mm 的半圆，骨架的规格及形状见规范中相关的标石断面图。

②挖掘标石坑。

以选点标记为中心挖掘标石坑。标石坑大小以方便作业为准，挖掘至坚硬岩石面。

③建造基座。

在除去风化层的坚硬岩石面上，按岩层水准标石基座大小开凿出基座坑，在基座坑的四角及基座坑中心位置分别钻出直径为 20 mm、深度为 0.1 m 的孔洞，要求四角的孔洞距基座坑边约为 0.1 m 且与基座坑中心的孔洞对称，各孔洞中打入直径为 20 mm、长度为 0.25 m 的钢筋。

建造基座前将基座坑清洗干净，浇灌混凝土至基座深度的 1/2，充分捣固后放入基座钢筋骨架并将其捆绑于打入岩层的钢筋上；在基座中心垂直安置柱石钢筋骨架，将柱石钢筋骨架底部与基座钢筋骨架捆扎牢固，再浇灌混凝土至基座顶面，充分捣固并使混凝土顶面呈水平状态。若坚硬岩石面距地面不大于 0.4 m，则在标石北侧距标石柱体 0.2 m 处的基座上安放一个水准标志，作为下标志；若岩层深度超过 0.4 m，则下标志应安置在标石柱体北侧、柱石顶面下方 0.2 m 处。

④建造标石柱体。

使用模型板建造标石柱体。待基座混凝土凝固(常温下约 12 h)后，在基座中心逐层垂直安置柱石模型板(模型板安放时使下标志孔朝北)。浇灌混凝土至下标志孔处并充分捣固后，在下标志孔内安放下标志，再浇灌混凝土至柱石模型板顶面，在柱石顶部中央安置水准标志，标志安放应端正、平直、字头朝北，并将混凝土顶面抹平。待混凝土凝固(常温下约 12 h)后拆模，回填土前加盖标志铁保护盖和水泥保护盖(铁保护盖内应涂抹黄油)，做好外部整饰。

使用预制涵管建造标石柱体。采用内径为 0.25 m 的标准混凝土涵管，代替模型板制作标石柱体，其长度为规定柱石高度加基座高度的 1/2。当混凝土浇灌至基座的 1/2 时，放入基座钢筋骨架，再将柱石钢筋骨架插入清洗干净的涵管内(足筋下端脚形弯头应探出涵管壁约 0.2 m)。用起重器械将涵管与柱石钢筋骨架吊放在基座中心上方，将柱石钢筋骨架底部与基座钢筋骨架捆扎在基座中央，再将涵管放在基座中心，涵管上端用物体支撑使涵管处于铅垂状态，然后浇灌混凝土至基座顶面。待基座混凝土初凝(常温下约 1 h)后，在基座上铺盖一层覆盖物，向标石坑中填土并踩实至地面下约 0.3 m 处，回填时应注意保持涵管处于铅垂状态。在涵管北侧距涵管上端 0.2 m 处凿一个直径略大于 30 mm 的孔，用于安放下标志。在涵管内浇灌混凝土至下标志孔处，安放下标志，再浇灌混凝土至涵管顶端，用振捣棒逐层捣固，使下部气体排出。在涵管顶部中央安置水准标志，标志安放应端正、平直、字头朝北，并将混凝土顶面抹平。待混凝土初凝后，加盖标志铁保护盖和水泥保护盖(铁保护盖内应涂抹黄油)，做好外部整饰。

(2)岩层水准标石的埋设。

在露出岩层中埋设基本水准标石或普通水准标石，应先清除表层风化物，然后在坚硬的岩石平面上开凿深度不小于 0.15 m、口径不小于 0.2 m 的孔洞，清洗干净后浇灌混凝土镶嵌水准标志，标志安放应端正、平直，待混凝土初凝(常温下约 1 h)后，加盖标志铁保护盖和水泥保护盖(铁保护盖内应涂抹黄油)，做好外部整饰。禁止在高出地面的孤立岩石上埋设水准点。

(3)混凝土柱水准标石的埋设。

1)预制钢筋骨架。

混凝土柱石的钢筋骨架需用到 3 根直径 10 mm 的足筋和直径 6 mm 的裹筋，每隔 0.3 m 捆绑一圈裹筋，扎成三棱柱体。足筋两端弯成直径为 25 mm 的半圆，基本水准标石裹筋围成边长为 150 mm 的等边三角形，普通水准标石裹筋围成边长为 100 mm 的等边三角形，裹筋两端重叠扎紧。捆扎好的钢筋骨架长度等于混凝土柱石长度加长 0.1 m。

混凝土基座的钢筋骨架用直径为 10 mm 的钢筋交叉捆扎成网状，钢筋两端弯成直径 25 mm 的半圆。

2)挖掘标石坑。

以选点标记为中心挖掘标石坑。标石坑大小以方便作业为准，挖掘深度参照规范的规定。基座建造采用土模的标石，标石坑深度应减去基座深度。

3)建造基座。

土质坚实的地区可使用土模建造标石基座，在标石坑底部按规定尺寸挖掘基座土模，用罗针和水平尺使土模一侧位于南北方向，并使土模底面水平。

土质不坚实、易塌陷的地区应使用模型板建造标石基座，在标石坑底部按照标石的基座大小安置基座模型板，用罗针和水平尺使模型板一侧位于南北方向，并使模型板底面水平。

建造基座时，先浇灌混凝土至基座深度的 1/2，充分捣固后再放入基座钢筋骨架，并在基座中心垂直安置柱石钢筋骨架，再将柱石钢筋骨架底部与基座钢筋骨架捆扎牢固，浇灌混凝土至基座顶面，充分捣固并使混凝土顶面处于水平状态。

4)建造标石柱体。

混凝土柱水准标石的柱体建造与浅层基岩水准标石柱体建造的方法相同。

(4)钢管水准标石的埋设。

1)制作钢管水准标石。

钢管水准标石用于冻土地区，由外径不小于 60 mm、壁厚不小于 3 mm、上端焊有水准标志的钢管代替柱石。距钢管底端 100 mm 处装有两根 250 mm 的钢筋根络；钢管内灌满水泥砂浆；钢管表面涂抹沥青或乳化沥青漆，用旧布或麻线包扎后，再涂一层沥青或乳化沥青漆。

2)一般冻土地区钢管水准标石的埋设。

①挖掘标石坑。

以选点标记为中心挖掘标石坑，标石坑大小以方便作业为准，挖掘深度参照规范中的规定。

②埋设预制钢管水准标石。

预制的钢管基本水准标石应在现场浇灌标石垫层，建造方法与混凝土柱水准标石的基座建造相同。钢管普通水准标石在标石坑底铺设厚度为 20~40 mm 的水泥砂浆作为垫层。

待垫层初凝后，在垫层中心垂直安放预制的钢管水准标石，基本水准标石下标志应设在北侧，回填坑土并进行外部整饰。

③现场浇灌钢管水准标石。

待垫层初凝后，在垫层中心安置钢管水准标石基座模型板，在模型板中心垂直放入已作防腐处理且装有钢筋根络的钢管，基本水准标石的下标志应朝北。浇灌基座混凝土并逐层捣固，待混凝土凝固(常温下约 12 h)后拆模，回填坑土并进行外部整饰。

3)永久冻土地区钢管水准标石的埋设。

采用机械钻孔时，应避开自来水、煤气管道，光缆及电缆等地下埋设物，挖掘深度参照规范中的规定。钻孔中放入已作防腐处理且装有钢筋根络的钢管，基本水准标石下标志应朝北。浇灌混凝土至溶解深度线，逐层捣固，回填坑土并进行外部整饰。

(5) 道路水准标石的埋设。

采用机械钻孔时，应避开自来水、煤气管道，光缆及电缆等地下埋设物，挖掘深度参照规范中的规定。钻孔中放入外径不小于 110 mm、壁厚不小于 3 mm 的 PVC 管，距管底部约 0.5 m 的管壁上应均匀分布 10~12 个孔径为 15 mm 的圆孔。管内和管外下部空隙处灌入 1:2 的水泥砂浆，上部用 PVC 胶粘接水准标志，标志周边再用 3 个相距约 120° 的螺钉将其固定到管壁上，标志顶部与地面齐平。

(6) 墙脚水准标志的埋设。

选定建筑物墙壁或石崖直壁，在高于地面 0.4~0.6 m 处钻凿孔洞，并用水洗净浸润，然后浇灌 1:2 的水泥砂浆，放入墙脚水准标志，使圆鼓内侧与墙面齐平。在水准标志下方墙面上用 1:1 的水泥砂浆抹成 0.2 m×0.2 m 的水泥面，压印路线等级、名称、水准点编号，埋设年、月，并用红漆涂描。

5. 标石的外部整饰

水准标石埋设后，应进行外部整饰，要求既利于保护标石，又不影响环境美观。

(1) 深层基岩水准标石埋设后，上部应建造保护房屋，其规格依据点位环境分别设计。

(2) 浅层基岩水准标石埋设后，应在点位四周砌筑砖、石护墙或混凝土护栏，其长、宽、高的规格不小于 1.5 m×1.5 m×1.0 m，且应高出地面 0.6 m。标志上方砌筑砖石保护方井或圆井，加盖保护盘。居民地庭院内不设护墙或护栏，只设与地面齐平的保护井和保护盘。

（3）埋设在森林、草原、沙漠、戈壁地区的基本水准标石和普通水准标石，需建造保护井，加盖保护盘。基本水准标石的保护井壁，不应妨碍下标志的测量。

（4）埋设在政府机关、学校、住宅院内以及耕地内的基本水准标石和普通水准标石，需建造保护井，加盖保护盘，盘面与地面齐平。道路水准标石的上部埋设保护框，顶面与地面齐平。

（5）在山区、林区埋设标石，可在距水准点最近的路边设置方位桩。方位桩可采用木材、石材、混凝土或金属材料制作，用涂漆或压印的方法将点号和点位方向写在醒目的位置，并在水准点之记中注明方位桩的方向和距离。

6. 关键工序的控制

在标石建造的施工现场，应拍摄下列照片：

（1）钢筋骨架照片，应能反映骨架捆扎的形状和尺寸；

（2）标石坑照片，应能反映标石坑和基座坑的形状和尺寸；

（3）基座建造后照片，应能反映基座的形状及钢筋骨架或预制涵管安置是否正确；

（4）标志安置照片，应能反映标志安置是否平直、端正；

（5）标石整饰后照片，应能反映标石整饰是否规范；

（6）标石埋设位置远景照片，应能反映标石埋设位置的地物、地貌景观。

7. 水准标石占地与托管

水准点选定后，标石占用的土地应得到土地使用者和管理者的同意。

在埋石过程中，应当向当地群众和干部宣传保护测量标志的法定义务和注意事项，埋石结束后，应向当地乡、镇以上政府有关部门(道路水准点向道路管理部门)办理委托保管手续。

8. 水准标石稳定时限

水准标石埋设后，一般地区应经过一个雨季；冻土深度大于 0.8 m 的冻土地区还应经过一个冻解期；岩层上埋设的标石应经过一个月，方可进行水准观测。

9. 埋石结束后应上交的资料

（1）测量标志委托保管书。

（2）埋石后的水准点之记及路线图，标石建造关键工序照片或数据文件。

（3）埋石工作技术总结(扼要说明埋石工作情况、埋石中的特殊问题处理及对观测工作的建议等)。

10. 水准标石的检查和维护

国家一、二等水准点应定期检查和维护，确保水准点的完整性和高程有效性。每 5 年和水准路线复测前应对水准点进行一次实地检查和维护。在实地检查时，应请当地政府主管部门协助，逐点记录标石现状，并处理下列事项：

（1）水准点附近地貌、地物有显著变化时，应重绘水准点之记，修改水准路线图并拍摄照片；

（2）对损毁的标石及附属物进行修补或重新建造；

（3）对补埋的标石进行高程连测，对怀疑高程有突变的标石进行检测；

（4）查明水准标石的损毁原因，与接管单位协商，提出处置意见。

二、仪器

（一）仪器的选用

水准测量中使用的仪器类型见表3-1-5。

表3-1-5　水准测量中使用的仪器类型

序号	仪器名称	最低型号		备注
		一等	二等	
1	自动安平微倾式水准仪、自动安平数字水准仪、气泡式水准仪	DSZ05 DSO5	DSZ1 DS1	用于水准测量，其基本参数见《水准仪》(GB/T 10156—2009)
2	线条式因瓦标尺、条码式因瓦标尺	—	—	用于水准测量
3	经纬仪	DJ1	DJ1	用于跨河水准测量，其基本参数见《光学经纬仪》(GB/T 3161—2015)
4	光电测距仪	Ⅱ级	Ⅱ级	用于跨河水准测量，其精度分级见《中、短程光电测距规范》(GB/T 16818—2018)
5	GPS 接收机	大地型双频接收机	大地型双频接收机	用于跨河水准测量

（二）仪器的检校

（1）用于水准测量的仪器应送法定计量检定单位进行检定和校准，并在检定和校准的有效期内使用。

（2）新出厂的仪器以及作业前和跨河水准测量使用的仪器都须进行检校。

（3）经过修理和校正后的仪器应检验受其影响的有关项目，自动安平系统修理和校正后，自动安平水准仪磁致误差应检验。

（4）自动安平微倾式水准仪每天检校一次 i 角，气泡式水准仪每天上午、下午各检校一次 i 角，作业开始后的 7 个工作日内，若 i 角较为稳定，以后每隔 15 天检校一次。数字水准仪应在整个作业期间每天开测前进行 i 角测定，若开测为未结束测段，则在新测段开始前进行测定。

（5）每日工作开始前应检校标尺上的圆水准器和水准仪上的概略水准器。若对仪器某部件的质量有怀疑，应及时进行相应项目的检验。

（6）作业结束后应检验标尺分划面弯曲差、标尺名义米长及分划偶然误差各一次。

三、水准观测

（一）观测方式

（1）一、二等水准测量采用单路线往返观测。同一区段的往返测，应使用同一类型的仪器和转点尺承沿同一道路进行。

（2）在每一区段内，先连续进行所有测段的往测（或返测），随后再连续进行该区段的返测（或往测）。若区段较长，也可将区段分成 20~30 km 的几个分段，在分段内连续进行所有测段的往返观测。

（3）同一测段的往测（或返测）与返测（或往测）应分别在上午与下午进行。在日间气温变化不大的阴天和观测条件较好时，若干里程的往返测可同在上午或下午进行。但这种里程的总站数，一等水准测量不应超过该区段总站数的 20%，二等水准测量不应超过该区段总站数的 30%。

（二）观测的时间和气象条件

水准观测应在标尺分划线成像清晰稳定时进行。下列情况下，不应进行观测：

（1）日出后与日落前 30 min 内；

（2）太阳中天前后各约 2 h 内（可根据地区、季节和气象情况，适当增减，最短间歇时间不少于 2 h）；

（3）标尺分划线的影像跳动剧烈时；

（4）气温突变时；

（5）风力过大使标尺与仪器不能稳定时。

（三）设置测站

（1）一、二等水准观测，应根据路线土质选用尺桩（尺桩质量不小于 1.5 kg，长度不小于 0.2 m）或尺台（尺台质量不小于 5 kg）作为转点尺承，所用尺桩数应不少于 4 个。特殊地段可采用大帽钉作为转点尺承。

（2）测站视线长度（仪器至标尺距离）、前后视距差、视线高度、数字水准仪重复测量次数,按表3-1-6规定执行。

表3-1-6　一、二等水准测量要求　　　　　　　　　　　单位:m

等级	仪器类别	视线长度		前后视距差		任一测站上前后累计视距差		视线高度		数字水准仪重复测量次数
		光学	数字	光学	数字	光学	数字	光学(下丝读数)	数字	
一等	DSZ05,DSO5	≤30	4~30	≤0.5	≤1.0	≤1.5	≤3.0	≥0.5	≤2.80且≥0.65	≥3次
二等	DSZ1, DS1	≤50	3~50	≤1.0	≤1.5	≤3.0	≤6.0	≥0.3	≤2.80且≥0.55	≥2次

注:下丝为近地面的视距丝。几何法数字水准仪视线高度的高端限差一、二等允许到2.85 m,相位法数字水准仪重复测量次数可以为表中数值减少一次。所有数字水准仪,在地面震动较大时,应随时增加重复测量次数。

(四) 测站观测顺序和方法

1. 微倾式水准仪观测

(1) 往测时,奇数测站照准标尺分划的顺序如下。

①后视标尺的基本分划。

②前视标尺的基本分划。

③前视标尺的辅助分划。

④后视标尺的辅助分划。

(2) 往测时,偶数测站照准标尺分划的顺序如下。

①前视标尺的基本分划。

②后视标尺的基本分划。

③后视标尺的辅助分划。

④前视标尺的辅助分划。

(3) 返测时,奇、偶数测站照准标尺的顺序分别与往测偶、奇数测站相同。

(4) 测站观测采用光学测微法,一测站的操作程序如下(以往测奇数测站为例)。

①将仪器整平。气泡式水准仪望远镜绕垂直轴旋转时,水准气泡两端影像的分离不得超过1 cm;自动安平水准仪的圆气泡位于指标环中央。

②将望远镜对准后视标尺(此时,利用标尺上圆水准器整置标尺垂直),使符合水准器两端的影像近于符合(双摆位自动安平水准仪应置于第Ⅰ摆位)。随后用上下丝照准标尺基本分划进行视距读数。视距第四位数由测微鼓直接读得。然后使符合水准器气泡准确符合,转动测微鼓用楔形平分丝精确照准标尺基本分划,并读定标尺基本分划与测微鼓读数(读至测微鼓

的最小刻划）。

③旋转望远镜照准前视标尺，并使符合水准器气泡两端影像准确符合（双摆位自动安平水准仪仍在第 I 摆位）。用楔形平分丝精确照准标尺基本分划，并读定标尺基本分划与测微鼓读数，然后用上下丝照准标尺基本分划进行视距读数。

④用微动螺旋转动望远镜，照准前视标尺的辅助分划，并使符合气泡两端影像准确符合（双摆位自动安平水准仪置于第 II 摆位）。用楔形平分丝精确照准，并进行标尺辅助分划与测微鼓读数。旋转望远镜，照准后视标尺的辅助分划，并使符合水准气泡的影像准确符合（双摆位自动安平水准仪仍在第 II 摆位），用楔形平分丝精确照准并进行辅助分划与测微鼓的读数。

2. 数字水准仪观测

（1）往返测奇数测站照准标尺顺序如下。

①后视标尺。

②前视标尺。

③前视标尺。

④后视标尺。

（2）往返测偶数测站照准标尺顺序如下。

①前视标尺。

②后视标尺。

③后视标尺。

④前视标尺。

（3）一测站操作程序如下（以奇数测站为例）。

①首先将仪器整平（望远镜绕垂直轴旋转，圆气泡始终位于指标环中央）。

②将望远镜对准后视标尺（此时，标尺应按圆水准器整置于垂直位置），用垂直丝照准条码中央，精确调焦至条码影像清晰，按测量键。

③显示读数后，旋转望远镜照准前视标尺条码中央，精确调焦至条码影像清晰，按测量键。

④显示读数后，重新照准前视标尺，按测量键。

⑤显示读数后，旋转望远镜照准后视标尺条码中央，精确调焦至条码影像清晰，按测量键。显示测站成果，测站检核合格后迁站。

（五）间歇与检测

（1）观测间歇时最好在水准点上结束；否则，应在最后一站选择两个坚稳可靠、光滑突出、便于放置标尺的固定点，作为间歇点。如无固定点可选择，则间歇前应对最后两测站的转点尺桩（用尺台作转点尺承时，可用三个带帽钉的木桩）作妥善安置，作为间歇点。

（2）间歇后应对间歇点进行检测，比较任意两转点尺承点间歇前后所测高差。若符合限差

(见表3-1-6)要求即可由此起测;若超过限差,可变动仪器高度再检测一次,如仍超限,则应从前一水准点起测。

(3)检测成果应在手簿中保留,但计算高差时不采用。

(4)数字水准仪测量间歇可用建立新测段等方法检测,检测有困难时最好收测在固定点上。

(六)测站观测限差与设置

1. 测站观测限差

测站观测限差应不超过表3-1-7的规定值。

表3-1-7　测站观测限差　　　　　单位:mm

等级	上下丝读数平均值与中丝读数差		基辅分划读数差	基辅分划所测高差之差	检测间歇点高差之差
	0.5 cm刻划标尺	1 cm刻划标尺			
一等	1.5	3.0	0.3	0.4	0.7
二等	1.5	3.0	0.4	0.6	1.0

使用双摆位自动安平水准仪观测时,不计算基辅分划读数差。对于数字水准仪,同一标尺的两次读数差不设限差,两次读数所测高差之差执行基辅分划所测高差之差的限差。

测站观测误差超限,在本站发现后可立即重测,若迁站后才检查发现,则应从水准点或间歇点(应经检测符合限差)起始,重新观测。

2. 数字水准仪测段往返起始测站设置

(1)仪器设置。

①测量的高程单位和记录到内存的单位为米(m)。

②最小显示位为0.000 01 m。

③设置日期格式为实时年、月、日。

④设置时间格式为实时24小时制。

(2)测站限差参数设置。

①视距限差的高端和低端。

②视线高限差的高端和低端。

③前后视距差限差。

④前后视距差累积限差。

⑤两次读数高差之差限差。

(3)作业收置。

①建立作业文件。

②建立测段名。

③选择测量模式为 aBFFB。

④输入起始点参考高程。

⑤输入点号(点名)。

⑥输入其他测段信息。

(4) 通信设置。

通信设置按仪器说明书操作。

(七) 观测中应遵守的事项

(1) 在观测前 30 min，应将仪器置于露天阴影下，使仪器与外界气温趋于一致；设站时，应用测伞遮蔽阳光；迁站时，应罩以仪器罩。使用数字水准仪前，还应进行预热，单次测量预热不少于 20 次。

(2) 对于气泡式水准仪，观测前应测出倾斜螺旋的置平零点并做标记，随着气温变化，应随时调整零点位置。对于自动安平水准仪的圆水准器，应严格置平。

(3) 在各连续测站上安置水准仪的三脚架时，应使其中两脚与水准路线的方向平行，而第三脚轮换置于路线方向的左侧与右侧。

(4) 除路线转弯处外，每一测站上的仪器与前后视标尺的三个位置，应接近一条直线。

(5) 不应为了增加标尺读数，而把尺桩(台)安置在壕坑中。

(6) 转动仪器的倾斜螺旋和测微鼓时，其最后旋转方向均应为旋进。

(7) 每一测段的往测与返测，其测站数均应为偶数。由往测转向返测时，两支标尺应互换位置，并重新整置仪器。

(8) 在高差很大的地区，应选用长度稳定、标尺名义米长偏差和分划偶然误差较小的水准标尺作业。

(9) 对于数字水准仪，应避免望远镜直接对着太阳；尽量避免视线被遮挡，遮挡不要超过标尺在望远镜中截长的 20%；仪器只能在厂方规定的温度范围内工作；确信震动源造成的震动消失后，才能启动测量键。

(八) 各类高程点的观测

(1) 当观测水准点及其他固定点时，应仔细查对该点的位置、编号和名称是否与计划的水准点之记相符。

(2) 在水准点及其他固定点上放置标尺前，应卸下标尺底面的套环。标尺的整置位置如下。

①观测基岩水准标石时，标尺置于主标志上；观测基本水准标石时，标尺置于上标志上。若主标志或上标志损坏，则标尺置于副标志或下标志上。对于未知主副标志(或上下标志)高差的水准标石，应测定主副标志(或上下标志)间的高差。观测时使用同一标尺，变换仪器高度测定两次，两次高差之差不得超过 1.0 mm。高差结果取中数后列入高差表，用方括号加注。

②观测其他固定点时，标尺置于所需测定高程的位置上，在观测记录中应予以说明。

③水准点及其他固定点的观测结束后，应按原埋设情况填埋妥当，并按规定进行外部整饰。

(九)往返测高差不符值、环线闭合差

(1) 往返测高差不符值、环线闭合差和检测高差之差的限差应不超过表3-1-8的规定值。

表 3-1-8　限差规定

单位：mm

等级	测段、区段、路线往返测高差不符值	符合路线闭合差	环线闭合差	检测已测测段高差之差
一等	$1.8\sqrt{k}$	—	$2\sqrt{F}$	$3\sqrt{R}$
二等	$4\sqrt{k}$	$4\sqrt{L}$	$4\sqrt{F}$	$6\sqrt{R}$

注：1. k 为测段、区段或路线长度，单位为千米(km)。当测段长度小于0.1 km时，按0.1 km计算。
2. L 为附合水准路线长度，单位为千米(km)。
3. F 为环线长度，单位为千米(km)。
4. R 为检测测段长度，单位为千米(km)。

(2) 检测已测测段高差之差的限差，对单程检测或往返检测均适用。检测测段长度小于1 km时，按1 km计算。检测测段两点间距离不宜小于1 km。

(3) 水准环线由不同等级路线构成时，环线闭合差的限差，应按各等级路线长度及其限差分别计算，然后取其平方和的平方根为限差。

(4) 当连续若干测段的往返测高差不符值保持同一符号，且大于不符值限差的20%时，则在以后各测段的观测中，除酌量缩短视线外，还应加强仪器隔热和防止尺桩(台)位移等措施。

技能指导

职业技能鉴定题目：

完成不少于4站、水准路线长度约240 m的附合水准路线的观测，起始和终点水准点号用 BM_A 和 BM_B 表示，转点用 TP_i 表示，按规范记录表格并计算。

职业技能指导：

现以表3-1-9为例来说明二等水准测量(附合水准路线)的观测与记录，此路线有 A-1、1-2、2-3、3-B 四个测段，二等水准测量主要使用电子水准仪进行观测，水准尺采用因瓦尺，观测前必须对水准仪和水准尺进行检验。测量时水准尺应安置在尺垫上，并保证水准尺扶立铅直。

每测站的操作程序：

以下括号内的号码表示观测与记录的顺序,见表 3-1-9。

1. 奇数测站

(1) 将仪器整平。

(2) 将望远镜对准后视标尺(此时,标尺应按圆水准器整置于垂直位置),用垂直丝照准条码中央,精确调焦至条码影像清晰,按测量键,记录后距(1)和后视标尺第一次读数(2)。

(3) 显示读数后,旋转望远镜照准前视标尺条码中央,精确调焦至条码影像清晰,按测量键,记录前距(3)和前视标尺第一次读数(4)。

(4) 显示读数后,重新照准前视标尺,按测量键,记录前视标尺第二次读数(5)。

(5) 显示读数后,旋转望远镜照准后视标尺条码中央,精确调焦至条码影像清晰,按测量键,记录后视标尺第二次读数(6)。

2. 偶数测站

(1) 将仪器整平。

(2) 将望远镜对准前视标尺(此时,标尺应按圆水准器整置于垂直位置),用垂直丝照准条码中央,精确调焦至条码影像清晰,按测量键,记录前距(1)和前视标尺第一次读数(2)。

(3) 显示读数后,旋转望远镜照准后视标尺条码中央,精确调焦至条码影像清晰,按测量键,记录后距(3)和后视标尺第一次读数(4)。

(4) 显示读数后,重新照准后视标尺,按测量键,记录后视标尺第二次读数(5)。

(5) 显示读数后,旋转望远镜照准前视标尺条码中央,精确调焦至条码影像清晰,按测量键,记录前视标尺第二次读数(6)。

测站计算与校核:

1. 视距、高差计算

(1) 奇数测站(以表 3-1-9 中第 1 测站为例)。

视距差:(7)=(1)-(3)=(48.7-49.4) m=-0.7 m,对于二等水准,(7)在±1.5 m 范围内。

累积差:(8)=上站(8)+本站(7)=(0-0.7) m=-0.7 m,对于二等水准,(8)在±6 m 范围内。

两次读数之差:(9)=(2)-(6)=(137 360-137 324) cmm[①]=+36 cmm,(10)=(4)-(5)=(171 446-171 442) cmm=+4 cmm。

第一次读数得到的高差:(11)=(2)-(4)=(137 360-171 446) cmm=-034 086 cmm。

第二次读数得到的高差:(12)=(6)-(5)=(137 324-171 442) cmm=-034 118 cmm。

两次读数所得高差之差:(13)=(11)-(12)=[-034 086-(-034 118)]cmm=+32 cmm,对于二等水准,(13)在±0.6 mm 范围内。

―――――――――――

① 1 cmm=0.01 mm。

平均高差：$(14) = \dfrac{(11)+(12)}{2} = \dfrac{-0.340\,86-0.341\,18}{2}$ m $= -0.341\,02$ m。

(2)偶数测站(以表3-1-9中第2测站为例)。

视距差：$(7)=(3)-(1)=(45.1-45.1)$ m $=0.0$ m，对于二等水准，(7)在±1.5 m范围内。

累积差：$(8)=$ 上站$(8)+$本站$(7)=(-0.7+0.0)$ m $=-0.7$ m，对于二等水准，(8)在±6 m范围内。

两次读数之差：$(9)=(4)-(5)=(112\,123-112\,118)$ cmm $=+5$ cmm，$(10)=(2)-(6)=$ $(204\,584-204\,570)$ cmm $=+14$ cmm。

第一次读数得到的高差：$(11)=(4)-(2)=(112\,123-204\,584)$ cmm $=-092\,461$ cmm。

第二次读数得到的高差：$(12)=(5)-(6)=(112\,118-204\,570)$ cmm $=-092\,452$ cmm。

两次读数所得高差之差：$(13)=(11)-(12)=[-092\,461-(-092\,452)]$ cmm $=-9$ cmm，对于二等水准，(13)在±0.6 mm范围内。

平均高差：$(14)=\dfrac{(11)+(12)}{2}=\dfrac{-0.924\,61-0.924\,52}{2}$ m $=-0.924\,56$ m。

(3)同理，完成第3测站至第8测站的计算，见表3-1-9。

2. 水准路线长度计算

$L=\sum(1)+\sum(3)=586.9$ m。

3. 高差闭合差计算

$f_h=\sum(14)=+0.000\,71$ m $<f_{h允}=\pm4\sqrt{L}=\pm4\sqrt{1}=\pm4.0$ mm(水准路线长度不足1 km，按1 km计算)，成果合格。

表3-1-9　二等水准测量记录(附合水准路线)

测站编号	后距	前距	方向及尺号	标尺读数/cmm		两次读数之差/cmm	备注
	视距差	累积视距差		第一次读数	第二次读数		
1	(1)	(3)	后	(2)	(6)	(9)	奇数测站
			前	(4)	(5)	(10)	
	(7)	(8)	后-前	(11)	(12)	(13)	
			h	(14)			
2	(3)	(1)	后	(4)	(5)	(9)	偶数测站
			前	(2)	(6)	(10)	
	(7)	(8)	后-前	(11)	(12)	(13)	
			h	(14)			

测站编号	后距 视距差	前距 累积 视距差	方向及 尺号	标尺读数/cmm		两次读数 之差/cmm	备注
				第一次读数	第二次读数		
1	48.7	49.4	后 A	137 360	137 324	+36	
			前	171 446	171 442	+4	
	−0.7	−0.7	后−前	−034 086	−034 118	+32	
			h	−0.341 02			
2	45.1	45.1	后	112 123	112 118	+5	
			前 1	204 584	204 570	+14	
	0.0	−0.7	后−前	−092 461	−092 452	−9	
			h	−0.924 56			
3	49.4	49.4	后 1	094 396	094 396	0	
			前	126 066	126 074	−8	
	−0.3	−1.0	后−前	−031 670	−031 678	+8	
			h	−0.316 74			
4	31.5	30.6	后	137 718	137 724	−6	
			前 2	196 280	196 289	−9	
	+0.9	−0.1	后−前	−058 562	−058 565	+3	
			h	−0.585 64			
5	41.8	42.4	后 2	233 219	233 196	+23	
			前	071 580	071 547	+33	
	−0.6	−0.7	后−前	+161 639	+161 649	−10	
			h	+1.616 44			
6	24.7	25.2	后	187 734	187 720	+14	
			前 3	141 830	141 844	−14	
	−0.5	−1.2	后−前	+045 904	+045 876	+28	
			h	+0.458 90			
7	37.1	37.2	后 3	148 576	148 584	−8	
			前	155 386	155 372	+14	
	−0.1	−1.3	后−前	−006 810	−006 788	−22	
			h	−0.067 99			

续表

测站编号	后距	前距	方向及尺号	标尺读数/cm		两次读数之差/cm	备注
	视距差	累积视距差		第一次读数	第二次读数		
8	13.1	12.9	后	139 997	139 996	+1	
			前 B	148 966	148 962	+4	
	+0.2	−1.1	后−前	−008 969	−008 966	−3	
			h	−0.089 68			
检核计算	水准路线长度 $L=586.9$ m，$f_h=+0.000\,71$ m，$f_{h允}=\pm4\sqrt{L}=\pm4.0$ mm。☑合格　　□不合格						

鉴定工作页

地区：_____　姓名：_____　准考证号：_____　单位名称：_____

(1)本题分值：100 分，权重 0.5。

(2)考核时间：25 min。

(3)考核形式：实操。

(4)考核内容。

①完成不少于 4 站、水准路线长度约 240 m 的附合水准路线的观测。

②按规范记录表 3-1-10 并计算。

③起始点和终点水准点号用 BM$_A$ 和 BM$_B$ 表示，转点用 TP$_i$ 或 ZD$_i$ 表示。

(5)否定项说明：若考生发生下列情况之一，则应及时终止其考试，考生该试题成绩记为 0 分。

①考生不服从考评员安排。

②操作过程中出现野蛮操作等严重违规操作。

③造成人身伤害或设备人为损坏。

表 3-1-10　二等水准测量(附合路线)操作考核记录表

准考证号：_____　仪器型号：_____　天气：_____　开始时间：_____　结束时间：_____

测站编号	后距	前距	方向及尺号	标尺读数/cm		两次读数之差/cm	备注
	视距差	累积视距差		第一次读数	第二次读数		
			后				
			前				
			后−前				
			h				
检核计算	水准路线长度 $L=$_____，$f_h=$_____，$f_{h允}=\pm4\sqrt{L}=$_____。□合格　　□不合格						

评分标准

评分标准

技能拓展

二等水准测量（附合水准路线）的观测数据已列入表3-1-11，试完成表内各项计算。

表 3-1-11　二等水准测量记录（附合水准路线）计算表

测站编号	后距 视距差	前距 累积 视距差	方向及 尺号	标尺读数/cmm 第一次读数	标尺读数/cmm 第二次读数	两次读数 之差/cmm	备注
1	48.3	48.0	后 A	104 624	104 604		
1	48.3	48.0	前	215 960	215 957		
1			后−前				
1			h				
2	45.4	45.7	后	114 701	114 716		
2	45.4	45.7	前 1	136 791	136 782		
2			后−前				
2			h				
3	32.6	32.9	后 1	137 342	137 357		
3	32.6	32.9	前	195 967	195 976		
3			后−前				
3			h				
4	29.2	29.2	后	203 636	203 646		
4	29.2	29.2	前 2	094 110	094 126		
4			后−前				
4			h				
5	11.9	11.8	后 2	173 724	173 736		
5	11.9	11.8	前	173 884	173 889		
5			后−前				
5			h				

续表

测站编号	后距	前距	方向及尺号	标尺读数/cmm		两次读数之差/cmm	备注
	视距差	累积视距差		第一次读数	第二次读数		
6	12.0	11.9	后	177 392	177 382		
			前3	129 061	129 061		
			后-前				
			h				
7	20.3	20.1	后3	177 864	177 863		
			前	126 676	126 692		
			后-前				
			h				
8	9.1	9.2	后	140 788	140 786		
			前B	132 528	132 537		
			后-前				
			h				
检核计算	水准路线长度 $L =$ _____, $f_h =$ _____, $f_{h允} = \pm 4\sqrt{L} =$ _____。　□合格　□不合格						

参考答案

任务三　二等水准测量(闭合水准路线)

 **知识储备**

二等水准测量(闭合水准路线)的施测方法

一、数字水准仪观测

(1) 往返测奇数测站照准标尺顺序如下。

①后视标尺。

②前视标尺。

③前视标尺。

④后视标尺。

(2)往返测偶数测站照准标尺顺序如下。

①前视标尺。

②后视标尺。

③后视标尺。

④前视标尺。

二、一测站操作程序

以下括号内的号码表示观测与记录的顺序，见表3-1-12。

1. 奇数测站

(1)将仪器整平。

(2)将望远镜对准后视标尺(此时，标尺应按圆水准器整置于垂直位置)，用垂直丝照准条码中央，精确调焦至条码影像清晰，按测量键，记录后距(1)和后视标尺第一次读数(2)。

(3)显示读数后，旋转望远镜照准前视标尺条码中央，精确调焦至条码影像清晰，按测量键，记录前距(3)和前视标尺第一次读数(4)。

(4)显示读数后，重新照准前视标尺，按测量键，记录前视标尺第二次读数(5)。

(5)显示读数后，旋转望远镜照准后视标尺条码中央，精确调焦至条码影像清晰，按测量键，记录后视标尺第二次读数(6)。

2. 偶数测站

(1)将仪器整平。

(2)将望远镜对准前视标尺(此时，标尺应按圆水准器整置于垂直位置)，用垂直丝照准条码中央，精确调焦至条码影像清晰，按测量键，记录前距(1)和前视标尺第一次读数(2)。

(3)显示读数后，旋转望远镜照准后视标尺条码中央，精确调焦至条码影像清晰，按测量键，记录后距(3)和后视标尺第一次读数(4)。

(4)显示读数后，重新照准后视标尺，按测量键，记录后视标尺第二次读数(5)。

(5)显示读数后，旋转望远镜照准前视标尺条码中央，精确调焦至条码影像清晰，按测量键，记录前视标尺第二次读数(6)。

三、测站计算与校核

1. 视距、高差计算

(1)奇数测站。

以表3-1-12中第1测站为例来说明计算步骤。

视距差：(7)=(1)-(3)，对于二等水准，(7)在±1.5 m范围内。

累积差：(8)=上站(8)+本站(7)，对于二等水准，(8)在±6 m范围内。

两次读数之差：(9)=(2)-(6)，(10)=(4)-(5)。

第一次读数得到的高差：(11)=(2)-(4)。

第二次读数得到的高差：(12)=(6)-(5)。

两次读数所得高差之差：(13)=(11)-(12)，对于二等水准，(13)在±0.6 mm 范围内。

平均高差：$(14)=\dfrac{(11)+(12)}{2}$。

(2) 偶数测站。

以表 3-1-12 中第 2 测站为例来说明计算步骤。

视距差：(7)=(3)-(1)，对于二等水准，(7)在±1.5 m 范围内。

累积差：(8)=上站(8)+本站(7)，对于二等水准，(8)在±6 m 范围内。

两次读数之差：(9)=(4)-(5)，(10)=(2)-(6)。

第一次读数得到的高差：(11)=(4)-(2)。

第二次读数得到的高差：(12)=(5)-(6)。

两次读数所得高差之差：(13)=(11)-(12)，对于二等水准，(13)在±0.6 mm 范围内。

平均高差：$(14)=\dfrac{(11)+(12)}{2}$。

2. 水准路线长度计算

$L=\sum(1)+\sum(3)$。

3. 高差闭合差计算

$f_h=\sum(14)\leqslant f_{h允}=\pm4\sqrt{L}$（水准路线长度不足 1 km，按 1 km 计算），成果合格。

表 3-1-12　二等水准测量记录(闭合水准路线)

测站编号	后距	前距	方向及尺号	标尺读数/cmm		两次读数之差/cmm	备注
	视距差	累积视距差		第一次读数	第二次读数		
1	(1)	(3)	后	(2)	(6)	(9)	奇数测站
			前	(4)	(5)	(10)	
	(7)	(8)	后-前	(11)	(12)	(13)	
			h	(14)			
2	(3)	(1)	后	(4)	(5)	(9)	偶数测站
			前	(2)	(6)	(10)	
	(7)	(8)	后-前	(11)	(12)	(13)	
			h	(14)			

▓ 技能指导

职业技能鉴定题目：

完成不少于4站、水准路线长度约240 m的闭合水准路线的观测，起始点水准点号用BM_A表示，转点用TP_i表示，按规范记录表格并计算。

职业技能指导：

现以表3-1-13为例来说明二等水准测量(闭合水准路线)的观测与记录，此路线有A-1、1-2、2-3、3-A四个测段，二等水准测量主要使用电子水准仪进行观测，水准尺采用因瓦尺，观测前必须对水准仪和水准尺进行检验。测量时水准尺应安置在尺垫上，并保证水准尺扶立铅直。

操作程序如下。

每测站的操作程序：

以下括号内的号码表示观测与记录的顺序，见表3-1-13。

1. 奇数测站(以表3-1-13中第1测站为例)

(1) 将仪器整平。

(2) 将望远镜对准后视标尺(此时，标尺应按圆水准器整置于垂直位置)，用垂直丝照准条码中央，精确调焦至条码影像清晰，按测量键，记录后距(1)为48.9 m和后视标尺第一次读数(2)为141 111 cmm。

(3) 显示读数后，旋转望远镜照准前视标尺条码中央，精确调焦至条码影像清晰，按测量键，记录前距(3)为49.7 m和前视标尺第一次读数(4)为166 198 cmm。

(4) 显示读数后，重新照准前视标尺，按测量键，记录前视标尺第二次读数(5)为166 202 cmm。

(5) 显示读数后，旋转望远镜照准后视标尺条码中央，精确调焦至条码影像清晰，按测量键，记录后视标尺第二次读数(6)为141 110 cmm。

2. 偶数测站(以表3-1-13第2测站为例)

(1) 将仪器整平。

(2) 将望远镜对准前视标尺(此时，标尺应按圆水准器整置于垂直位置)，用垂直丝照准条码中央，精确调焦至条码影像清晰，按测量键，记录前距(1)为47.5 m和前视标尺第一次读数(2)为209 704 cmm。

(3) 显示读数后，旋转望远镜照准后视标尺条码中央，精确调焦至条码影像清晰，按测量键，记录后距(3)为47.7 m和后视标尺第一次读数(4)为099 908 cmm。

(4) 显示读数后，重新照准后视标尺，按测量键，记录后视标尺第二次读数(5)为

099 898 cmm。

(5) 显示读数后，旋转望远镜照准前视标尺条码中央，精确调焦至条码影像清晰，按测量键，记录前视标尺第二次读数(6)为 209 684 cmm。

测站计算与校核：

1. 视距、高差计算

(1) 奇数测站(以表 3-1-13 中第 1 测站为例)

视距差：(7) = (1) - (3) = (48.9 - 49.7) m = -0.8 m，对于二等水准，(7) < ±1.5 m，合格。

累积差：(8) = 上站(8) + 本站(7) = [0 + (-0.8)] m = -0.8 m，对于二等水准，(8) < ±6 m，合格。

两次读数之差：(9) = (2) - (6) = (141 111 - 141 110) cmm = +1 cmm，(10) = (4) - (5) = (166 198 - 166 202) cmm = -4 cmm。

第一次读数得到的高差：(11) = (2) - (4) = (141 111 - 166 198) cmm = -025 087 cmm。

第二次读数得到的高差：(12) = (6) - (5) = (1411 10 - 166 202) cmm = -025 092 cmm。

两次读数所得高差之差：(13) = (11) - (12) = [-025 087 - (-025 092)] cmm = +5 cmm，对于二等水准，(13) < ±0.6 mm，合格。

平均高差：$(14) = \dfrac{(11) + (12)}{2} = \dfrac{-0.250\ 87 - 0.250\ 92\ \text{m}}{2} = -0.250\ 90\ \text{m}$。

(2) 偶数测站(以表 3-1-13 中第 2 测站为例)

视距差：(7) = (3) - (1) = (47.7 - 47.5) m = +0.2 m，对于二等水准，(7) < ±1.5 m，合格。

累积差：(8) = 上站(8) + 本站(7) = [(-0.8) + 0.2] m = -0.6 m，对于二等水准，(8) < ±6 m，合格。

两次读数之差：(9) = (4) - (5) = (099 908 - 099 898) cmm = +10 cmm，(10) = (2) - (6) = (209 704 - 209 684) cmm = +20 cmm。

第一次读数得到的高差：(11) = (4) - (2) = (099 908 - 209 704) cmm = -109 796 cmm。

第二次读数得到的高差：(12) = (5) - (6) = (099 898 - 209 684) cmm = -109 786 cmm。

两次读数所得高差之差：(13) = (11) - (12) = [-109 796 - (-109 786)] cmm = -10 cmm，对于二等水准，(13) < ±0.6 mm，合格。

平均高差：$(14) = \dfrac{(11) + (12)}{2} = \dfrac{-1.097\ 96 - 1.097\ 86}{2}\ \text{cmm} = -1.097\ 91\ \text{m}$。

(3) 同理，完成第 3 测站至第 8 测站的计算与校核，见表 3-1-13。

2. 水准路线长度计算

$L = \sum(1) + \sum(3) = 521.6\ \text{m}$。

3. 高差闭合差计算

$f_h = \sum(14) = +0.000\,01\ \text{m} < f_{h允} = \pm 4\sqrt{L} = \pm 4.0\ \text{mm}$(水准路线长度不足 1 km，按 1 km 计算)，成果合格。

表 3-1-13　二等水准测量记录(闭合水准路线)

测站编号	后距视距差	前距累积视距差	方向及尺号	标尺读数/cmm		两次读数之差/cmm	备注
				第一次读数	第二次读数		
1	(1)	(3)	后	(2)	(6)	(9)	奇数测站
			前	(4)	(5)	(10)	
	(7)	(8)	后-前	(11)	(12)	(13)	
			h	(14)			
2	(3)	(1)	后	(4)	(5)	(9)	偶数测站
			前	(2)	(6)	(10)	
	(7)	(8)	后-前	(11)	(12)	(13)	
			h	(14)			
1	48.9	49.7	后 A	141 111	141 110	+1	
			前	166 198	166 202	-4	
	-0.8	-0.8	后-前	-025 087	-025 092	+5	
			h	-0.250 90			
2	47.7	47.5	后	099 908	099 898	+10	
			前 1	209 704	209 684	+20	
	+0.2	-0.6	后-前	-109 796	-109 786	-10	
			h	-1.097 91			
3	42.8	43.6	后 1	109 168	109 146	+22	
			前	133 274	133 276	-2	
	-0.8	-1.4	后-前	-024 106	-024 130	+24	
			h	-0.241 18			
4	32.7	31.8	后	147 914	147 916	-2	
			前 2	141 535	141 531	+4	
	+0.9	-0.5	后-前	+006 379	+006 385	-6	
			h	+0.063 82			

3. 高差闭合差计算

续表

测站编号	后距 视距差	前距 累积 视距差	方向及 尺号	标尺读数/cmm		两次读数 之差/cmm	备注
				第一次读数	第二次读数		
5	25.4	26.1	后2	232 036	232 033	−2	
			前	133 681	133 672	+4	
	−0.7	−1.2	后−前	+098 355	+098 361	−6	
			h	+0.983 58			
6	25.7	25.7	后	128 472	128 466	+3	
			前3	127 710	127 710	+9	
	0.0	−1.2	后−前	+000 762	+000 756	−6	
			h	+0.007 59			
7	27.3	27.4	后3	176 366	176 348	+18	
			前	128 756	128 764	−8	
	−0.7	−1.3	后−前	+047 610	+047 584	+26	
			h	+0.475 97			
8	9.0	10.3	后	144 110	144 110	0	
			前A	138 207	138 206	+1	
	−1.3	−2.6	后−前	+005 903	+005 904	−1	
			h	+0.059 04			
检核计算	水准路线长度 $L=521.6$ m，$f_h=+0.00001$ m，$f_{h允}=\pm4\sqrt{L}=\pm4.0$ mm。☑合格　□不合格						

鉴定工作页

地区：_____　姓名：_____　准考证号：_____　单位名称：_____

（1）本题分值：100 分，权重 0.5。

（2）考核时间：25 min。

（3）考核形式：实操。

（4）考核内容。

①完成不少于 4 站、水准路线长度约 240 m 的闭合水准路线的观测。

②按规范记录表 3-1-14 并计算。

③起始点水准点号用 BM 表示，转点用 TP_i 或 ZD_i 表示。

（5）否定项说明：若考生发生下列情况之一，则应及时终止其考试，考生该试题成绩记为 0 分。

①考生不服从考评员安排。

②操作过程中出现野蛮操作等严重违规操作。

③造成人身伤害或设备人为损坏。

表3-1-14 二等水准测量(闭合路线)操作考核记录表

准考证号：_____仪器型号：_____天气：_____开始时间：_____结束时间：_____

测站编号	后距	前距	方向及尺号	标尺读数/cm		两次读数之差/cm	备注
	视距差	累积视距差		第一次读数	第二次读数		
			后				
			前				
			后−前				
			h				
检核计算	水准路线长度 $L=$ _____，$f_h=$ _____，$f_{h允}=\pm4\sqrt{L}=$ _____。□合格 □不合格						

评分标准

评分标准

技能拓展

二等水准测量(闭合水准路线)的观测数据已列入表3-1-15，试完成表内各项计算。

表3-1-15 二等水准测量记录(闭合水准路线)计算表

测站编号	后距	前距	方向及尺号	标尺读数/cm		两次读数之差/cm	备注
	视距差	累积视距差		第一次读数	第二次读数		
1	49.0	49.4	后 A	141 264	141 288		
			前	175 836	175 820		
			后−前				
			h				
2	48.1	48.1	后	115 950	115 947		
			前 1	219 018	219 015		
			后−前				
			h				

续表

测站编号	后距 视距差	前距 累积视距差	方向及尺号	标尺读数/cmm 第一次读数	标尺读数/cmm 第二次读数	两次读数之差/cmm	备注
3	44.4	45.9	后1	108 764	108 779		
			前	129 624	129 618		
			后-前				
			h				
4	34.8	34.9	后	134 184	134 176		
			前2	191 434	191 426		
			后-前				
			h				
5	24.4	25.4	后2	203 562	203 552		
			前	109 688	109 674		
			后-前				
			h				
6	19.2	19.1	后	186 590	186 581		
			前3	111 712	111 702		
			后-前				
			h				
7	21.3	21.9	后3	171 010	170 994		
			前	131 502	131 502		
			后-前				
			h				
8	5.4	6.1	后	139 961	139 960		
			前A	132 554	132 552		
			后-前				
			h				

检核计算	水准路线长度 $L =$ _____ , $f_h =$ _____ , $f_{h允} = \pm 4\sqrt{L} =$ _____ 。 □合格　□不合格

参考答案

任务四 二等水准测量(支水准路线)

 知识储备

二等水准测量(支水准路线)的施测方法

对支水准路线进行施测时，应进行往测和返测，如图3-1-3所示。已知水准点 BM_A 的高程，1点的高程待求，则1点高程计算过程如下。

一、二等支水准路线的往测

以下括号内的号码表示观测与记录的顺序，见表3-1-16。

1. 奇数测站

(1) 将仪器整平。

(2) 将望远镜对准后视标尺，用垂直丝照准条码中央，精确调焦至条码影像清晰，按测量键，记录后距(1)和后视标尺第一次读数(2)。

(3) 显示读数后，旋转望远镜照准前视标尺条码中央，精确调焦至条码影像清晰，按测量键，记录前距(3)和前视标尺第一次读数(4)。

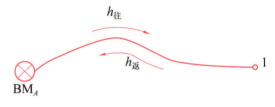

图3-1-3 支水准路线

(4) 显示读数后，重新照准前视标尺，按测量键，记录前视标尺第二次读数(5)。

(5) 显示读数后，旋转望远镜照准后视标尺条码中央，精确调焦至条码影像清晰，按测量键，记录后视标尺第二次读数(6)。

2. 偶数测站

(1) 将仪器整平。

(2) 将望远镜对准前视标尺，用垂直丝照准条码中央，精确调焦至条码影像清晰，按测量键，记录前距(1)和前视标尺第一次读数(2)。

(3) 显示读数后，旋转望远镜照准后视标尺条码中央，精确调焦至条码影像清晰，按测量键，记录后距(3)和后视标尺第一次读数(4)。

(4) 显示读数后，重新照准后视标尺，按测量键，记录后视标尺第二次读数(5)。

(5) 显示读数后，旋转望远镜照准前视标尺条码中央，精确调焦至条码影像清晰，按测量键，记录前视标尺第二次读数(6)。

二、测站计算与校核

视距、高差计算

(1) 奇数测站。

视距差：(7)=(1)-(3)，对于二等水准，(7)在±1.5 m范围内。

累积差：(8)=上站(8)+本站(7)，对于二等水准，(8)在±6 m范围内。

两次读数之差：(9)=(2)-(6)，(10)=(4)-(5)。

第一次读数得到的高差：(11)=(2)-(4)。

第二次读数得到的高差：(12)=(6)-(5)。

两次读数所得高差之差：(13)=(11)-(12)，对于二等水准，(13)在±0.6 mm范围内。

平均高差：$(14)=\dfrac{(11)+(12)}{2}$。

(2)偶数测站。

视距差：(7)=(3)-(1)，对于二等水准，(7)在±1.5 m范围内。

累积差：(8)=上站(8)+本站(7)，对于二等水准，(8)在±6 m范围内。

两次读数之差：(9)=(4)-(5)，(10)=(2)-(6)。

第一次读数得到的高差：(11)=(4)-(2)。

第二次读数得到的高差：(12)=(5)-(6)。

两次读数所得高差之差：(13)=(11)-(12)，对于二等水准，(13)在±0.6 mm范围内。

平均高差：$(14)=\dfrac{(11)+(12)}{2}$。

三、二等支水准路线的返测

二等支水准路线返测每测站的操作程序与计算方法同往测。

四、水准路线长度计算

水准路线长度计算公式为

$$L=\dfrac{l_{往}+l_{返}}{2}$$

五、高差闭合差计算

高差闭合差应为$f_h=h_{往}+h_{返}=\sum(14)_{往}+\sum(14)_{返}$。

高差闭合差的允许值为$f_{h允}=\pm4\sqrt{L}$（L为往测路线长度和返测路线长度的平均值）。

六、求改正后的高差

如果$f_h\leqslant f_{h允}$，说明精度符合要求。此时可取往测和返测高差绝对值的平均值作为BM_A、1两点间改正后的高差，其符号与往测高差符号相同，即

$$h_{A1} = \frac{h_{往} + h_{返}}{2}$$

七、求待定点高程

待定点高程计算公式为

$$H_1 = H_A + H_{A1}$$

表 3-1-16　二等水准测量记录（支水准路线）

观测方向	测站编号	后距 视距差	前距 累积视距差	方向及尺号	标尺读数/cmm		两次读数之差/cmm	备注
					第一次读数	第二次读数		
往测	1	(1)	(3)	后	(2)	(6)	(9)	奇数测站
				前	(4)	(5)	(10)	
		(7)	(8)	后-前	(11)	(12)	(13)	
				h	(14)			
	2	(3)	(1)	后	(4)	(5)	(9)	偶数测站
				前	(2)	(6)	(10)	
		(7)	(8)	后-前	(11)	(12)	(13)	
				h	(14)			
返测								
检核计算	水准路线长度 $L=$ _____，$f_h=$ _____，$f_{h允}=\pm4\sqrt{L}=$ _____。□合格　　□不合格							

技能指导

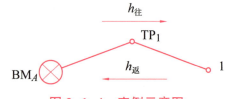

图 3-1-4　实例示意图

职业技能鉴定题目：

如图 3-1-4 所示，完成不少于 4 站、水准路线长度约 240 m 的支水准路线的观测，起始点水准点号用 BM$_A$ 表示，转点用 TP$_1$ 表示，按规范记录表格并完成计算。

职业技能指导：

现以表 3-1-17 为例来说明二等水准测量(支水准路线)的观测与记录。

本实例主要使用电子水准仪进行观测，水准尺采用因瓦尺，观测前必须对水准仪和水准尺进行检验。

一、二等支水准路线的往测

以下括号内的号码表示观测与记录的顺序，见表 3-1-17。

1. 奇数测站(以表 3-1-17 中第 1 测站为例)

(1) 在 BM_A、TP_1 两点分别竖立水准尺，然后在 BM_A、TP_1 两点之间安置一台水准仪，将仪器整平，保证水准尺扶立铅直。

(2) 将望远镜对准 BM_A 上的后视标尺，用垂直丝照准条码中央，精确调焦至条码影像清晰，按测量键，把测得的后距 48.5 m 记录在(1)处，后视标尺第一次读数 136 816 cmm 记录在(2)处。

(3) 显示读数后，旋转望远镜照准 TP_1 上的前视标尺条码中央，精确调焦至条码影像清晰，按测量键，把测得的前距 49.4 m 记录在(3)处，前视标尺第一次读数 171 232 cmm 记录在(4)处。

(4) 显示读数后，重新照准前视标尺，按测量键，记录前视标尺第二次读数(5)为 171 231 cmm。

(5) 显示读数后，旋转望远镜照准后视标尺条码中央，精确调焦至条码影像清晰，按测量键，记录后视标尺第二次读数(6)为 136 826 cmm。

(6) 测站计算与校核。

视距差：(7)＝(1)-(3)＝(48.5-49.4) m＝-0.9 m，对于二等水准，(7)<±1.5 m，合格。

累积差：(8)＝上站(8)+本站(7)＝[0+(-0.9)] m＝-0.9 m，对于二等水准，(8)<±6 m，合格。

两次读数之差：(9)＝(2)-(6)＝(136 816-136 826) cmm＝-10 cmm，(10)＝(4)-(5)＝(171 232-171 231) cmm＝+1 cmm。

第一次读数得到的高差：(11)＝(2)-(4)＝(136 816-171 232) cmm＝-034 416 cmm。

第二次读数得到的高差：(12)＝(6)-(5)＝(136 826-171 231) cmm＝-034 405 cmm。

两次读数所得高差之差：(13)＝(11)-(12)＝[-034 416-(-034 405)] cmm＝-11 cmm，对于二等水准，(13)<±0.6 mm，合格。

平均高差：$(14)=\dfrac{(11)+(12)}{2}=\dfrac{-0.344\ 16+(-0.344\ 05)}{2}$ cmm＝-0.344 10 m。

2. 偶数测站(以表 3-1-17 中第 2 测站为例)

(1) 第 1 测站测完后，TP_1 点的水准尺不动，BM_A 点的水准尺与水准仪向前转进，水准尺立于 1 点，并在 TP₁、1 点之间安置水准仪。

（2）将望远镜对准 TP₁ 上的前视标尺，用垂直丝照准条码中央，精确调焦至条码影像清晰，按测量键，把测得的后距 6.2 m 记录在（1）处，后视标尺第一次读数 142 576 cmm 记录在（2）处。

（3）显示读数后，旋转望远镜照准 TP₁ 上的前视标尺条码中央，精确调焦至条码影像清晰，按测量键，把测得的前距 5.8 m 记录在（3）处，前视标尺第一次读数 151 780 cmm 记录在（4）处。

（4）显示读数后，重新照准前视标尺，按测量键，记录前视标尺第二次读数（5）为 151 780 cmm。

（5）显示读数后，旋转望远镜照准后视标尺条码中央，精确调焦至条码影像清晰，按测量键，记录后视标尺第二次读数（6）为 142 586 cmm。

（6）测站计算与校核。

视距差：（7）=（3）−（1）= 5.8−6.2 = −0.4 m，对于二等水准，（7）<±1.5 m，合格。

累积差：（8）= 上站（8）+ 本站（7）=（−0.9）+（−0.4）= −1.3 m，对于二等水准，（8）<±6 m，合格。

两次读数之差：（9）=（4）−（5）=（151 780−151 780）cmm = 0 cmm，（10）=（2）−（6）=（142 576−142 586）cmm = −10 cmm。

第一次读数得到的高差：（11）=（4）−（2）=（151 780−142 576）cmm = +009 204 cmm。

第二次读数得到的高差：（12）=（5）−（6）=（151 780−142 586）cmm = +009 194 cmm。

两次读数所得高差之差：（13）=（11）−（12）=［（+009 204）−（+009 194）］cmm = +10 cmm，对于二等水准，（14）<±0.6 m，合格。

平均高差：$(14) = \dfrac{(11)+(12)}{2} = \dfrac{+0.092\ 04 + 0.091\ 94}{2}$ cmm = +0.091 99 m。

二、二等支水准路线的返测

二等支水准路线返测的操作程序与计算方法同往测。

三、水准路线长度计算

水准路线的长度为

$$L = \frac{l_{往} + l_{返}}{2} = \frac{48.5 + 49.4 + 5.8 + 6.2 + 49.3 + 49.3 + 13.4 + 14.1}{2}\ \text{m} = 118\ \text{m}$$

四、高差闭合差计算

高差闭合差应为

$$f_h = h_{往} + h_{返} = \sum(14)_{往} + \sum(14)_{返} = ［(-0.344\ 10) + 0.091\ 99 + 0.202\ 26 + 0.048\ 90］\ \text{m} =$$

−0.000 95 m。

　　闭合差的允许值为

$$f_h = -0.000\ 95\ \text{m} < f_{h允} = \pm 4\sqrt{L} = \pm 4.0\ \text{mm}(水准路线长度不足 1\ \text{km}，按 1\ \text{km} 计算)，成果合格。$$

表 3-1-17　二等水准测量记录(支水准路线)

观测方向	测站编号	后距 视距差	前距 累积 视距差	方向及 尺号	标尺读数/cm 第一次读数	标尺读数/cm 第二次读数	两次读数 之差/cm	备注
		(1)	(3)	后	(2)	(6)	(9)	奇数测站
	1			前	(4)	(5)	(10)	
		(7)	(8)	后−前	(11)	(12)	(13)	
				h	(14)			
		(3)	(1)	后	(4)	(5)	(9)	偶数测站
	2			前	(2)	(6)	(10)	
		(7)	(8)	后−前	(11)	(12)	(13)	
				h	(14)			
往测		48.5	49.4	后 A	136 816	136 826	−10	
	1			前 TP$_1$	171 232	171 231	+1	
		−0.9	−0.9	后−前	−034 416	−034 405	−11	
				h	−0.344 10			
		5.8	6.2	后 TP$_1$	151 780	151 780	0	
	2			前 1	142 576	142 586	−10	
		−0.4	−1.3	后−前	+009 204	+009 194	+10	
				h	+0.091 99			
返测		49.3	49.3	后 1	163 836	163 829	+7	
	1			前 TP$_1$	143 612	143 602	+10	
		0.0	−1.3	后−前	+020 224	+020 227	−3	
				h	+0.202 26			
		13.4	14.1	后 TP$_1$	141 710	141 704	+6	
	2			前 A	136 815	136 818	−3	
		−0.7	−2.0	后−前	+004 895	+004 886	+9	
				h	+0.048 90			
检核计算	水准路线长度 $L=118$ m，$f_h = -0.000\ 95$ m，$f_{h允} = \pm 4\sqrt{L} = \pm 4.0$ mm。☑合格　　□不合格							

鉴定工作页

地区：＿＿＿＿　姓名：＿＿＿＿　准考证号：＿＿＿＿　单位名称：＿＿＿＿

(1)本题分值：100分，权重0.5。

(2)考核时间：25 min。

(3)考核形式：实操。

(4)考核内容。

①完成不少于4站、水准路线长度约240 m的支水准路线的观测。

②按规范记录表3-1-18并计算。

③起始点水准点号用 BM 表示，转点用 TP$_i$ 或 ZD$_i$ 表示。

(5)否定项说明：若考生发生下列情况之一，则应及时终止其考试，考生该试题成绩记为0分。

①考生不服从考评员安排。

②操作过程中出现野蛮操作等严重违规操作。

③造成人身伤害或设备人为损坏。

表3-1-18　二等水准测量(支水准路线)操作考核记录表

准考证号：＿＿＿＿　仪器型号：＿＿＿＿　天气：＿＿＿＿　开始时间：＿＿＿＿　结束时间：＿＿＿＿

观测方向	测站编号	后距 视距差	前距 累积视距差	方向及尺号	标尺读数/cmm		两次读数之差/cmm	备注
					第一次读数	第二次读数		
往测								
返测								

续表

观测方向	测站编号	后距 视距差	前距 累积视距差	方向及尺号	标尺读数/cmm		两次读数之差/cmm	备注
					第一次读数	第二次读数		
返测								
检核计算		水准路线长度 $L=$_____，$f_h=$_____，$f_{h允}=\pm4\sqrt{L}=$_____。□合格　　□不合格						

评分标准

评分标准

技能拓展

二等水准测量（支水准路线）的观测数据已列入表3-1-19，试完成表内各项计算。

表3-1-19　二等水准测量记录（支水准路线）计算表

观测方向	测站编号	后距 视距差	前距 累积视距差	方向及尺号	标尺读数/cmm		两次读数之差/cmm	备注
					第一次读数	第二次读数		
往测	1	48.9	50.0	后 A	133 288	133 287		
				前 TP$_1$	168 764	168 772		
				后−前				
				h				
	2	33.9	33.4	后 TP$_1$	165 798	165 801		
				前 1	155 510	155 510		
				后−前				
				h				

续表

观测方向	测站编号	后距 视距差	前距 累积 视距差	方向及尺号	标尺读数/cm		两次读数之差/cm	备注
					第一次读数	第二次读数		
返测	1	48.6	49.1	后1	154 140	154 140		
				前 TP$_1$	134 618	134 626		
				后−前				
				h				
	2	12.6	13.3	后 TP$_1$	144 816	144 820		
				前 A	139 160	139 155		
				后−前				
				h				
检核计算	水准路线长度 $L=$ _____，$f_h=$ _____，$f_{h允}=\pm4\sqrt{L}=$ _____。□合格　　□不合格							

参考答案

任务五　闭合水准路线的平差计算

知识储备

知识点一　测量平差的知识点

一、基本概念

测量平差是测量学中的一个重要分支，它是通过数学方法对各种误差逐步分析、计算，并以较小的代价使各项误差尽量缩小，使测量结果达到既定精度和要求的过程。在测量平差过程中需要使用到的一些基本概念如下。

（1）观测量：描述被观测物理量的数值，如长度、角度等。

（2）微元：被观测物理量的任意一小部分，如长度中的一小段或角度中的一小部分。

（3）误差：表示测量结果与真实值之间的差距。

（4）坐标系：在测量过程中用来描述物体位置的系统，如直角坐标系、极坐标系等。

（5）精度：表示测量结果的可靠程度，通常使用标准差来量化。

（6）表示精密度：同一测量过程重复测量或同一人员在相同条件下重复测量所得结果的一致性程度。

二、测量平差方法

（一）最小二乘法

最小二乘法是一种经典的测量平差方法，它通过最小化观测值与计算值的平方误差和来求解未知参数。在测量过程中，最小二乘法通常被用来估计测量误差和预测未来数据。

（二）最大似然法

最大似然法是一种基于统计学原理的测量平差方法，它可以用来估计随机变量参数的值。最大似然法的核心理念是寻求使观测值出现概率最大的未知参数。

（三）加权平差法

加权平差法通过将不同观测量的权重考虑在内，以提高测量结果的精度。常用的加权平差法包括最小二乘法加权平差法和最大似然法加权平差法等。

三、测量平差模型

（一）多边形平差模型

多边形平差模型是一种常见的测量平差模型，它适用于通过一个多边形的各个节点测量一组点坐标的情况。在多边形平差模型中，节点处的坐标被认为是未知参数，通过最小二乘法以及其他方法来求解这些未知参数。

（二）三角网平差模型

三角网平差模型适用于通过三角形网络建立起各点坐标的情况。这种模型通过解决节点处的坐标来求解整个三角网的坐标。

（三）向后差分平差模型

向后差分平差模型适用于测量基线和方位角的情况。这种模型通过求解两个测站之间的距离和方向来求解坐标。

（四）水准测量平差模型

水准测量平差模型适用于求解水准测量过程中的高程值平差。在这种模型中，通过测量各点的高程值以及测站间的距离关系来求解这些点的高程值。

四、测量平差的应用

(一)土地测量

测量平差在土地测量中有着广泛的应用,包括裁剪图、地籍调查、土地管理等方面。

(二)建筑测量

测量平差在建筑测量中主要应用于建筑物的设计、施工、监测等方面。

(三)道路测量

在道路测量中,测量平差通常用于包括道路设计、施工、监测等方面。

(四)气象测量

在气象测量中,测量平差用于测量各种气象要素的空间分布和变化,包括气温、降雨量、湿度等。

测量平差是测量学中一个重要的分支,它以数字化手段和数学分析方法为基础,通过对误差逐步分析、计算,从而使测量数据精度和准确度达到既定标准和要求,并在各个领域都有广泛应用。

知识点二　闭合水准路线的平差计算

水准测量是获得点高程的常用测量手段,也是高程测量精度最高的一种方法。

水准量是应用几何原理,用水准仪建立一条与高程基准面平行的视线,借助于水准尺来测定地面两点间的高差。

如图 3-1-5 所示,从一个已知高程的水准点 BM_A 出发,沿各高程待定的水准点 TP_1,TP_2,TP_3,TP_4,TP_5 进行水准测量,最后回到初始点 BM_A,称为闭合水准路线。

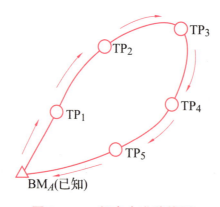

图 3-1-5　闭合水准路线图

水准路线高程闭合差计算公式是测量工程中非常重要的一个公式,它用于计算水准路线的高程闭合差。水准路线是指在地球表面上沿着一定路线进行高程测量的过程,而高程闭合差则是指在测量过程中，由于各种误差的影响，所得到的高程值与理论值之间的差异。

水准路线高程闭合差计算公式为

闭合差＝高程测量值之和－理论高程值之和

其中，高程测量值为在测量过程中所得到的高程值；理论高程值为根据地球表面的形状和高程变化规律所计算出的高程值。

在实际的测量工程中，由于各种因素的影响，测量结果会存在误差，闭合差的大小直接影响到测量结果的精度和可靠性。因此，在进行水准路线测量时，需要采取一系列措施来减小闭合差的大小，例如选择合适的测量仪器和测量方法，进行精密的数据处理和分析等。同理，也需要进行平差计算，以提高测量精度。

闭合水准测量平差计算方法是一种通过对测量数据进行处理，从而得出精确高程值的方法，主要包括以下几个步骤。

（1）数据处理。

在进行平差计算之前，需要对测量数据进行处理。首先，需要对测量点的高程进行观测和记录；然后，需要对观测数据进行检查和筛选，排除异常值和误差较大的数据；最后，需要对数据进行分类和整理，以便进行后续的计算。

（2）计算高程改正数。

高程改正数是指由于大气压力、温度、湿度等因素引起的高程误差。在进行平差计算时，需要计算出各个测量点的高程改正数，并将其加入测量点的高程求解中。

（3）计算高程平差数。

高程平差数是指通过平差计算得出的各个测量点的高程值。在进行高程平差计算时，需要先确定一个基准点，然后根据测量点之间的高差和高程改正数，计算出各个测量点的高程平差数。

技能指导

职业技能鉴定题目：

已知 A 点高程 $H_A = 53.726$ m，A、B 两点的距离为 0.5 km，实测高差为+2.365 m；B、C 两点的距离为 1.2 km，实测高差为+2.376 m；C、D 两点的距离为 1.0 km，实测高差为 -3.326 m；D、A 两点的距离为 1.3 km，实测高差为 -1.424 m；$f_容 = \pm 12\sqrt{L}$，计算 B、C、D 点的高程，并按要求填入表 3-1-20。

表 3-1-20　闭合水准内业平差计算

测段编号	测点	测段长度 l/km	实测高差 h/m	改正数/ m	改正后高差 h/m	高程 H/m	备注
1	A	0.5	+2.365	+0.001	+2.366	53.726	
	B					56.092	
2		1.2	+2.376	+0.003	+2.379		
	C					58.471	
3		1.0	−3.326	+0.002	−3.324		
	D					55.147	
4		1.3	−1.424	+0.003	−1.421		
	A					53.726	
	求和	4.0	−0.009	+0.009	0.000		

职业技能指导:

操作步骤如下。

(1) 将题目中给出的测段长度、实测高差值以及 A 点的高程填入表格相应的位置中。

(2) 计算测段长度之和，$\sum l_{测段长度} = (0.5+1.2+1.0+1.3)\ \text{km} = 4.0\ \text{km}$，填入表格对应的位置。

(3) 计算实测高差之和，$\sum h_{实测高差} = (2.365+2.376-3.326-1.424)\ \text{m} = -0.009\ \text{m}$，填入表格对应的位置。

(4) 计算 $f_{容} = \pm12\sqrt{L} = \pm12\times\sqrt{4.0} = \pm12\times2\ \text{mm} = \pm24\ \text{mm}$，$|f = -9\ \text{mm}| < |f_{容} = \pm24\ \text{mm}|$，因此可以进行高差的平差分配。

(5) 计算改正后高差之和，$\sum h_{改正后高差} = +0.009\ \text{m}$，填入表格对应的位置。

(6) 按照每一段的长度分配高差。

$$AB_{改正数} = (+0.009\div4.0\times0.5)\ \text{m} = +0.001\ \text{m}$$

$$BC_{改正数} = (+0.009\div4.0\times1.2)\ \text{m} = +0.003\ \text{m}$$

$$CD_{改正数} = (+0.009\div4.0\times1.0)\ \text{m} = +0.002\ \text{m}$$

$$DA_{改正数} = (+0.009\div4.0\times1.3)\ \text{m} = +0.003\ \text{m}$$

(7) 计算改正后高差。

$$AB_{改正后高差} = (+2.365+0.001)\ \text{m} = +2.366\ \text{m}$$

$$BC_{改正后高差} = (+2.376+0.003)\ \text{m} = +2.379\ \text{m}$$

$$CD_{改正后高差} = (-3.326+0.002)\ \text{m} = -3.324\ \text{m}$$

$$DA_{改正后高差} = (-1.424+0.003)\ \text{m} = -1.421\ \text{m}$$

(8) 计算每一点高程。

$$H_B = (53.726 + 2.366)\ \text{m} = 56.092\ \text{m}$$

$$H_C = (56.092 + 2.379)\ \text{m} = 58.471\ \text{m}$$

$$H_D = (58.471 - 3.324)\ \text{m} = 55.147\ \text{m}$$

$$H_A = (55.147 - 1.421)\ \text{m} = 53.726\ \text{m}$$

A 点高程与题目中给出的高程一致，说明计算正确。

鉴定工作页

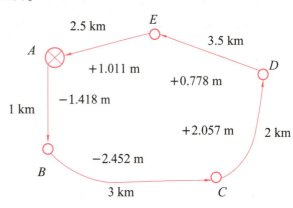

图 3-1-6　实例示意图

地区：_____　姓名：_____　准考证号：_____　单位名称：_____

（1）考核说明：本题分值 100 分，权重 40%。

（2）考核时间：30 min。

（3）考核要求：如图 3-1-6 所示，已知 A 点高程 $H_A = 41.20\ \text{m}$，观测数据如图 3-1-6 所示（环内单位为 m 的数据为两点间高差，环外单位为 km 的数据为两点间水平距离），$f_{容} = \pm 12\sqrt{L}$，计算 B、C、D、E 点的高程，并完成表3-1-21的填写。

表 3-1-21　闭合水准路线的平差计算

测段编号	测点	测段长度/km	实测高差/m	改正数/m	改正后高差/m	高程/m	备注
1	A						
2	B						
3	C						
4	D						
5	E						
	A						
	$\Sigma =$						

评分标准

评分标准

技能拓展

（1）精度的含义是什么？

（2）为什么不用真误差来衡量观测值的精度而用中误差？

（3）试比较中误差、平误差作为衡量精度的标准的优缺点。

（4）平差应用的原则是什么？

参考答案

任务六　横断面测量

知识储备

横断面测量方法

路线横断面测量的主要任务是在各中桩处测定垂直于道路中线方向的地面起伏情况，然后按每一中桩桩号绘制成横断面图。横断面图是设计路基横断面、计算土石方和施工时确定路基填挖边界的依据。横断面测量的宽度由路基宽度即地形情况确定，一般在中线两侧各测量 15~50 m。测量距离和高差一般准确到 0.05~0.1 m 即可满足工程要求。横断面测量的方法有水准仪卷尺测量法、标杆皮尺测量法和全站仪测量法，这里只介绍水准仪卷尺测量法。

一、横断面方向的确定

横断面测量的首要工作是确定道路中线的垂直方向，可以用方向架法或经纬仪法。在横断面方向确定后，方可对横断面进行测量。

二、横断面的测定

水准仪卷尺测量法在线路平坦地区应用较多。水准仪安置后（见图 3-1-7），以中桩地面高程点为后视，以中桩两侧横断面方向各地形特征点为前视，水准尺上读数至厘米并记录。用卷尺分别测量出各特征点到中桩的平距，读数至分米。记录格式见表 3-1-22，表中按路线前进方向分左右两侧记录，以分式格式表示各测段的前视读数和平距。

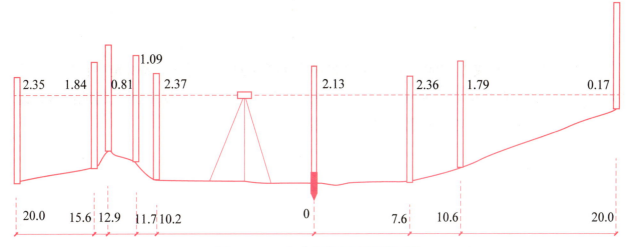

图 3-1-7　水准仪卷尺法横断面图

表 3-1-22　路线横断面测量记录

$\dfrac{\text{前视读数}}{\text{距离}}$（左侧）					$\dfrac{\text{后视读数}}{\text{桩号}}$	（右侧）$\dfrac{\text{前视读数}}{\text{距离}}$		
$\dfrac{2.35}{20.0}$	$\dfrac{1.84}{15.6}$	$\dfrac{0.81}{12.9}$	$\dfrac{1.09}{11.7}$	$\dfrac{2.37}{10.2}$	$\dfrac{2.13}{0+050}$	$\dfrac{2.36}{7.60}$	$\dfrac{1.79}{10.6}$	$\dfrac{0.17}{20.0}$

三、各横断面上特征点高程计算

通过后视、前视的读数和中桩的高程或各已知点的高程，可计算出各特征点与中桩的高差 h，再利用中桩的高程 $H_中$ 计算出特征点的高程 $H_特$，即 $H_特 = H_中 + h$，将其计算结果填入表 3-1-23。

表 3-1-23　路线横断面测量高程记录表

桩号	测点	距中线距离/m（左侧记"－"，右侧记"+"）	高程/m
0+050		−20.0	10.46
		−15.6	10.97
		−12.9	12.00
		−11.7	11.72
		−10.2	10.44
	中桩	0.00	10.68
		+7.6	10.45
		+10.6	11.02
		+20.0	12.64

四、横断面的绘制

一般采用1：100或1：200的比例尺绘制路线横断面图。绘制时，先标定中桩位置，由中桩开始，逐一将地形特征点绘制在图上，再连接相邻点，即绘制出横断面上的地面线，地面线上注记桩号，地面线下注记地面高程，如图3-1-8所示。

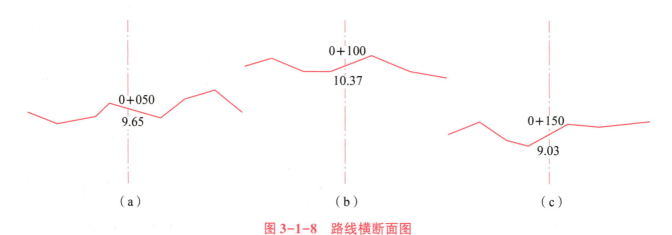

图3-1-8　路线横断面图

 技能指导

职业技能鉴定题目：

某地要新建设一条公路，请绘制出0+150处两侧各20 m的横断面图(此处为直线段)。

职业技能指导：

操作步骤如下。

(1)确定横断面方向。

在0+150中桩处架设好经纬仪并整平，照准前一或后一道路中桩，将经纬仪的水平读数调整为0°0′00″，然后将经纬仪水平旋转90°，此时经纬仪水平90°方向即为横断面方向。

(2)测定横断面上各特征点。

在中桩附近架设水准仪，后视瞄准中桩上的水准尺，读数，记录，然后瞄准各特征点上的水准尺，读数并将结果记录于表3-1-24。各特征点与中桩的平距用卷尺测量出。

表3-1-24　桩号(0+150)横断面观测记录表

$\dfrac{前视读数}{距离}$(左侧)					$\dfrac{后视读数}{桩号}$	(右侧)$\dfrac{前视读数}{距离}$		
$\dfrac{2.80}{20.0}$	$\dfrac{3.03}{16.0}$	$\dfrac{3.01}{13.0}$	$\dfrac{2.78}{10.0}$	$\dfrac{1.92}{7.0}$	$\dfrac{1.85}{0+150}$	$\dfrac{1.78}{8.0}$	$\dfrac{0.9}{18.0}$	$\dfrac{0.99}{20.0}$

(3) 计算各特征点的高程，填写表 3-1-25。

表 3-1-25　桩号(0+150)横断面各特征点高程记录表

桩号	测点	距中线距离/m（左侧记"－"，右侧记"+"）	高程/m
0+150		−20.0	0.98
		−16.0	0.75
0+150		−13.0	0.77
		−10.0	1.00
		−7.0	1.86
	中桩	0	1.93
		+8.0	2.00
		+18.0	2.88
		+20.0	2.79

(4) 绘制横断面图，如图 3-1-9 所示。

考虑到路线横断面的实际情况，纵横坐标可采用不同的比例尺成图。

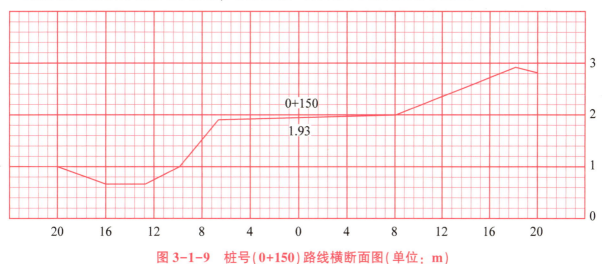

图 3-1-9　桩号(0+150)路线横断面图(单位：m)

鉴定工作页

地区：_____　姓名：_____　准考证号：_____　单位名称：_____

(1) 本题分值：100 分，权重 0.5。

(2) 考核时间：20 min。

(3) 考核形式：实操。

（4）考核内容。

①根据考评员给定的桩号、道路中线和中桩高程，完成 1 个宽度约 30 m 的横断面测量，如图 3-1-10 所示。

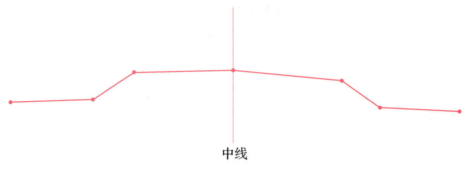

中线

图 3-1-10　横断面测量示意图

②完成表 3-1-26 的填写。

③绘制横断面图。

（5）否定项说明：若考生发生下列情况之一，则应及时终止其考试，考生该试题成绩记为 0 分。

①考生不服从考评员安排。

②操作过程中出现野蛮操作等严重违规操作。

③造成人身伤害或设备人为损坏。

表 3-1-26　横断面测量操作考核记录表

准考证号：_____仪器型号：_____天气：_____开始时间：_____结束时间：_____

桩号	测点	距中线距离/m（左侧记"−"，右侧记"+"）	高程/m
	中桩	0	

断面图（1 mm×1 mm）

评分标准

评分标准

技能拓展

（1）简述路线横断面测量的步骤。

（2）对周围某一条路线的横断面进行测量并绘制横断面图。

参考答案

知识链接

闭合水准路线
平差计算

测量标志

道路横断面测量

二等水准测量

项目二

经纬仪操作

知识目标

了解 DJ6 经纬仪的基本构造；

掌握 DJ6 经纬仪的基本操作程序；

理解水平角、竖直角测量原理及基本测法、记录、计算；

掌握圆曲线的曲线要素、主点里程计算方法；

掌握圆曲线主点测设的过程和方法；

了解圆曲线任意一点的独立坐标计算；

了解距离丈量的工具和使用方法；

理解钢尺量距的一般方法和精密方法；

掌握距离交会法。

技能目标

练习经纬仪的安置、粗平、瞄准、精平与读数；

能用经纬仪进行两测回的水平角测量；

能用经纬仪进行竖直角测量；

能进行圆曲线主点的测设；

能用距离交会法进行点的放样。

素质目标

具有强烈的社会责任感、明确的职业理想和良好的职业道德；

具备勤于思考、善于动手、勇于创新的精神；

具备求真务实的工作作风。

任务一　方向法观测水平角

知识储备

知识点一　水平角

角度测量（angular observation）包括水平角（horizontal angle）测量和竖直角（vertical angle）测量，水平角测量是测量三项基本工作之一。

水平角测量用于确定地面点的平面位置。

一、水平角的定义

从一点出发的两空间直线在水平面上投影的夹角称为水平角，即二面角。

二、水平角测量原理

设 A、O、B 为地面上任意三点，过 OA、OB 分别作竖直角与水平角相交，得交线 Oa、Ob，其间的夹角 β 就是 OA、OB 两个方向之间的水平角，如图 3-2-1 所示。水平角是空间任两方向在水平面上投影的夹角，其范围为顺时针 $0° \sim 360°$。

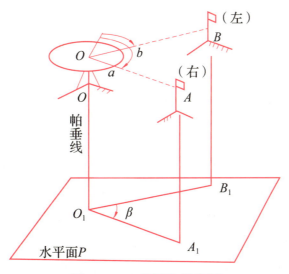

图 3-2-1　水平角示意图

知识点二　方向观测法

水平角的测量方法根据测量工作的精度要求、观测目标的数量及所用的仪器而定，一般有测回法和方向观测法两种，前者适用于 2~3 个方向，后者适用于 3 个以上方向。一个测回由上、下两个半测回组成，上半测回用盘左，即将竖盘置于望远镜的左侧，又称正镜；下半测回用盘右，即倒转望远镜，将竖盘置于望远镜的右侧，又称倒镜。之后将盘左、盘右所测角值取平均，目的是消除仪器的多种误差。

方向观测法，又称全圆观测法，通常用于一个测站上照准目标多于 3 个的观测。

如图 3-2-2 所示，设 O 为测站点，A、B、C、D 为目标点，在此情况下通常采用方向观测法。

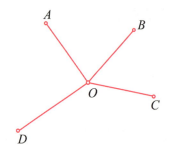

图 3-2-2　方向观测法观测水平角示意图

一、方向观测法的观测方法

（1）安经纬仪于测站点 O 上，对中、整平后使仪器处于水平位置。

①照准起始方向（又称零方向）目标点 A，将水平度盘配置为所需读数，稍大于 $0°00'00''$ 处，精确照准后读取水平度盘的读数，如 $0°12'42''$。

②松开水平制动螺旋，按顺时针旋转照准部，照准目标点 B，读取水平度盘的读数，如 $60°18'42''$。

③同样依次观测目标点 C、D，并读取照准各目标点时的水平度盘读数，如 $116°40'18''$、$185°17'30''$。

④继续顺时针转动望远镜，最后观测零方向目标点 A，并读取水平度盘的读数，如 $0°02'30''$，此照准目标点 A 称为归零。此次零方向的水平度盘读数与第一次照准零方向的水平度盘读数之差称为归零差，若归零差满足要求（DJ6 经纬仪归零差为 $18''$），即完成了上半测回的观测。

（2）纵转望远镜使仪器处于盘右状态，再按逆时针方向依次照准目标点 A、D、C、B、A，称为下半测回。同上半测回一样，照准各目标点时，分别读取水平度盘的读数并记入记录手簿。下半测回也存在归零差，若归零差满足要求，完成下半测回的观测。如果需要观测 n 个测回，同样应在每个测回开始时即盘左的第一个方向，配置水平度盘读数使其递增 $180°/n$，其后仍按相同的顺序进行观测、记录。

二、方向观测法的角值计算

方向观测法的计算步骤如下。

(1)计算两倍照准误差2C值，有

$$2C=盘左读数-(盘右读数\pm180°)$$

式中，盘左读数大于180°时取"+"号；盘左读数小于180°时取"−"号。

如果所计算的2C值仅为仪器的视准轴误差，则不同方向的2C值应相等；如果2C值互差较大，说明含有较多的观测误差。因此，不同方向2C值的互差大小，可用于检查观测的质量。如其互差超限(限差见表3-2-1)，则应检查原因，予以重测。

表3-2-1　水平角方向观测法限差

仪器级别	半测回归零差	一测回内2C互差	同一方向各测回互差
J2	12″	18″	12″
J6	18″	此项无要求	24″

(2)计算各目标方向值的平均读数。

照准某一目标时，水平度盘的读数，称为该目标的方向值，因此有

$$方向值平均读数=[盘左读数+(盘右读数\pm180°)]/2$$

式中，盘左读数大于180°时取"+"号；盘左读数小于180°时取"−"号。

需要说明，起始方向有两个平均值，应将两个均值再次平均，将所得值作为起始方向。

计算方向值的平均读数，填入表3-2-2中第7栏的上方。

(3)计算归零后的方向值(又称归零方向值)。

将起始目标的方向值作为0°00′00″，此时其他各目标对应的方向值称为归零方向值。计算方法是将各目标方向值的平均读数减去起始方向值的平均读数(括号内的数)，即可得各方向的归零方向值。

(4)计算各测回归零方向值的平均值。

当测回数为两个或两个以上时，不同测回的同一方向归零后的方向值应相等，但由于存在误差，各测回之间有一定的差数，如果该差数在限差(DJ6经纬仪为24″)之内，可取其平均值作为该方向的最后方向值，填入表3-2-2中第9栏。

(5)计算各目标间的水平角值。

各目标间的水平角值是后一目标的平均归零方向值减去前一目标的平均归零方向，即将表3-2-2中第9栏相邻两方向值相减，填入最后一栏。

表 3-2-2　水平角观测手簿(方向观测法)

| 测站点 | 测回数 | 目标点 | 水平度盘读数 | | 2C | 平均读数 | 归零方向值 | 各测回平均归零方向值 | 水平角值 |
			盘左	盘右					
1	2	3	4	5	6	7	8	9	10
0	1	A	0°02′42″	180°02′42″	0″	(0°02′38″) 0°02′42″	0°00′00″	0°00′00″	
		B	60°8′42″	240°18′30″	+12″	60°18′36″	60°15′58″	60°15′56	60°15′56″
		C	116°40′18″	296°40′12″	+6″	116°40′15″	116°37′37″	116°37′28	56°21′32″
		D	185°17′30″	5°17′36″	−6″	185°17′33″	185°14′55″	185°14′47	68°37′19″
	2	A	0°02′30″	180°02′36″	−6″	0°02′33″			
		A	90°01′00″	270°01′06″	−6″	(90°01′09″) 90°01′03″	0°00′00″		
		B	150°17′06″	330°17′00″	+6″	150°17′03″	60°15′54″		
		C	206°38′30″	26°38′24″	+6″	206°38′27″	116°37′18″		
		D	275°15′48″	5°15′48″	0″	275°15′48″	185°14′39″		
		A	90°01′12″	270°01′18″	−6″	90°01′15″			

技能指导

职业技能鉴定题目:

指定三个目标点方向 A、B、C,利用经纬仪采用方向观测法进行两个测回的水平角测量,并将数据填入表 3-2-3。

职业技能指导:

已知测站点为 O,三个目标点方向分别为 A、B、C,利用经纬仪采用方向观测法进行两个测回的水平角测量。

表 3-2-3　方向观测法测角记录表

仪器：_____　天气：_____　成像：_____

日期：_____　观测：_____　记录：_____

测站点	测回数	目标点	水平度盘读数		2C	平均读数	归零方向值	各测回平均归零方向值	水平角值
			盘左	盘右					
O	1	A	0°02′30″	180°02′31″	−1″	0°02′30″	0°00′00″	0°00′00″	30°25′04″
		B	30°27′35″	210°27′33″	+2″	30°27′34″	30°25′04″	30°25′04″	
		C	137°22′01″	317°22′03″	−2″	137°22′02″	137°19′32″	137°19′32″	106°54′28″
		A	0°02′31″	180°02′33″	−2″	0°02′32″			
	2	A	90°17′30″	270°17′32″	−2″	90°17′31″	0°00′00″		
		B	120°42′37″	300°42′34″	+3″	120°42′36″	30°25′05″		
		C	227°37′05″	47°37′04″	+1″	227°37′04″	137°19′33″		
		A	90°17′32″	270°17′31″	+1″	270°17′32″			

操作步骤如下。

(1) 在 O 点架设经纬仪，对中，整平，使水准管气泡居中。

(2) 盘左瞄准 A 目标点，置盘 0°02′30″，然后顺时针依次瞄准 B、C 目标点，将对应的读数填入相应的表格，最后回到 A 目标点，瞄准读数记录。

(3) 旋转望远镜 180°，盘右瞄准 A 目标点读数记录，然后逆时针依次瞄准 B、C 目标点，将对应的读数填入相应的表格，最后回到 A 目标点，瞄准读数记录。

(4) 计算第一测回两倍照准误差 2C 值。

$$A 点 2C = 0°02′30″ − (180°02′31″ − 180°) = −1″$$

$$B 点 2C = 30°27′35″ − (210°27′33″ − 180°) = +2″$$

$$C 点 2C = 137°22′01″ − (317°22′03″ − 180°) = −2″$$

$$回归 A 点 2C = 0°02′31″ − (180°02′33″ − 180°) = −2″$$

(5) 计算第一测回各目标方向值的平均读数。

$$A 点方向值平均读数 = [0°02′30″ + (180°02′31″ − 180°)]/2 = 0°02′30″$$

$$B 点方向值平均读数 = [30°27′35″ + (210°27′33″ − 180°)]/2 = 30°27′34″$$

$$C 点方向值平均读数 = [137°22′01″ + (317°22′03″ − 180°)]/2 = 137°22′02″$$

$$回归 A 方向值平均读数 = [0°02′31″ + (180°02′33″ − 180°)]/2 = 0°02′32″$$

(6) 计算第一测回归零后的方向值(又称归零方向值)。

$$A 点归零方向值 = 0°02′30″ − 0°02′30″ = 0°00′00″$$

$$B 点归零方向值 = 30°27′34″ − 0°02′30″ = 30°25′04″$$

$$C 点归零方向值 = 137°22′02″ − 0°02′30″ = 137°19′32″$$

（7）盘左瞄准 A 目标点，置盘 $90°17'30''$，进行第二测回读数，然后顺时针依次瞄准 B、C 目标点，将对应的读数填入相应的表格，最后回到 A 目标点，瞄准读数记录。

（8）旋转望远镜 $180°$，盘右瞄准 A 读数记录，然后逆时针依次瞄准 B、C 目标点，将对应的读数填入相应的表格，最后回到 A 目标点，瞄准读数记录。

（9）同理计算第二测回两倍照准误差 $2C$ 值。

$$A \text{ 点 } 2C = 90°17'30'' - (270°17'32'' - 180°) = -2''$$

$$B \text{ 点 } 2C = 120°42'37'' - (300°42'34'' - 180°) = +3''$$

$$C \text{ 点 } 2C = 227°37'05'' - (47°37'04'' + 180°) = +1''$$

$$\text{回归 } A \text{ 点 } 2C = 90°17'32'' - (270°17'31'' - 180°) = +1''$$

（10）同理计算第二测回各目标方向值的平均读数。

$$A \text{ 点方向值平均读数} = [90°17'30'' + (270°17'32'' - 180°)]/2 = 90°17'31''$$

$$B \text{ 点方向值平均读数} = [120°42'37'' + (300°42'34'' - 180°)]/2 = 120°42'36''$$

$$C \text{ 点方向值平均读数} = [227°37'05'' + (47°37'04'' + 180°)]/2 = 227°37'04''$$

$$\text{回归 } A \text{ 目标点方向值平均读数} = [90°17'32'' + (270°17'31'' - 180°)]/2 = 90°17'32''$$

（11）计算第二测回归零后的方向值(又称归零方向值)。

$$A \text{ 点归零方向值} = 90°17'31'' - 90°17'31'' = 0°00'00''$$

$$B \text{ 点归零方向值} = 120°42'36'' - 90°17'31'' = 30°25'05''$$

$$C \text{ 点归零方向值} = 227°37'04'' - 90°17'31'' = 137°19'33''$$

（12）计算各测回平均归零方向值。

$$A \text{ 平均归零方向值} = (0°00'00'' + 0°00'00'')/2 = 0°00'00''$$

$$B \text{ 平均归零方向值} = (30°25'04'' + 30°25'05'')/2 = 30°25'04''$$

$$C \text{ 平均归零方向值} = (137°19'32'' + 137°19'33'')/2 = 137°19'32''$$

（13）计算各目标间的水平角值。

$$\angle AOB = 30°25'04'' - 0°00'00'' = 30°25'04''$$

$$\angle BOC = 137°19'32'' - 30°25'04'' = 106°54'28''$$

鉴定工作页

地区：_____ 姓名：_____ 准考证号：_____ 单位名称：_____

（1）考核说明：本题分值 100 分，权重 30%。

（2）考核时间：20 min。

（3）考核要求：指定三个目标点方向 A、B、C，利用经纬仪采用方向观测法进行两个测回的水平角测量，完成表 3-2-4 的填写。

表 3-2-4　方向观测法测角记录表

仪器：＿＿＿＿＿＿　　天气：＿＿＿＿＿＿　　成像：＿＿＿＿＿＿

日期：＿＿＿＿＿＿　　观测：＿＿＿＿＿＿　　记录：＿＿＿＿＿＿

测站点	测回数	目标点	水平度盘读数		2C	平均读数	归零方向值	各测回平均归零方向值	水平角值
			盘左	盘右					

评分标准

评分标准

技能拓展

(1) 观测水平角时，对中、整平的目的是什么？

(2) 观测水平角时，若测三个测回，各测回盘左起始点方向水平度盘读数应安置为多少？

(3) 试描述精平的具体做法，其目的是什么？

(4) 要使某方向读数略大于0°，应如何操作？

(5) 用测回法测定水平角的方法和步骤。

参考答案

任务二　竖直角测量

知识储备

<h3 align="center">知识点一　竖直角</h3>

竖直角测量用于测定地面点的高程或将倾斜距离换算成水平距离。

一、竖直角的定义

在同一竖直面内，目标视线与水平线的夹角，称为竖直角。其范围为 $0° \sim \pm 90°$。当视线位于水平视线之上，竖直角为正，称为仰角；当视线位于水平视线之下，竖直角为负，称为俯角，如图 3-2-3 所示。

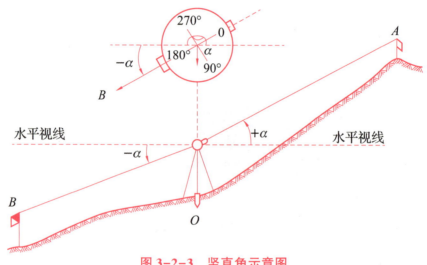

图 3-2-3　竖直角示意图

二、竖直度盘的构造

竖直度盘的构造包括竖盘（vertical circle）、竖盘指标水准管（vertical index bubble tube）、竖盘指标水准管微动螺旋。其中，竖盘指标水准管和竖盘指标水准管微动螺旋，可采用竖盘指标自动归零补偿器（vertical index compensator）来替代。

竖直度盘固定在横轴的一端，当望远镜在竖直角面内转动时，竖直度盘也随之转动，而用于读数的竖盘指标则不动。

当竖盘指标水准管气泡居中时，竖盘指标所处的位置为正确位置。

光学经纬仪的竖直度盘也是一个玻璃圆环，分划与水平度盘相似，度盘刻度为 $0° \sim 360°$ 的注记标准有顺时针与逆时针两种，目前多采用逆时针标准。

竖直度盘构造的特点是当望远镜视线水平、竖盘指标水准管气泡居中时，盘左位置的竖盘读数为90°，盘右位置的竖盘读数为270°。

三、竖直角的计算公式

由于竖直角测量只需要对目标方向进行观测、读数，而水平方向读数为竖盘所固有，因此就需要通过公式将目标的竖直角值计算出来。

设目标方向在水平方向之上，盘左、盘右的竖盘读数分别为$L(<90°)$和$R(>270°)$，而水平读数分别为90°和270°，如图3-2-4所示。

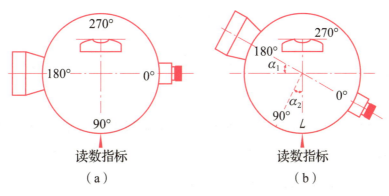

图3-2-4 盘左、盘右顺时针形式图

(a)盘左；(b)盘右

(一)顺时针注记形式

由图3-2-4可知

$$\alpha_{左}=90°-L \tag{3-2-1}$$

$$\alpha_{右}=R-270° \tag{3-2-2}$$

一测回竖直角为

$$\alpha=(\alpha_{左}+\alpha_{右})/2$$

(二)逆时针注记形式

逆时针注记形式如图3-2-5所示。

故有

$$\alpha_{左}=L-90° \tag{3-2-3}$$

$$\alpha_{右}=270°-R \tag{3-2-4}$$

一测回竖直角为

$$\alpha=(\alpha_{左}+\alpha_{右})/2$$

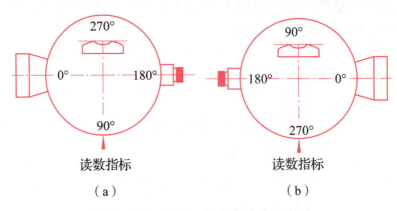

（a）　　　　　　　　　　　（b）

图 3-2-5　盘左、盘右逆时针形式图

（a）盘左；（b）盘右

四、竖盘指标差

当望远镜水平，竖盘指标水准管气泡居中时，竖盘的正确读数应为 90°（盘左）或 270°（盘右）。由于指标线偏移，当视线水平时，竖盘读数不是恰好等于 90° 或 270°，而是与 90° 或 270° 相差一个 x 角，称为竖盘指标差（index error of vertical circle）。

设盘左竖盘指标差向左偏离 x，这时无论盘左、盘右，望远镜水平是仰、俯，均使竖盘读数增加 x。当偏移方向与竖盘注记增加方向一致时，x 为正，反之为负，即

盘左 $$L=L_{正}+x \qquad (3\text{-}2\text{-}5)$$

盘右 $$R=R_{正}+x \qquad (3\text{-}2\text{-}6)$$

将式（3-2-5）、式（3-2-6）分别代入式（3-2-1）、式（3-2-2），对于顺时针注记，有

$$\alpha_{左}=90°-(L_{正}+x)=\alpha_{正}-x \qquad (3\text{-}2\text{-}7)$$

$$\alpha_{右}=(R_{正}+x)-270°=\alpha_{正}+x \qquad (3\text{-}2\text{-}8)$$

将式（3-2-5）、式（3-2-6）分别代入式（3-2-3）、式（3-2-4），对于逆时针注记，有

$$\alpha_{左}=(L_{正}+x)-90°=\alpha_{正}+x \qquad (3\text{-}2\text{-}9)$$

$$\alpha_{右}=270°-(R+x)=\alpha_{正}-x \qquad (3\text{-}2\text{-}10)$$

将式（3-2-7）、式（3-2-8）两式相加除以 2，式（3-2-9）、式（3-2-10）两式相加除以 2，可得

$$\alpha_{正}=(\alpha_{左}+\alpha_{右})/2 \qquad (3\text{-}2\text{-}11)$$

竖盘指标差 x 对盘左、盘右竖直角的影响大小相同、符号相反，采用盘左、盘右取平均的方法就可以消除竖盘指标差对竖直角的影响。

竖盘指标差为

$$x=(L+R-360°)/2 \qquad (3\text{-}2\text{-}12)$$

五、竖盘指标的自动归零

采用指标水准管控制竖盘指标线，每次读数前都必须旋转指标水准管微动螺旋，使指标水准管气泡居中，从而使竖盘指标线位于固定位置，一旦疏忽，将造成读数错误。因此，新型经纬仪在竖盘光路中，以竖盘指标自动归零补偿器代替竖盘指标水准管。其功能与自动安平水准仪的自动安平补偿器类似，即其可以使仪器在允许倾斜范围内，直接读到与指标水准管气泡居中时一样的正确读数。这一功能称为竖盘指标的自动归零。DJ6 经纬仪的整平误差约为±1″，而竖盘指标自动归零补偿器的补偿范围为±2″。

知识点二　竖直角的观测

在 A 点安置经纬仪，测定目标点 B 的竖直角，其步骤如下。

（1）盘左瞄准目标点 B，以十字丝横丝与目标点预定观测的标志（或高度）相切。

（2）旋转竖盘指标水准管微动螺旋，使指标水准管气泡居中，读取盘左的竖盘读数 L（设为 80°51′14″），记入记录手簿（见表 3-2-5）第 4 栏，根据式（3-2-1）计算得，$\alpha_左 = +9°08′46″$，填入第 5 栏。

（3）松开望远镜制动螺旋，倒转望远镜，以盘右再次瞄准目标点 B，使指标水准管气泡居中，读取盘右的竖盘读数 R（设为 279°08′34″），记入手簿第 4 栏，根据式（3-2-2）计算得，$\alpha_右 = +9°08′34″$，填入手簿第 5 栏。

（4）根据式（3-2-12），得到指标差为-6″，记入手簿第 6 栏。

（5）盘左、盘右取平均，得目标点 B 一测回竖直角为+9°08′40″（为仰角），填入手簿第 7 栏。

使用同样方法可得表 3-2-5 中所列目标点 C 的观测结果（为俯角）。

表 3-2-5　竖直角观测记录手簿

仪器：＿＿＿＿＿＿＿　天气：＿＿＿＿＿＿＿　成像：＿＿＿＿＿＿＿

日期：＿＿＿＿＿＿＿　观测：＿＿＿＿＿＿＿　记录：＿＿＿＿＿＿＿

测站点	目标点	竖盘位置	竖盘读数	半测回竖直角	指标差	一测回竖直角	备注
1	2	3	4	5	6	7	8
A	B	左	80°51′14″	+9°08′46″	-6″	+9°08′40″	
		右	279°08′34″	+9°08′34″			
A	C	左	93°25′06″	-3°25′06″	-12″	-3°25′18″	
		右	266°34′30″	-3°25′30″			

 技能指导

职业技能鉴定题目：

指定两个目标点方向 A、B，利用经纬仪分别测量两个目标点方向的竖直角并完成表3-2-6。

职业技能指导：

已知测站点为 O，两个目标方点向分别为 A、B，利用 DJ6 经纬仪采用方向观测法进行两个测回的水平角测量。

表3-2-6　竖直角观测记录手簿

仪器：_____　　天气：_____　　成像：_____

日期：_____　　观测：_____　　记录：_____

测站点	目标点	盘位	竖盘读数	半测回竖直角	指标差	一测回竖直角	备注
O	A	左	82°37′12″	+7°22′48″			
		右	277°22′54″	+7°22′54″	+3″	+7°22′51″	
	B	左	99°41′12″	−9°41′12″			
		右	260°18′00″	−9°42′00″	−24″	−9°41′36″	

操作步骤如下。

（1）在 O 点安置经纬仪，盘左瞄准目标点 A，以十字丝横丝与目标点预定观测的标志相切。

（2）旋转竖盘指标水准管微动螺旋，使指标水准管气泡居中，读取盘左的竖盘读数 L 为 82°37′12″，记入记录手簿（见表3-2-6），计算得 $\alpha_左 = 90°00′00″ − 82°37′12″ = +7°22′48″$。

（3）松开望远镜制动螺旋，倒转望远镜，以盘右再次瞄准目标点 A，使指标水准管气泡居中，读取盘右的竖盘读数 R 为 277°22′54″，记入记录手簿，计算得 $\alpha_右 = 277°22′54″ − 270°00′00″ = +7°22′54″$。

（4）指标差 $= [(82°37′12″ + 277°22′54″) − 360°]/2 = +3″$。

（5）盘左、盘右取平均，得 A 目标点一测回竖直角 $\alpha = (+7°22′48″ + 7°22′54″)/2 = +7°22′51″$（为仰角），填入对应的观测记录手簿。

（6）盘左瞄准目标点 B，以十字丝横丝与目标预定观测的标志相切。

（7）旋转竖盘指标水准管微动螺旋，使指标水准管气泡居中，读取盘左的竖盘读数 L 为 99°41′12″，记入记录手簿（见表3-2-6），计算得 $\alpha_左 = 90°00′00″ − 99°41′12″ = −9°41′12″$。

（8）松开望远镜制动螺旋，倒转望远镜，以盘右再次瞄准目标点 B，使指标水准管气泡居中，读取盘右的竖盘读数 R 为 260°18′00″，记入记录手簿，计算得 $\alpha_右 = 260°18′00″ − 270°00′00″ = −9°42′00″$。

（9）指标差＝［（99°41′12″＋ 260°18′00″）－360°］/2＝－24″。

（10）盘左、盘右取平均，得 *A* 目标点一测回竖直角 α ＝（ －9°41′12″－ 9°42′00″）/2 ＝ －9°41′36″（为俯角），记入记录手簿（见表3-2-6）。

鉴定工作页

地区：_____　姓名：_____　准考证号：_____　单位名称：_____

（1）考核说明：本题分值 100 分，权重 30%。

（2）考核时间：15 min。

（3）考核要求：指定两个目标点方向 *A*、*B*，利用经纬仪分别测量两个目标点方向的竖直角并完成表3-2-7。

表 3-2-7　竖直角观测记录手簿

仪器：_____　天气：_____　成像：_____

日期：_____　观测：_____　记录：_____

测站点	目标点	盘位	竖盘读数	半测回竖直角	指标差	一测回竖直角	备注

评分标准

评分标准

技能拓展

（1）观测竖直角时，如何消除竖盘指标差？在碎步测量中如何正确利用竖盘指标差？

（2）竖直角的取值范围是如何定义的？与水平角有何不同？

（3）经纬仪上有几对制动螺旋、微动螺旋？各起什么作用？如何正确使用？

（4）简述竖直度盘注记形式的判定方法。

参考答案

任务三　圆曲线主点测设

 知识储备

圆曲线主点测设

当路线由一个方向转到另一个方向时，必须用光滑曲线进行连接。曲线类型很多，其中圆曲线是最基本的一种平面曲线，其实质是一段半径 R 为定值的圆弧。圆曲线线路坐标的计算过程主要分为曲线要素计算、圆曲线主点里程计算、圆曲线上任意一点的独立坐标计算、圆主线主点的测设。

一、曲线要素计算

两相邻直线线路的转向角为线路偏角 α，分为左折和右折两种情况。当设计人员在数字地形图上设计线路时，偏角 α 可以直接查得。而对于曲线桥梁段或曲线隧道段的偏角 α，则需要实测得到。连接圆曲线的半径 R，是在设计中根据线路的等级以及现场地形条件等因素选定的，由设计人员提供。

另外，还有4个曲线要素需要计算得到，分别是切线长、曲线长、外矩和切曲差（两倍切线长和曲线长之差），如图 3-2-6 所示。

计算公式为

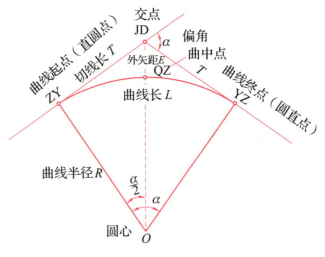

图 3-2-6　道路圆曲线

$$T = R \cdot \tan \frac{\alpha}{2}$$

$$L = \frac{\pi}{180} \cdot \alpha \cdot R$$

$$E = R \cdot \left(\sec \frac{\alpha}{2} - 1 \right)$$

$$q = 2T - L$$

二、圆曲线主点里程计算

在用圆曲线连接折线线路时，直线与圆曲线的交点称为直圆点 ZY，圆曲线与直线段的交点称为圆直点 YZ，圆曲线的中点称为曲中点 QZ，这三个点叫作圆曲线的主点。

交点 JD 的里程是由设计人员提供的，为设计值。若用 K_{JD} 来表示交点 JD 的里程，用 K_{ZY} 来表示直圆点 ZY 的里程，用 K_{YZ} 来表示圆直点 YZ 的里程，用 K_{QZ} 来表示曲中点 QZ 的里程，则

$$K_{ZY} = K_{JD} - T$$

$$K_{YZ} = K_{ZY} + L$$

$$K_{QZ} = K_{YZ} - \frac{L}{2}$$

$$K'_{JD} = K_{QZ} + \frac{q}{2}$$

三、圆曲线上任意一点的独立坐标计算

以 ZY 点（或 YZ 点）为坐标原点 O'（或 O''），通过 ZY 点（或 YZ 点）并指向交点 JD 的切线方向为 X' 轴（或 X'' 轴）正向，分别建立两个独立的直角坐标系 $X'O'Y'$（或 $X''O''Y''$），如图 3-2-7 所示。其中坐标系 $X'O'Y'$ 对应于圆曲线 ZY~QZ 段。

对于 ZY~QZ 段上任意一点 i，若要求其在 $X'O'Y'$ 坐标系中的坐标，设其在线路中的里程桩号为 K_i，则 ZY 点至 i 点的弧长 l_i 为

$$l_i = K_i - K_{ZY} \tag{3-2-13}$$

则其对应的圆心角 φ_i，X_i，Y_i 为

$$\varphi_i = \frac{l_i}{R} \cdot \frac{180}{\pi}$$

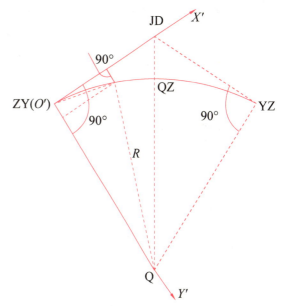

图 3-2-7　圆曲线独立坐标系建立

$$X_i = R \cdot \sin \varphi_i \tag{3-2-14}$$
$$Y_i = R(1 - \cos \varphi_i)$$

在 $X''O''Y''$ 坐标系中，圆曲线 YZ~QZ 段上任意一点的独立坐标计算公式同式（3-2-14），但需要注意的是弧长 l_i 的计算公式不能再用式（3-2-13），而应该用下式计算。

$$l_i = K_{YZ} - K_i \tag{3-2-15}$$

四、圆曲线主点的测设

在曲线元素计算后，即可进行主点测设。如图 3-2-8 所示，在交点 JD 安置经纬仪，后视来向相邻转点 ZD_1 方向，自测站点起沿此方向丈量切线长 T，插下一测钎，得曲线起点 ZY。经纬仪前视去向相邻转点 ZD_2，自测站点起沿此方向丈量切线长 T，插下一测钎，得曲线终点 YZ。使水平度盘对零，仪器仍前视相邻交点 ZD_2，松开照准部，顺时针转动望远镜，使度盘读数对准 $\beta_右$ 的平分角值（$\beta_右/2$），视线即指向圆心方向（此时线路为右转，如线路为左转时，则度盘读数对准 $\beta_右$ 的平分角值后，倒转望远镜，

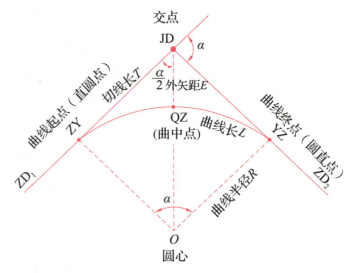

图 3-2-8　圆曲线主点测设

视线才指向圆心方向）。自测站点起沿此方向量出外矢距 E，插下一测钎，得出曲中点 QZ。注意，在丈量圆曲线主点至最近一个直线桩的距离以及圆曲线主点至曲中点的距离时，如两桩号之差等于这段距离或相差在容许范围内，即可用方桩在测钎处分别打下圆曲线主点（ZY、YZ、QZ）桩，否则应查明原因，进行处理，以保证点位的正确性。

 技能指导

职业技能鉴定题目：

圆曲线主点测设：提供圆曲线起点、终点方向及半径、JD 桩号及转角，计算主点桩号测设元素，进行主点桩的放样。

职业技能指导：

现场提供圆曲线起点、终点方向，半径为 $R = 200$ m，JD 桩号为 $K_2+452.60$ m，计算主点桩号测设元素，进行主点桩的放样。

现以实例来说明圆曲线主点测设方法并进行记录，见表 3-2-8。

操作步骤如下。

1. 计算主点桩号测设元素

（1）现场提供圆曲线的半径为 $R = 200$ m，交点号为 JD，交点桩号为 $K_2+452.60$ m，将已知数据填入表 3-2-8。

（2）通过盘左盘右分中法一测回测得下半测回角 β 的角值为 $147°15'00''$，观测结果见表

3-2-8。

(3) 转角 $\alpha = 180° - \beta = 180° - 147°15'00'' = 32°45'00''$，填入表 3-2-8 相应栏。

(4) 计算曲线要素并填入表 3-2-8 相应栏。

切线长：$T = R\tan\dfrac{\alpha}{2} = 200 \times \tan\dfrac{32°45'00''}{2} = 58.77$ m。

曲线长：$L = R\alpha\dfrac{\pi}{180°} = 200 \times 32°45' \times \dfrac{\pi}{180°} = 114.32$ m。

外矢距：$E = R\left(\sec\dfrac{\alpha}{2} - 1\right) = 200 \times \left(\sec\dfrac{32°45'00''}{2} - 1\right) = 8.46$ m。

切曲差：$q = 27 - 2 = 2 \times 58.77 - 114.32 = 3.22$ m。

(5) 计算圆曲线主点里程并填入表 3-2-8 相应栏。

JD	2+452.60 m
$-T$	58.77
ZY	2+393.83 m
$+\dfrac{L}{2}$	57.16
QZ	2+450.99 m
$+\dfrac{L}{2}$	57.16
YZ	2+508.15 m
$-T$	58.77
$+q$	3.22
JD	2+452.60 m

检核表明，计算无误。

2. 圆曲线主点桩的放样

在曲线元素计算后，即可进行主点测设。在交点 JD 安置经纬仪，后视来向相邻转点 ZD_1 方向，自测站点起沿此方向丈量切线长 $T = 58.77$ m，插下一测钎，得曲线起点 ZY。经纬仪前视去向相邻转点 ZD_2，自测站点起沿此方向丈量切线长 T，插下一测钎，得曲线终点 YZ。使水平度盘对零，仪器仍前视相邻交点 ZD_2，松开照准部，顺时针转动望远镜，使度盘读数对准 $\beta_{右}$ 的平分角值 $73°37'30''(\beta_{右}/2)$，视线即指向圆心方向(此时线路为右转，如线路为左转时，则度盘读数对准 $\beta_{右}$ 的平分角值后，倒转望远镜，视线才指向圆心方向)。自测站点起沿此方向量出外矢距 E，插下一测钎，得出曲中点 QZ。注意，在丈量圆曲线主点至最近一个直线桩的距离以及圆曲线主点至曲线中点的距离时，如两桩号之差等于这段距离或相差在容许范围内，即可用方桩在测钎处分别打下圆曲线主点(ZY、YZ、QZ)桩，否则应查明原因，进行处理，以保证点位的正确性。

表 3-2-8　圆曲线主点测设记录表

交点号	JD		交点桩号			K_2+452.60 m
	盘位	目标点	水平度盘读数	下半测回角值	右角 $\beta_右$	转角 α
转角观测结果	盘左	A	0°00′00″	147°15′00″	147°15′00″	32°45′00″
		B	147°15′00″			
	盘右	A	180°00′12″	147°15′00″		
		B	327°15′12″			
曲线元素	R(曲线半径)=200 m	T(切线长)=58.77 m	E(外矢距)=8.46 m	α(偏角)=32°45′00″	L(曲线长)=114.32	q(超距)=3.22 m
主点桩号	ZY 桩号：K_2+393.83 m。QZ 桩号：K_2+450.99 m。YZ 桩号：K_2+508.15 m。					

⫽ 鉴定工作页

地区：_____　姓名：_____　准考证号：_____　单位名称：_____

（1）考核说明：本题分值 100 分，权重 30%。

（2）考核时间：35 min。

（3）考核要求：提供圆曲线起点、终点方向及半径、JD 桩号及转角，计算主点桩号测设元素，进行主点桩的放样并完成表 3-2-9。

表 3-2-9　圆曲线主点测设记录表

交点号			交点桩号			
	盘位	目标点	水平度盘读数	下半测回角值	下半测回角 $\beta_右$	转角 α
转角观测结果	盘左					
	盘右					
曲线元素	R(曲线半径)=_____	T(切线长)=_____	E(外矢距)=_____	α(偏角)=_____	L(曲线长)=_____	q(超距)=_____
主点桩号	ZY 桩号：_____。QZ 桩号：_____。YZ 桩号：_____。					

评分标准

评分标准

技能拓展

（1）已知圆曲线半径为 $R=120$ m，偏角为 $\alpha=39°27'$，计算圆曲线的曲线长 L。

（2）根据（1）的结果，已知 JD 的里程桩号为 $K_5+178.64$，计算圆曲线 ZY 点的里程桩号。

（3）某道路线路交点（JD）转角 $\alpha=45°00'$，圆曲线的设计半径 $R=200$ m，计算该圆曲线的外矢距 E。

参考答案

任务四　距离交会法测设点的平面位置

知识储备

知识一　距离丈量的工具

距离丈量的工具有钢尺和皮尺等，其中钢尺是主要量距工具；此外，还须有其他辅助工具，如标杆、测钎、锤球等。

一、钢尺

图 3-2-9 所示为钢制带尺，尺宽 10 ~ 15 mm，厚度约 0.4 mm，长度有 20 m、30 m 及 50 m 等几种。尺上最小的分划为毫米，基本分划为厘米，在每米及每分米处有数字注记，因而可根据注记数字及分划线读出米、分米、厘米及毫米值。

钢尺根据零点位置不同可分为端点尺和刻线尺两种。

图 3-2-9　钢制带尺示意图

(一) 端点尺

如图 3-2-10(a)所示,尺长的零点从尺的最外端起始。这种尺从建筑物的竖直面量起较为方便。

(二) 刻线尺

如图 3-2-10(b)所示,刻线尺以尺身上第一条分划线作为尺长的零点。这种尺用于地面点间距离的丈量,用零点分划线对准丈量的起始点位测量较为准确、方便。

钢尺由优质钢制成,故受拉力的影响最小,但有热胀冷缩的特性。由于钢尺较薄,性脆易折,因此应防止打结、车轮碾压。此外,钢尺受潮易生锈,因此应防雨淋、水浸。

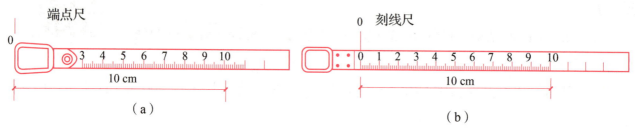

图 3-2-10　钢尺根据零点位置不同的分类图

(a) 端点尺;(b) 刻线尺

二、皮尺

图 3-2-11 所示为皮尺,在直线丈量中对精度要求不高时可以采用。皮尺是由麻与金属丝编织而成的带状卷尺,尺全长有 10 m、20 m,30 m、50 m 四种,尺面上最小分划为厘米。因为是编织物,其受拉力的影响较大,所以使用时应注意用力均匀。

图 3-2-11　皮尺示意图

三、辅助工具

(一) 标杆

图 3-2-12 所示的标杆多用木材制成,也有用金属的,其直径约 3 cm,全长有 2 m、2.5 m 及 3 m 等几种。杆上用油漆漆成红白相间的色段,间隔长为 20 cm。标杆下端装有铁质的尖脚,便于插入地面,作为照准标志。标杆在距离丈量中常用于直线定线。

(二) 测钎

图 3-2-13 所示的测钎用钢筋制成,上部弯成小圆圈,下部磨削成尖锥形,便于插入地面。测钎直径为 3~6 mm,长度为 30~40 cm,通常以 6 根或 11 根系成一组。距离丈量时,测钎多用于标定尺段端点的位置,也可作为照准标志。

（三）锤球

图 3-2-14 所示的锤球是采用金属制成的上大下尖的圆锥形物体，通常在上端系一根细绳，悬吊后，要求锤球尖在细绳的同一铅垂线上，锤球常用于在斜坡上丈量水平距离。

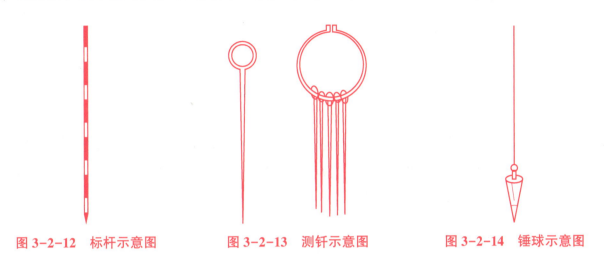

图 3-2-12　标杆示意图　　　　图 3-2-13　测钎示意图　　　　图 3-2-14　锤球示意图

（四）弹簧秤、温度计

在精密丈量距离时，需用弹簧秤和温度计。弹簧秤主要用于测定拉力大小，温度计主要用于测定丈量时的温度。

知识点二　钢尺量距的一般方法

一、平坦地面的距离丈量

钢尺量距的一般方法需要三个人共同操作，其中一人记录，另外两人各持钢尺一端沿直线方向逐段丈量，具体操作方法如下。

（1）如图 3-2-15 所示，先用目估法标定 A、B 两点的直线方向，然后持钢尺零端者在后（称为后尺手），持钢尺末端者在前（称为前尺手），后尺手先在起始点 A 插上一测钎，前尺手持尺的末端沿 AB 方向前进，至段 1 点处停止，两人都蹲下。

（2）后尺手将钢尺零端置于 A 点，并以手势指挥前尺手将测钎立在 AB 方向上，两人同时将钢尺拉紧、拉平、拉稳后，由前尺手喊"预备"，后尺手再将钢尺零点分划线准确地对准 A 点，并喊"好"，前尺手立即将测钎对准钢尺末端分划线竖直插入地面，得 1 点。

（3）丈量完 A—1 第一尺段，后尺手拔起 A 点上的测钎，与前尺手共同持尺沿直线方向前进，后尺手走到 1 点时，即喊"停"，再用上述同样的方法丈量 1—2 第二尺段。如此，继续丈量下去，直至最后不足一整尺段 n—B 时，后尺手将钢尺零点对准 n 点测钎，由前尺手读取 B 点余尺读数，此读数即余长长度。

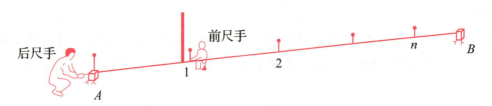

图 3-2-15　目估法标定线示意图

以上是从 A 点至 B 点的往测工作。往测 AB 的水准距离为

$$D_{往} = nl + l'\qquad\qquad(3\text{-}2\text{-}16)$$

式中，n 为尺段数(即后尺手手中的测钎数)；l 为钢尺长度；l' 为不足一整尺段的余长长度。

为了提高丈量的精度及检核丈量中是否存在差错，一般应由 B 点向 A 点进行返测。最后，以往返两次丈量结果的平均值 $D_{平均}$ 作为 AB 的距离，以相对误差 K 来衡量距离丈量的精度，即 AB 距离为

$$D_{平均} = \frac{1}{2}(D_{往} + D_{返})\qquad\qquad(3\text{-}2\text{-}17)$$

相对误差为

$$K = \frac{|D_{往} - D_{返}|}{D_{平均}} = \frac{|\Delta D|}{D_{平均}} = \frac{1}{\dfrac{D_{平均}}{|\Delta D|}}\qquad\qquad(3\text{-}2\text{-}18)$$

钢尺量距的精度取决于工程的要求和地面的起伏状况。一般方法量距时，对于平均地区，其相对误差一般不应大于 1/3 000；对于量距较困难的地区，其相对误差不应大于 1/1 000。若丈量的相对误差超过限差要求，应重新进行丈量。

例如，由 30 m 长的钢尺往返丈量 A、B 两点间的距离，丈量结果往测为 166.86 m，返测为 166.81 m。根据式(3-2-17)、式(3-2-18)得

AB 距离为

$$D_{平均} = \left[\frac{1}{2}(166.86 + 166.81)\right]\text{m} = 166.835\ \text{m}$$

相对误差为

$$K = \frac{166.86 - 166.81}{166.835} = \frac{0.05}{166.835} \approx \frac{1}{3\ 300}$$

由计算可知，其丈量的相对误差符合一般丈量的精度要求，则野外作业成果合格。

二、倾斜地面的距离丈量

(一) 平量法

如图 3-2-16 所示，A、B 两点间的地面呈倾斜状态，坡度较大。丈量方法是先用目估法标定 A、B 两点的直线方向，然后由高处 A 点沿斜坡面向低处 B 点分成若干个小段将尺子拉成水平后进行丈量。各小段丈量结果的总和，即 AB 的水平距离。丈量时，后尺手将尺的零点分划线对准地面点 A，并指挥前尺手将钢尺拉在 AB 直线方向上，前尺手抬高尺子的一端，

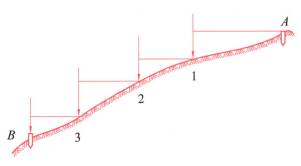

图 3-2-16 平量法示意图

用目估法使尺子水平，再将锤球绳紧靠钢尺上某一分划线，然后目估锤球绳与尺子是否呈直角，若呈直角，尺子即水平。立即在锤球尖所对准的地面点插上测钎，得 1 点，此时尺上分划线读数即 A、1 两点的水平距离。用同样的方法继续丈量其余各尺段，当丈量至 B 点时，应注意锤球尖必须对准 B 点。为了方便起见，返测仍由高处 A 点向低处 B 点进行丈量。若丈量的精度 K 值符合限差要求，则取往返丈量的平均值作为最后结果。

(二) 斜量法

如图 3-2-17 所示，若 A、B 两点间的地面坡度比较均匀或坡度很大，可以沿斜坡直接丈量出 A、B 两点间的斜距 L，再用经纬仪测出地面倾斜角 α，或者测出 A、B 两点的高差，并计算 AB 的水平距离，计算公式为

$$D = L\cos \alpha \qquad (3-2-19)$$

$$D = \sqrt{L^2 - h^2} \qquad (3-2-20)$$

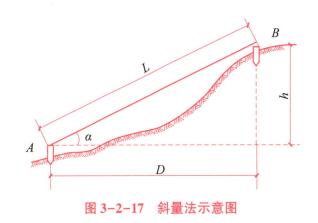

图 3-2-17 斜量法示意图

为了提高丈量的精度及检核其差错，对斜距 L 仍必须进行往测和返测丈量并取平均值。

三、钢尺量距的注意事项

(1) 量距时一定要使用经过检定的钢尺。

(2) 量距前，直线一定要准确定直；量距时，前、后尺手一定要密切配合好，尺的零端和末端分划线对准测钎部位事先商定一致；操作时，尺身要水平，尺子要拉紧，用力要均匀，待尺子稳定时再读数或插测钎。

（3）若用测钎作标志点位，测钎要竖直插下，以避免产生尺段误差。

（4）读数要认真仔细，防止误读。

（5）记录应清楚，记好后应及时复诵一遍，避免记录错误。

（6）钢尺性脆，扭曲、打环后容易折断，即使不断，发生变形后也不能使用。因此，在丈量过程中，应注意防止钢尺打环、扭曲、拖拉，并严禁车碾、人踏。钢尺用后必须擦净、涂油，以防生锈。

知识点三　钢尺量距的精密方法

一、钢尺的检定

钢尺末端注记的长度是该钢尺的名义长度。钢尺受温度影响会发生变形，使分划线不均匀，从而产生误差，因此钢尺还有一个实际长度。实际长度与名义长度之差称为尺长改正数。在购得一卷钢尺或钢尺使用一定时间后，应将钢尺送往计量部门进行尺长检定。检定方法可用丈量定长法和比长法。检定后，计量部门交给委托者一张钢尺检定书。钢尺检定书主要是给出该钢尺的一个尺长方程式。尺长方程式为

$$l_t = l_0 + \Delta l + \alpha(t - t_0)l_0 \tag{3-2-21}$$

式中，l_t 为 d 钢尺在温度 t 时的实际长度；l_0 为钢尺的名义长度；Δl 为尺子改正数，即钢尺在温度 t_0 时的改正数，等于实际长度与名义长度之差；α 为钢尺的膨胀系数，一般钢尺温度变化 1℃时，其值为 $1.15 \times 10^{-5} \sim 1.25 \times 10^{-5}$；$t$ 为钢尺使用时的温度；t_0 为钢尺检定时的标准温度，一般为 20℃。

钢尺检定书中还会给出检定时所使用的拉力大小。一般 30 m 钢尺标准拉力为 100 N，50 m 钢尺为 150 N。因此，要求在实际丈量时用弹簧秤控制在此拉力下进行作业，这样就不存在拉力改正问题。式(3-2-21)中 $l_0 + \Delta l$ 即该尺在温度为 t_0 时的实际长度，而 Δl 是名义长度 l_0 在 t_0 时的一个带有正负符号的改正值。例如，01 号与 02 号钢尺的尺长方程式各为

01 号钢尺 $l_t = 30 + 0.005 + 0.000\,012(t - 20℃) \times 30$

02 号钢尺 $l_t = 50 - 0.007 + 0.000\,012(t - 20℃) \times 50$

由以上尺长方程式可知：01 号钢尺在温度为 20℃时，其实际长度为 30.005 m，02 号钢尺在温度为 20℃时，其实际长度为 49.993 m。利用尺长方程式中的第二项可求出在实际作业中各尺段的尺长改正数，利用尺长方程式中的第三项可求出各尺段的温度改正数。

二、钢尺量具的精密方法

由于建筑工程中的一些基线、轴线对量距精度要求较高，相对误差要小于(1/10 000~1/40 000)，因此应采用精密方法进行丈量。用精密方法量距要五个人协同操作，其中两人为前、后尺手，

两人读数，一人专司记录。在工具上需增加经纬仪、水准仪、弹簧秤、温度计等，要选用质量较好并经过检定的钢尺，在读数上要求估读到 0.5 mm 的精度。

（一）准备工作

1. 清理现场

首先应清除欲丈量的两点方向线上影响丈量的障碍物，如杂草、树丛等。若场地坑坑洼洼，还应做适当的平整场地工作，使钢尺在每一尺段中不致因地面高低起伏而产生弯曲。

2. 直线定线

精密量距需采用经纬仪投测的定线方法进行定线。在确定图 3-2-18 中 1、2 点时，应先沿 AB 方向用钢尺进行概量，按稍短于一尺段长的位置打下木桩，桩顶高出地面 10～20 cm，然后用经纬仪投测桩顶定出 1 点的位置，过 1 点的中心绘出十字标志，再用此法定出 2 点。

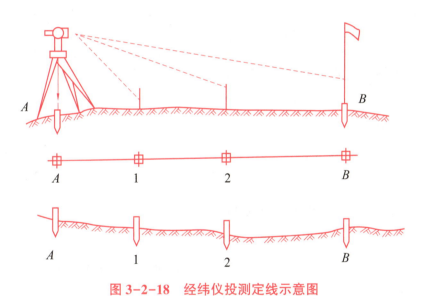

图 3-2-18 经纬仪投测定线示意图

3. 测桩顶间高差

用水准测量中的双面尺法、双仪器高法，或往返测法测出各相邻桩顶间高差，尺段两端桩顶间高差之差不得大于 10 mm。

（二）丈量方法

在丈量时，后尺手挂弹簧秤于钢尺的零端立于直线的起点，前尺手执尺子末端沿直线前进方向行至第一个尺段点，两人都蹲下拉紧钢尺，并将钢尺有分划线的一侧贴切于木桩顶十字丝交点。待弹簧秤上的指示达到钢尺检定时的标准拉力时，如图 3-2-19 所示，由后尺手发出"预备"口令，两人屏息拉稳尺子，由前尺手回答"好"。在此瞬间，前、后读尺员同时读取读数，估读至 0.5 mm，记录员依次记入记录手簿（见表 3-2-10）。

在第一个尺段丈量一次后，将钢尺向后或者向前移动 2～3 cm，用上述方法再次丈量，每一个尺段需要丈量三次，三次读数计算得到的长度之差应小于 2 mm，否则应重新丈量。如果在三次丈量的互差限差之内，再取三次结果的平均值，作为该尺段的观测成果。在丈量时，每一尺段必须记录温度一次，并估读至 0.5℃。如此继续丈量至终点，即完成一次往测。完成往测后，应立即返测。为了校核并使所量直线的长度达到规定的丈量精度，一般应往返若干次。

直线丈量结果记录见表 3-2-10。

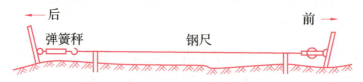

图 3-2-19　丈量方法示意图

表 3-2-10　直线丈量结果记录手簿

线段	尺段	次数	读数/m 1	2	3	4	平均尺段长/m	高差/m	温度/℃	备注
AB	A—1	前	27.745 0	27.685 5	27.823 5		27.613 0	−0.351	14.5	30/002 号钢尺尺长方程式为 30+0.004 5+ 1.2×10⁻⁵× (t−20)×30
		后	0.132 0	0.072 0	0.211 0					
		前-后	27.613 0	27.613 5	27.612 5					
	1—2	前	29.465 5	29.516 0	29.639 0		29.404 2	+0.480	15.0	
		后	0.062 0	0.111 0	0.235 0					
		前-后	29.403 5	29.405 0	29.404 0					
	2—B	前	24.929 5	24.994 5	25.045 0		24.880 0	−0.375	16.2	
		后	0.050 0	0.114 0	0.165 0					
		前-后	24.879 5	24.880 5	24.880 0					
BA	B—2	前	24.982 5	25.117 5	24.923 5		24.881 5	+0.382	24.0	
		后	0.101 0	0.235 5	0.042 5					
		前-后	24.881 5	24.882 0	24.881 0					
	2—1	前	29.463 5	29.545 0	29.598 5		29.401 0	−0.487	24.0	
		后	0.062 5	0.143 0	0.198 5					
		前-后	29.401 0	29.402 0	29.400 0					
	1—A	前	27.832 5	27.753 5	27.689 0		27.615 0	+0.359	24.3	
		后	0.217 5	0.138 0	0.074 5					
		前-后	27.615 0	27.615 5	27.614 5					

知识点四　距离交会法

距离交会法是根据测设出的两个已知的水平距离，交会出点的平面位置的方法。此法适用于施工场地平坦、量距方便且控制点距离测设点不超过一尺的情况，如图 3-2-20 所示。

一、计算测设数据

如图 3-2-20 所示，A、B 两点为已知平面控制点，P 为待测设点，现根据 A、B 两点，用距离交会法测设 P 点，其测设数据计算方法为根据 A、B、P 三点的坐标值，分别计算出 D_{AP} 和 D_{BP}。

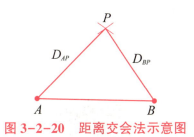

图 3-2-20　距离交会法示意图

二、点位测设方法

（1）将钢尺的零点对准 A 点，以 D_{AP} 为半径在地面上画一圆弧。

（2）再将钢尺的零点对准 B 点，以 D_{BP} 为半径在地面上画一圆弧。两圆弧的交点即 P 点的平面位置。

（3）用同样的方法，测设出 Q 点的平面位置。

（4）丈量 P、Q 两点间的水平距离，与设计长度进行比较，其误差应在限差以内。

▮▮ 技能指导

职业技能鉴定题目：

根据已知点 A、B 的坐标$(0, 0)$、$(20, 0)$，测设点为的坐标 $P(10, 10)$，用距离交会出 P 点的平面位置。

职业技能指导：

已知 A、B 两点的坐标，分别为$(0, 0)$、$(20, 0)$，用钢尺采用距离交会法测设出点 P 的平面位置，点 P 的坐标为$(10, 10)$。

操作步骤如下。

（1）先在草稿纸上建立坐标系，如图 3-2-21 所示，绘制出点 A、B、P 的坐标。

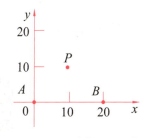

图 3-2-21　坐标系示意图

（2）计算 AP、BP 的直线距离，$AP = \sqrt{10^2 + 10^2} = 14.14$，$BP = \sqrt{10^2 + 10^2} = 14.14$。

（3）先以 A 点为圆心，用 50 m 钢尺以 14.14 m 为半径画圆，再以 B 点为圆心，用 50 m 钢尺以 14.14 m 为半径画圆，两个圆在第一象限的交点即点 P。

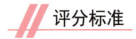 鉴定工作页

地区：_____ 姓名：_____ 准考证号：_____ 单位名称：_____

（1）考核说明：本题分值 100 分，权重 30%。

（2）考核时间：20 min。

（3）考核要求：根据已知点 A、B 的坐标（0，0）、（20，0），测设点 P 的坐标为（10，10），用距离交会出 P 点的平面位置。

评分标准

评分标准

技能拓展

（1）丈量距离需要使用哪些工具？钢尺按零点位置不同，可分为哪两种形式？

（2）钢尺量距的一般方法是如何进行作业的？

（3）怎样衡量距离丈量的精度？某直线按一般方法往测丈量为 171.887 m，返测丈量为 171.853 m，该直线的长度是多少？其精度是否符合要求？

（4）距离交会法测设点的平面位置适用于什么情况？

参考答案

知识链接

方向观测法

竖直角观测

圆曲线测设

项目三

全站仪操作

具备诚实守信的职业道德；

具备团队协作的能力；

具备一丝不苟的工匠精神。

任务一　建筑方格网主轴线测设

 **知识储备**

知识点一　建筑方格网测设

建筑方格网（building square grids）又称施工坐标网，是指各边组成为正方形或矩形且与拟建的建（构）筑物主要轴线平行的施工控制网。

建筑方格网精度等级可分为Ⅰ和Ⅱ级，主要技术要求根据《工程测量规范》（GB 50026—2020），边长范围为 100~300 m，测角中误差分别为 ±5″和 ±8″，边长相对中误差分别为 1/30 000、1/20 000。

首级控制可采用轴线法和布网法，下面给出具体要求。

一、轴线法

轴线法具体要求如下。

（1）宜位于场地中央，与主要建筑物平行；长轴线上的定位点不得少于 3 个；轴线点的点位中误差不大于 5 cm。

（2）放样后的主轴线点要进行角度观测和检查直线度，测定交角的中误差不大于 2.5″，直线度的限差在 180°±5″范围内。

（3）轴交点应在长轴线上丈量全长后确定。

（4）短轴线根据长轴线定向后确定，精度同长轴线，交角的限差在 90°±5″范围内。

二、布网法

（1）加测对角线的三边网，平均边长≤2 km，测距中误差≤20 mm。

（2）角度观测采用方向观测法，仪器选用 J2 中短程全站仪，测回数按 3 个控制，较差≤9″，边长测定按 4 次控制。

知识二　建筑方格网主轴线的测设

建筑方格网主轴线点的定位是根据测量控制点来测设的。

(1) 调整坐标系，使测量控制坐标系和施工坐标系一致。

(2) 按极坐标放样法计算测设数据，对全站仪测设是必要的。

(3) 用全站仪测设 A、O、B 点的概略位置 A'、O'、B' 点，用混凝土桩标定，同时在桩顶设置一块 100 mm×100 mm 的铁板供调整点位使用。

(4) J2 中短程全站仪精确测定 $\angle A'O'B'$，是否在 $180°±10''$ 范围内，若超限，则作微小调整使其在同一直线上，调整方法依现场实际和测量经验，不必按正规方法测设。

(5) 定好 A、O、B 三个主点后，将仪器安置在 O 点，再测设与主轴线 AOB 垂直的另一主轴线 COD，采用相对坐标测定和改正。

(6) 纠偏 C、D 点位。

(7) 最后精确测定 O 点与 A、B、C、D 点的距离，在桩顶刻出相应的点位。

知识点三　建筑方格网的设计

建筑方格网适用于地势平坦、建构筑物为矩形布置的场地。其设计应根据建筑物设计总平面图上的建筑物和管线的布设，结合现场情况而定。在设计时，先确定方格网的主轴线形式(一字形、十字形、L 形)，再设计其他方格网点位。方格网有正方形或矩形。建筑方格网设计的注意事项如下。

(1) 主轴线的位置一般在场地中央，与主要建筑物轴线平行。

(2) 方格网的转折角应严格为 90°。

(3) 方格网的边长按 100~200 m 控制，边长的相对精度为 1/10 000~1/20 000；

(4) 方格网的边应通视，点位标石应牢固。

建筑方格网点测设的基本方法多采用归化法，下面给出具体操作。

一、网点坐标测定

(一) 导线法

(1) 中心轴线法：在建筑场地不大的情况下，如果布设一个独立的建筑方格网能满足施工定线要求，则在十字轴线确定后，依轴线定出角点，组成大格网。通过测角、量边、平差调整后，构成 4 个环形的 I 级方格网，然后采用直线内分点法和方向交会法确定网中的 II 级点。

(2) 一次布网法：对于一字形轴线，采用此法。

(二) 三角测量法

三角测量法中分为附合在主轴线上的中点多边形小三角、附合在起算边上的三角锁。

二、网点的归化改正

网点的归化改正是指计算平差后的方格点实际坐标与设计坐标的差 ΔX、ΔY，以实际的标板方向线来定位，定出正式点位，消去原点。

三、最后检查

全面的实地检查测量包括角度、边长、间隔点设站，看边长精度是否为 1/40 000 ~ 1/25 000，角度偏差是否在 $\pm(5'' \sim 10'')$ 范围内。

 技能指导

职业技能鉴定题目:

根据已有基线，使用归化法完成边长约 10 m 的 L 形建筑基线的测设(见图 3-3-1，根据 AB 基线测设 C 点，使 $\angle B = 90°$，BC 边长约 10 m)。水平角精确观测使用测回法，测量 2 个测回，要求第 1 测回起始方向置盘 $0°01'00''$，第 2 测回起始方向置盘 $90°02'00''$，并完成表 3-3-1 的填写。

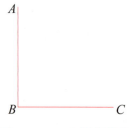

图 3-3-1　建筑基线图

职业技能指导:

操作步骤如下。

(1) 以 B 点为圆心，用钢尺量出 10 m 长度，以 10 m 为半径画圆。

(2) 在 B 点架设全站仪，对中整平仪器后开机。

(3) 盘左瞄准 A 点，置盘 $0°00'00''$，然后顺时针旋转照准部至水平度盘读数为 $90°00'00''$，拧紧水平制动螺旋。让一名学生拿着棱镜在画的圆上移动，至操作全站仪的学生在望远镜窗口看到棱镜，然后安置棱镜，此棱镜位置为 C 点。

(4) 盘左瞄准 A 点，置盘 $0°01'00''$，然后顺时针旋转照准部至 C 点，读数记录。

(5) 旋转望远镜 $180°$，盘右瞄准 A 点读数记录，然后逆时针瞄准 C 点，将对应的读数填入相应的表格。

(6) 第二测回瞄准 A 点，置盘 $90°02'00''$，其余步骤同(4)、(5)。

(7) 计算角度差值: $\Delta \beta = 90°00'04'' - 90°00'00'' = 4''$。

(8) 计算归化值: $\Delta d = 10.006 \times \tan 4'' = 0.2$ mm。

表 3-3-1　建筑方格网主轴线测设操作考核记录表

准考证号：_____　仪器型号：_____　天气：_____　开始时间：_____　结束时间：_____

测站点	测回	盘位	目标点	水平度盘读数	半测回角值	一测回角值	水平角平均值
B	I	左	A	0°01′00″	90°00′06″	90°00′06″	90°00′04″
			C	90°01′06″			
		右	A	180°01′03″	90°00′05″		
			C	270°01′08″			
	II	左	A	90°02′00″	90°00′04″	90°00′03″	
			C	180°02′04″			
		右	A	270°02′02″	90°00′02″		
			C	0°02′04″			
角度差值 $\Delta\beta = 4''$				距离 $D = 10.006$ m		归化值 $\Delta d = 0.2$ mm	

鉴定工作页

地区：_____　姓名：_____　准考证号：_____　单位名称：_____

(1) 考核说明：本题分值 100 分，权重 50%。

(2) 考核时间：25 min。

(3) 考核要求。

①根据已有基线，使用归化法完成边长约 40 m 的 L 形建筑基线的测设(见图 3-3-2，根据 AB 基线测设 C 点，使 ∠B = 90°，BC 边长约 40 m)，并完成表 3-3-2 的填写。

②水平角精确观测使用测回法，测量 2 个测回，要求第 1 测回起始方向置盘 0°01′00″，第 2 测回起始方向置盘 90°02′00″。

③完成记录表的填写与计算。

(4) 否定项说明：若考生发生下列情况之一，则应及时终止其考试，考生该试题成绩记为 0 分。

①考生不服从考评员安排。

②操作过程中出现野蛮操作等严重违规操作。

③造成人身伤害或设备人为损坏。

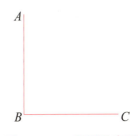

图 3-3-2　实例示意图

表 3-3-2　建筑方格网主轴线测设操作考核记录表

准考证号：_____　仪器型号：_____　天气：_____　开始时间：_____　结束时间：_____

测站点	测回	盘位	目标点	水平度盘读数	半测回角值	一测回角值	水平角平均值
角度差值 Δβ = _____				距离 D = _____		归化值 Δd = _____	

评分标准

评分标准

技能拓展

（1）测设的基本工作有哪些？

（2）简述精密测设水平角的方法、步骤。

参考答案

任务二　公路中线坐标放样

知识储备

知识点一　公路中线施工放样方法

随着社会与经济的发展，道路网络日益完善，对道路中线的要求必须规范化、标准化，道路中线放样在工程中的地位显得更加重要。道路中线测量是通过直线和曲线的测设将道路中线的平面位置敷设到地面上去，并标定出其桩号。道路中线测量又称中桩放样，公路中线施工放样是利用测量仪器和设备，按设计图纸中的各项元素和控制点坐标(或路线控制桩)，将公路的中心线准确无误地放样到实地，指导施工作业，习惯上称为中线放样。

一、直角坐标法(切线支距法)

直角坐标法放样是利用点位之间的坐标增量及其直角关系进行点位放样的方法，它以曲线起点 ZY 或终点 YZ 为坐标原点，以切线为 X 轴，以过原点的半径为 Y 轴，根据曲线上各点的坐标 (X, Y) 进行测设。沿切线方向，由 ZY 或 YZ 开始用卷尺量取 X 值，得到垂足点；在各垂足点作垂线方向量取 Y 值，即可定出曲线点。在测设时，可量取所定各点弦长进行校核。

二、极坐标法(偏角法)

极坐标法放样是利用点位之间的边长和角度关系进行放样的方法，它以曲线起点 ZY 或终点 YZ 至曲线任一点 p_i 的弦线与切线之间的弦切角 $\triangle$ 和弦长 c_i 来确定点 p_i 的位置。此方法有校核、精度高、适用性较强的优点，但是误差会累积，因此在测设时要注意经常校核。该方法常应用于山区。

三、全站仪坐标法

高等级公路常用全站仪进行坐标中线放样。全站仪是现代高等级公路测量的主要仪器之一，是一种将红外测距仪和电子经纬仪合为一体的仪器，具有测距和测角的双重功能，用它替代经纬仪进行测设放样可省时省工，且不受地形、地物障碍影响，测量精度高。用全站仪测设公路中线一般采用纸上定线，据此计算各中桩的坐标，然后进行实地放线。全站仪坐标法放样是利用点位设计坐标以全站测量技术进行点位放样的方法。全站坐标法的放样技术要点是利用全站测量技术测量初估点位，把直接得到的点位坐标与设计点位坐标比较，二者相等则定初估点位为测设的点位。一般全站仪或 GPS 接收机均有全站坐标法测设功能。

知识点二　公路中线施工放样过程

技术的进步、仪器工具的更新和改进，促使施工放样工作越来越简化，精度也越来越高。道路中线测量在道路工程施工中的地位显得更加重要。将道路中线更快、更准地敷设到地面上，是每个参加道路测量工作人员的责任。科研人员将继续完善测量工艺和测量方法，提高施工速度和质量，使社会效益得到保证。

一、导线点坐标复测

在道路工程开工前，施工单位进场，设计单位对施工单位进行交桩，即将先期设计时导线的控制点位置交给施工单位。施工单位接桩后要对原有的交桩点进行复测，保证导线点在设计单位测量后交桩前没有移动，保证在以后施工过程中道路中线放样有据可依。目前，公路的施工设计单位仅提供给施工单位导线控制桩及其坐标。施工单位进场后，由设计单位进行交桩，而后使用经过有关部门检测合格的全站仪或光电测距仪配合经纬仪，对导线进行复核联测。联测过程严格按照Ⅰ级导线点的测量方法进行。测量前可以根据设计单位所给坐标先计算好转折角和边长，然后与实测结果比较，当误差较大时，应查明原因是导线点挪动还是仪器故障。当该段导线点观测角和相邻导线点边长均已实测完毕时，导线点复测的外业工作结束。

二、导线点坐标复测计算

用起始的两个导线点和最后的两个导线点作为两个已知边，进行方位角闭合计算。如在工程中，前后还有其他施工标段，起始的两个导线点和最后的两个导线点与相接的两个标段必须共用，以保证道路施工标段与标段所放样的中线一致，按道路规范要求的允许闭合差衡量其是否闭合。确定闭合后，再进行平差，将测量中的误差平到各点上，算出加密点的各点坐标，以作为施工中线测量导线点的基础数据。

三、曲线要素点放样

曲线要素点是指直圆、缓圆、曲中、圆缓、缓直、直圆、圆直、交点等，并且是位置较好的能够相互通视的点，因为不能通视的点放样之后也没有多大用处。中桩放样是以某相距最近的导线点为测站点，后视相邻导线点，拨角测距放样该中桩点的，观测角和距离是以这三点的坐标为依据计算得出的。在放样中桩点时应注意两点：一是放样完一个中桩点后，必须进行仪器归零校核,归零误差应在现差之内,否则所放样点位应重新放样;二是测站导线点到所放中桩点距离小于到后视导线点距离。放样中桩点的数量以能达到相邻两中桩点通视为下限,并写出中桩点放样的详细记录。

四、中桩穿线

根据导线点放样出的中桩点在理论上应满足路线走向的各种技术参数,但经过几条高速路的总结,不符合的情况依然存在,因此中桩穿线必不可少。中桩穿线的过程与导线点符合测量方法相同,而衡量其是否合格的标准则是路线的各种技术参数,即直线点是否在一条直线上,曲线点是否在一条曲线上。事实上误差仍然存在,因此应详细记录穿线过程的各种数据,进行认真分析,并查找原因,根据全线测量结果进行计算,寻找调整中桩位置使线形达到最小误差的最佳方案。

五、拴桩

在道路中桩完成时,主要控制桩应进行拴桩,但此项不是必须进行的。拴桩可在测量仪器紧张的情况下大幅提高工作效率,保证施工时破坏桩点的再次恢复,主要采用打骑马桩、三角网等方法。在道路施工放样中,拴桩只要求将主要控制桩拴好,但无论哪种方法,都应考虑施工时高填或深挖对拴桩点的破坏。

随着我国国民经济的迅速发展,物资及人口流动日益加大。为适应社会发展要求,道路工程建设已在国家建设中占有重要位置,无论是在交通工程还是水利工程或城乡建设中,其均得到广泛开发。在公路施工中,对中线施工放样方法的精度管理,是实现公路图纸与施工相符、减少施工失误造成不良影响的重要方法。施工放样的精度对公路施工的质量和进度影响极大。

∥ 技能指导

职业技能鉴定题目:

如图3-3-3所示,根据给定的控制点 A(500.00,500.00)、B(510.00,510.00)和放样点 P(503.00,503.00)、Q(503.00,506.00),使用全站仪完成 P、Q 两点的坐标放样。计算 PQ 水平距离的理论值并完成表3-3-3的记录。

图3-3-3 坐标放样图

职业技能指导:

已知给定的测站点 A(500.00,500.00),后视点 B(510.00,510.00),放样点 P(503.00,503.00),Q(503.00,506.00)。

表3-3-3　公路中线坐标放样操作考核记录表

准考证号：_____　仪器型号：_____　天气：_____　开始时间：_____　结束时间：_____

控制点坐标(考评员给定、考生填写)		
点号	X/m	Y/m
A	500.00	500.00
B	510.00	510.00
放样点坐标(考评员给定、考生填写)		
点号	X/m	Y/m
P	503.00	503.00
Q	503.00	506.00

PQ 水平距离理论值：_____ m(考生填写)

PQ 水平距离实测值：_____ m(考评员填写)

偏差值：_____ m(考评员填写)

操作步骤如下。

(1) 在草稿纸上计算直线 AP 的距离，$AP = \sqrt{(503-500)^2+(503-500)^2}$ m $= 4.24$ m。

(2) 以 A 点为圆心，用钢尺量出 4.24 m 的长度，以 4.24 m 为半径画圆。

(3) 在 A 点架设全站仪，对中、整平仪器后开机。

(4) 依次选择"测量""放样""测站定向""测站坐标"对应选项，输入测站点 A 的坐标，$X = 500.00$ m、$Y = 500.00$ m，选择"OK"选项。然后选择"后视"选项，输入后视点 B 的坐标，$X = 510.00$ m、$Y = 510.00$ m，顺时针旋转照准部瞄准后视点 B，再选择"OK"选项。

(5) 选择"放样测量"选项，输入 P 点坐标，$X = 503.00$ m、$Y = 503.00$ m，瞄准后视点 B 再选择"OK"选项，顺时针旋转照准部瞄准另一个学生拿着的棱镜在圆上移动至 dHA 为 0°00′00″即可。

(6) 同理，可得 Q 点。

(7) 在草稿纸上计算直线 PQ 的直线距离，$PQ = \sqrt{(503-503)^2+(506-503)^2}$ m $= 3$ m，将数值填入对应的表格，然后用钢尺量实际 PQ 距离，核对是否在误差范围内。

鉴定工作页

地区：_____　姓名：_____　准考证号：_____　单位名称：_____

(1) 考核说明：本题分值 100 分，权重 50%。

(2) 考核时间：20 min。

(3) 考核要求。

①如图 3-3-4 所示，根据考评员给定的控制点 A、B 和放样点 P、Q，使用全站仪完成 P、

Q 两点坐标放样。

②计算 PQ 水平距离理论值。

③完成表 3-3-4 的记录。

(4)否定项说明:若考生发生下列情况之一,则应及时终止其考试,考生该试题成绩记为 0 分。

①考生不服从考评员安排。

②操作过程中出现野蛮操作等严重违规操作。

③造成人身伤害或设备人为损坏。

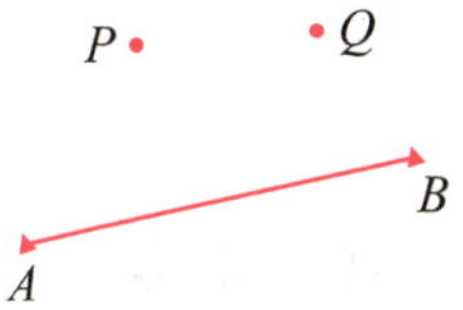

图 3-3-4 实例示意图

表 3-3-4 公路中线坐标放样操作考核记录表

准考证号:_____ 仪器型号:_____ 天气:_____ 开始时间:_____ 结束时间:_____

控制点坐标(考评员给定、考生填写)		
点号	X/m	Y/m
A		
B		
放样点坐标(考评员给定、考生填写)		
点号	X/m	Y/m
P		
Q		
PQ 水平距离理论值:_____ m(考生填写)		
PQ 水平距离实测值:_____ m(考评员填写)		
偏差值:_____ m(考评员填写)		

评分标准

评分标准

技能拓展

(1)已知测站点 $A(500.00,500.00)$、后视点 $B(510.00,510.00)$,放样点 $P(515.00,530.00)$、$Q(505.00,520.00)$,试求 PQ 的直线距离。

(2)测设点的平面位置有哪些方法?各适用于什么范围?

参考答案

任务三　全站仪放样点的平面位置

 **知识储备**

全站仪放样点的平面位置

一、全站仪的操作

（一）角度测量前的准备工作

1. 电池的安装

（1）把电池盒底部的导块插入装电池的导孔(测量前电池需充足电)。

（2）按电池盒的顶部至听到"咔嚓"响声。

（3）向下按解锁钮，取出电池。

2. 仪器的安置

（1）在实验场地上选择一点作为测站点，选择另外两点作为观测点。

（2）将全站仪安置于测站点，对中，整平。

（3）在两观测点分别安置棱镜。

3. 竖直度盘和水平度盘指标的设置

（1）竖直度盘指标设置。

松开竖直度盘制动螺旋，将望远镜纵转一周(望远镜处于盘左，当物镜穿过水平面时)，竖直度盘指标即已设置，随即听见一声鸣响，同时显示竖直角。

（2）水平度盘指标设置。

松开水平制动螺旋，旋转照准部360°，水平度盘指标即自动设置，随即一声鸣响，同时显示水平角。至此，竖直度盘和水平度盘指标已设置完毕。注意，每次打开仪器电源时，必须重新设置竖直度盘和水平度盘指标。

4. 调焦与照准目标

操作步骤与一般经纬仪相同，注意消除视差。

（二）距离测量前的准备工作

1. 设置棱镜常数

测距前需将棱镜常数输入仪器中，仪器会自动对所测距离进行改正。

2. 设置大气改正值或气温值、气压值

光在大气中的传播速度会随大气的温度和气压而变化，15℃和760 mmHg是仪器设置的标准值，此时的大气改正值为0 ppm[①]。实测时，可输入气温值和气压值，全站仪会自动计算大气改正值(也可直接输入大气改正值)，并对测距结果进行改正。

3. 测量仪器、棱镜高度

测量仪器高度、棱镜高度并输入全站仪。

二、使用的误区

有学生反馈说全站仪存在测距不准(几十米的距离居然相差1 cm)、误差大等问题，但是经认真检测后又一点问题都没有。其实，这并不是全站仪的问题，而是使用方法不当造成的。

学生常犯的一些错误，主要是全站仪使用方法以及校正方法不正确，现将常见错误列出，操作时注意规避。

(1) 在坐标测量时为什么无法设置方位角？

答：请先确认全站仪是否完全整平，全站仪在没有完全整平(即出现"补偿超限")的情况下，是不能设置方位角的，这是程序对全站仪的保护机制。因为即使设置了方位角，全站仪测得的数据也是不准确的，这个保护机制可以避免出现不必要的错误。

处理方法：精确整平全站仪后再进行设置。

(2) 在野外 i 角不准了，是否可以用检测水准仪的方法来检测全站仪？

答：用校正水准仪 i 角的方法来校正全站仪 i 角是不行的。如果用校正水准仪十字丝的方法来校正全站仪十字丝，那么这台全站仪将不能正常使用。一旦动了全站仪的十字丝，这台全站仪的三轴(三轴包括发射轴、接收轴、视准轴)必须重调。这是因为全站仪的三轴不共轴，会出现照准棱镜中心不测距的故障。

处理方法：如果有条件，最好能在校正台上精平全站仪后进行 i 角校正。如果在野外，首先精平全站仪，然后可以找到一个远处固定物(如楼房上的天线或者避雷针等)，也可以进行 i 角校正。

(3) 为什么全站仪测量出来的距离比用尺子量的距离短(长)？

答：其实用这种方法判断全站仪测距有问题，是不科学的。因为用尺子量，一是可能存在尺子误差，二是可能存在人为误差，例如用尺子量100 m可能相差几毫米甚至几厘米。全站仪的精度是2+2 ppm，即测量1 000 m的误差为4 mm。因此，不能以尺子量的距离长或短来衡量全站仪所测的距离。

处理方法如下：

---

① 通常情况下，1 ppm = 10^{-6}。

①将全站仪拿到仪器鉴定中心通过基线来校正;

②找另外一台全站仪(所有指标均合格)使用比测的方法来对全站仪进行调整;

③在野外时,没有其他全站仪的情况下,可以通过以下方法检测。首先选一平坦场地在 A 点安置并整平全站仪,用竖丝仔细在地面标定同一直线上间隔约 50 m 的 A、B 点和 B、C 点,并准确对中地安置反射棱镜。然后在全站仪设置温度与气压数据,精确测出 AB、AC 的平距。再在 B 点安置全站仪并准确对中,精确测出 BC 的平距。由以上数据可以得出全站仪测距常数:$K=AC-(AB+BC)$,K 值应接近或等于 0,若 | K | >5 mm,则需要进行校正;校正的方法如下:经严格检验证实仪器常数 K 不接近或不等于 0,用户如果需要进行校正,则将仪器加常数按综合常数 K 值进行设置。

注意事项如下:

①应使用仪器的竖丝进行定向,严格使 A、B、C 三点在同一直线上。B 点地面要有牢固清晰的对中标记;

②B 点棱镜中心与仪器中心重合一致,是保证检测精度的重要环节。因此,最好在 B 点使用三脚架和两者能通用的基座。如在用三爪式棱镜连接器及基座互换时,三脚架和基座保持固定不动,仅换棱镜和仪器基座以上部分,可减小不重合误差。

三、全站仪的测量模式

(一) 角度测量

(1)首先,从显示屏上确定仪器是否处于角度测量模式。如果不是,则按操作转换为角度测量模式。

(2)盘左瞄准左目标点 A,按置零键,使水平度盘读数显示为 $0°00'00''$,顺时针旋转照准部,瞄准右目标点 B,读取显示读数。

(3)同样方法可以进行盘右观测。

(4)如果需要测量竖直角,可在读取水平度盘的同时读取竖直度盘的显示读数。

(二) 水平角测量

(1)按角度测量键,使全站仪处于角度测量模式,照准第一个目标点 A。

(2)设置目标点 A 方向的水平度盘读数为 $0°00'00''$。

(3)照准第二个目标点 B,此时显示的水平度盘读数即两方向的水平夹角。

(三) 距离测量

照准目标棱镜中心,按测距键,开始测量距离,测距完成时显示斜距、平距、高差,其中"HD"为水平距离,"VD"为倾斜距离。

全站仪的测距模式有精测模式、跟踪模式和粗测模式三种。精测模式是最常用的测距模式，测量时间约 2.5 s，最小显示为 1 mm；跟踪模式常用于跟踪移动目标或放样时连续测距，最小显示一般为 1 cm，每次测距时间约 0.3 s；粗测模式的测量时间约 0.7 s，最小显示为 1 cm 或 1 mm。在距离测量或坐标测量时，可按测距模式(MODE)键选择不同的测距模式。

注意，有些型号的全站仪在距离测量时不能设定仪器高度和棱镜高度，显示的高差值是全站仪横轴中心与棱镜中心的高差。

(四) 坐标测量

(1) 设定测站点的三维坐标。

(2) 设定后视点的坐标或设定后视方向的水平度盘读数为其方位角。当设定后视点的坐标时，全站仪会自动计算后视方向的方位角，并设定后视方向的水平度盘读数为其方位角。

(3) 设置棱镜常数。

(4) 设置大气改正值或气温值、气压值。

(5) 测量仪器和棱镜高度并输入全站仪。

(6) 照准目标棱镜，按坐标测量键，全站仪开始测距并计算显示观测点的三维坐标。

四、全站仪坐标放样步骤

下面以 RTS902 型全站仪为例，介绍全站仪坐标放样的具体步骤。

(一) 原理操作

(1) 选取两个已知点，一个作为测站点，另外一个为后视点，并明确标注。

(2) 取出全站仪，将仪器架于测站点，进行对中整平后量取仪器高度。

(3) 将棱镜置于后视点，转动全站仪，使全站仪十字丝中心对准棱镜中心。

(4) 进入坐标放样界面，开启全站仪，选择"程序"选项进入程序界面，选择"坐标放样"选项，设置测站点名，输入测站点坐标及高程，按确定键进入"设置方向角"界面，再按确认键进入全站仪对准棱镜中心，输入后视点坐标及高程，设置后视点界面和后视点名，按确定键弹出设置方向值界面并选择"是"，设置完毕。

(5) 进入设置放样点界面，首先输入仪器高度选择"确定"选项，再输入放样点名，按确认键输入放样点坐标及高程，最后输入棱镜高度，此时放样点参数设置结束。将项参数调至零，并在放样界面选择"角度"选项进行角度调整。转动全站仪水平制动螺旋，然后指挥持棱镜者将棱镜立于全站仪正对的地方，调节全站仪垂直制动螺旋及垂直微动螺旋使全站仪十字丝居于棱镜中心。此时，棱镜位于全站仪与放样点的方向距离值为负，则棱镜需要向远离全站仪的方向移动，进入距离调整模式，当方向距离值为零时，棱镜所处的位置即为放样点。将该点向靠近全站仪的方向移动，直至 dHD 标记，第一个放样点放样结束。进入下一个放样点的设置并进行放样，直至所有放样点放样结束。

（6）退出程序后关机，收好仪器装箱，放样工作结束。

（二）界面操作

（1）打开电源开关，转动望远镜。

（2）按主菜单键(MENU)。

（3）按 F1 键放样。

（4）按 F4 键确认。

（5）按 F1 键进行测站点设置。

（6）按 F3 键(NZE)。

（7）按 F1 键，先输入测站点的 X 坐标，按 F4 键确认，再按 F1 键输入 Y 坐标。

（8）按 3 次 F4 键确认。

（9）按 F2 键进行后视点设置。

（10）按 F3 键(NE)。

（11）按 F1 键，先输入后视点的 X 坐标，按 F4 键确认，再按 F1 键输入 Y 坐标。

（12）按 2 次 F4 键确认，(对准棱镜对点)按 F3(是)键。

（13）按 F3 键放样。

（14）按 F3 键(NEZ)。

（15）按 F1 键，先输入放样点的 X 坐标，按 F4 键确认，再按 F1 键输入 Y 坐标。

（16）按 3 次 F4 键确认。

（17）按 F1 键。

（18）转动水平度盘使水平角接近 00，旋紧启动微调，将水平角 dHR 设为 $0°00'0″$，然后对准方向棱镜。

（19）按 F1 键测距离，当 dHD 为 0.000 时，表示方向距离正确(负数往后，正数往前)，注：再下点按 F4 键。

（20）输入错误时按 Esc 键。

▎▎ 技能指导

职业技能鉴定题目：

用全站仪根据已知测站点 A(500.00，500.00)、后视点 B(510.00，510.00)，测设一个四边形 $CDEF$，其坐标为 C(510.00，515.00)、D(530.00，515.00)、E(530.00，545.00)、F(510.00，545.00)。

职业技能指导：

已知测站点 A(500.00，500.00)、后视点 B(510.00，510.00)，用全站仪测设一个四边形

$CDEF$，使 C 点坐标为(510.00，515.00)、D 点坐标为(530.00，515.00)、E 点坐标为(530.00，545.00)、F 点坐标为(510.00，545.00)。

操作步骤如下。

(1) 在草稿纸上计算直线 AC 的距离，$AC=\sqrt{(510-500)^2+(510-500)^2}$ m = 14.14 m。

(2) 以 A 点为圆心，用钢尺量出 14.14 m 的长度，以 14.14 m 为半径画圆。

(3) 在 A 点架设全站仪，对中整平仪器后开机。

(4) 依次选择"测量""放样""测站定向""测站坐标"对应选项，输入测站点 A 的坐标 $X=500.00$ m、$Y=500.00$ m，选择"OK"选项。然后选择"后视"选项，输入后视点 B 的坐标 $X=510.00$ m、$Y=510.00$ m，顺时针旋转照准部瞄准后视点 B，选择"OK"选项。

(5) 点击"放样测量"选项，输入 C 点坐标 $X=510.00$ m、$Y=515.00$ m，瞄准后视点 B 再选择"OK"选项，顺时针旋转照准部瞄准另一个学生拿着的棱镜，在圆上移动至 dHA 为 0°00′00″即可。

(6) 同理，可得 D、E、F 点。

鉴定工作页

地区：_____ 姓名：_____ 准考证号：_____ 单位名称：_____

(1) 考核说明：本题分值 100 分，权重 30%。

(2) 考核时间：40 min。

(3) 考核要求：用全站仪根据已知测站点 A(500.00，500.00)，后视点 B(510.00，510.00)，测设一个四边形 $CDEF$，其坐标为 C(510.00，515.00)、D(530.00，515.00)、E(530.00，545.00)、F(510.00，545.00)。

评分标准

评分标准

技能拓展

(1) RTS902 型全站仪的基本操作程序有哪些？

(2) 试分析全站仪的测距误差和测角误差。

参考答案

任务四　全站仪闭合导线测量及平差计算

知识储备

知识点一　导线测量概述

导线测量是平面控制测量的一种方法。所谓导线是由测区内选定的控制点组成的连续折线，如图3-3-5所示。折线的转折点 A、B、C、E、F 称为导线点；转折边 D_{AB}、D_{BC}、D_{CE}、D_{EF} 称为导线边；水平角 β_B、β_C、β_E 称为转折角，其中，β_B、β_E 在导线前进方向的左侧，称为左角，β_C 在导线前进方向的右侧，称为右角；α_{AB} 称为起始边 D_{AB} 的方位角。导线测量主要是测定导线边长及其转折角，然后根据起始点的已知坐标和起始边的方位角，计算各导线点的坐标。

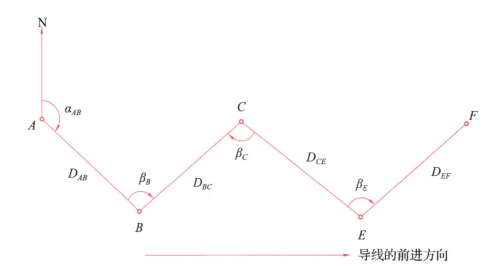

图 3-3-5　导线示意图

一、导线的形式

根据测区的情况和要求，导线可以布置成以下几种常用形式。

（一）闭合导线

如图3-3-6(a)所示，闭合导线是指由某一高级控制点出发最后又回到该点，组成一个闭合多边形的导线，它适用于面积较宽阔的、独立地区的测图控制。

（二）附合导线

如图3-3-6(b)所示，附合导线是指自某一高级控制点出发最后附合到另一高级控制点上的导线,它适用于带状地区的测图控制。此外,也广泛用于公路、铁路、管道、河道等工程的勘测与施工控制点的建立。

(三)支导线

如图3-3-6(c)所示,支导线是指从一控制点出发,既不闭合也不附合到另一控制点上的单一导线。这种导线没有已知点进行校核,错误不易发现,因此导线的点数不得超过2~3个,一般只限于在地形测量的图根导线中采用。

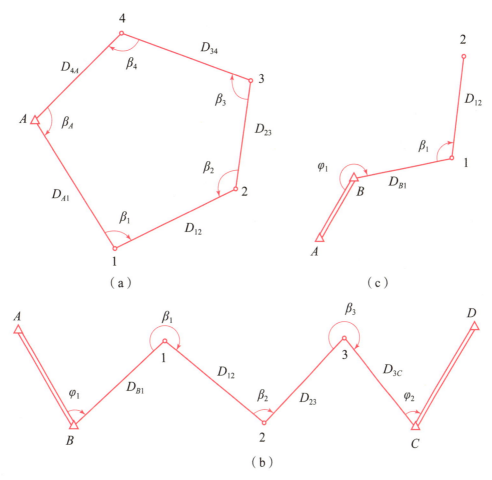

图 3-3-6　导线的布置形式示意图

(a)闭合导线;(b)附合导线;(c)支导线

二、导线的等级

除国家精密导线外,在公路工程测量中,根据测区范围和精度要求,导线测量可分为三等、四等、一级、二级和三级5个等级。各等级导线测量的技术要求见表3-3-5。

表 3-3-5　导线测量的技术要求

等级	导线长度/km	平均边长/km	测距中误差/mm	测角中误差/(")	测距相对中误差	导线全长相对闭合差	方位角闭合差/(")	测回数 0.5"级仪器	1"级仪器	2"级仪器	6"级仪器
三等	14	3	20	1.8	1/150 000	1/55 000	$\pm 3.6\sqrt{n}$	4	6	10	—
四等	9	1.5	18	2.5	1/80 000	1/35 000	$\pm 5\sqrt{n}$	2	4	6	—
一级	4	0.5	15	5	1/30 000	1/15 000	$\pm 10\sqrt{n}$	—	—	2	4
二级	2.4	0.25	15	8	1/14 000	1/10 000	$\pm 16\sqrt{n}$	—	—	1	3
三级	1.2	0.1	15	12	1/7 000	1/5 000	$\pm 24\sqrt{n}$	—	—	1	2

图根导线测量的主要技术要求不应超过表 3-3-6 限差规定。

表 3-3-6　图根导线测量的主要技术要求

导线长度/m	导线全长相对闭合差	测角中误差/(") 首级控制	加密控制	方位角闭合差/(") 首级控制	加密控制
$\leqslant aM$	$\leqslant 1/(2\ 000a)$	20	30	$40\sqrt{n}$	$60\sqrt{n}$

注：1. a 为比例系数，取值宜为 1，当采用 1∶500、1∶1 000 比例尺测图时，a 值可为 1~2 选用；
　　2. M 为测图比例尺的分母，但对于工矿区现状图测量，不论测图比例尺大小，M 取值均应为 500；
　　3. 施测困难地区导线相对闭合差，不应大于 $1/(1\ 000a)$。

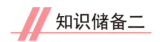 知识储备二

导线测量的外业工作

导线测量的工作分外业和内业。外业工作一般包括选点、测角和量边；内业工作是根据外业的观测成果经过计算，最后求得各导线点的平面直角坐标。本节要介绍的是外业中的几项工作。

一、选点

导线点位置的选择，除了满足导线的等级、用途及工程的特殊要求外，选点前应进行实地踏勘，根据地形情况和已有控制点的分布等确定布点方案，并在实地选定位置。在实地选点时的注意事项如下。

（1）导线点应选在地势较高、视野开阔的地点，便于施测周围地形。

（2）相邻两导线点间要互相通视，便于测量水平角。

（3）导线应沿平坦、土质坚实的地面设置，以便于丈量距离。

（4）导线边长要选得大致相等，相邻边长不应差距过大。

（5）导线点位置需要能安置仪器，便于保存。

（6）导线点应尽量靠近路线位置。

导线点位置选好后要在地面上标定下来，一般方法是打一木桩并在桩顶中心钉一小铁钉。对于需要长期保存的导线点，则应埋入石桩或混凝土桩，桩顶刻凿十字或浇入具有十字的钢筋作标志。

为了便于日后寻找使用，最好将重要的导线点及其附近的地物绘成草图，注明尺寸。

二、测角

导线的水平角即转折角，是用经纬仪或全站仪按测回法进行观测的。在导线点上可以测量导线前进方向的左角或右角。一般在附合导线中测量导线的左角，在闭合导线中均测内角。当导线与高级点连接时，需要测出各连接角，如图 3-3-6（b）中的 φ_1、φ_2 角。如果是在没有高级点的独立地区布设导线时，需要测出起始边的方位角以确定导线的方向，或假定起始边方位角。

三、量距

导线采用普通钢尺丈量导线边长或用全站仪进行导线边长测量。

知识点二　导线测量的内业计算

导线测量的最终目的是要获得各导线点的平面直角坐标，因此外业工作结束后就要进行内业计算，以求得导线点的坐标。

一、坐标计算的基本公式

（1）根据已知点的坐标及已知边长和方位角计算未知点的坐标，即坐标的正算。

如图 3-3-7 所示，设 A 点为已知点，B 点为未知点，当 A 点的坐标 $(X_A，Y_A)$ 和边长 D_{AB}、方位角 α_{AB} 均已知时，可求得 B 点的坐标 $(X_B，Y_B)$ 为

$$X_B = X_A + \Delta X_{AB}$$
$$Y_B = Y_A + \Delta Y_{AB} \qquad (3\text{-}3\text{-}1)$$

其中，坐标增量的计算公式为

$$\Delta X_{AB} = D_{AB} \cdot \cos \alpha_{AB}$$
$$\Delta Y_{AB} = D_{AB} \cdot \sin \alpha_{AB} \qquad (3\text{-}3\text{-}2)$$

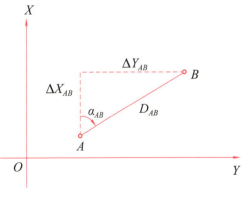

图 3-3-7　导线坐标计算示意图

式（3-3-2）中，ΔX_{AB}、ΔY_{AB} 的正负号应根据 $\cos \alpha_{AB}$、$\sin\alpha_{AB}$ 的正负号决定，式（3-3-1）又可写成

$$X_B = X_A + D_{AB} \cdot \cos \alpha_{AB}$$
$$Y_B = Y_A + D_{AB} \cdot \sin \alpha_{AB} \qquad (3\text{-}3\text{-}3)$$

（2）由两个已知点的坐标反算其方位角和边长，即坐标的反算。

如图 3-3-7 所示，若设 A、B 为两个已知点，其坐标分别为 $(X_A，Y_A)$ 和 $(X_B，Y_B)$，则可得

$$\tan \alpha_{AB} = \frac{\Delta Y_{AB}}{\Delta X_{AB}} \qquad (3-3-4)$$

$$D_{AB} = \frac{\Delta Y_{AB}}{\sin \alpha_{AB}} = \frac{\Delta X_{AB}}{\cos \alpha_{AB}} \qquad (3-3-5)$$

或 $$D_{AB} = \sqrt{(\Delta X_{AB})^2 + (\Delta Y_{AB})^2} \qquad (3-3-6)$$

式中，$\Delta X_{AB} = X_B - X_A$；$\Delta Y_{AB} = Y_B - Y_A$。

由式(3-3-4)可求得 α_{AB}。α_{AB} 求得后，又可由式(3-3-5)或式(3-3-6)计算出两个 D_{AB}，并作相互校核。如果仅尾数略有差异，就取中数作为最后的结果。

注意，按式(3-3-4)计算出来的方位角是有正负号的，因此还应按坐标增量 ΔX 和 ΔY 的正负号最后确定 AB 边的方位角，即若按式(3-3-4)计算的方位角为

$$\alpha' = \arctan \frac{\Delta Y}{\Delta X} \qquad (3-3-7)$$

则 AB 边的方位角 α_{AB} 应为

在第 I 象限，即当 $\Delta X>0$、$\Delta Y>0$ 时，$\alpha_{AB} = \alpha'$。

在第 II 象限，即当 $\Delta X<0$、$\Delta Y>0$ 时，$\alpha_{AB} = 180°-\alpha'$。

在第 III 象限，即当 $\Delta X<0$、$\Delta Y<0$ 时，$\alpha_{AB} = 180°+\alpha'$。

在第 IV 象限，即当 $\Delta X>0$、$\Delta Y<0$ 时，$\alpha_{AB} = 360°-\alpha'$。

即当 $\Delta X>0$ 时，应给 α' 加 360°；当 $\Delta X<0$ 时，应给 α' 加 180°。α_{AB} 才是所求 AB 边的方位角。

二、方位角的推算

为了计算导线点的坐标，首先应推算出导线各边的方位角。如果导线和国家控制点或测区的高级点进行了连接，则导线各边的方位角由已知边的方位角来推算；如果测区附近没有高级控制点可以连接（称为独立测区），则需要测量起始边的方位角，再以此观测方位角而推算导线各边的方位角。

如图 3-3-8 所示，设 A、B、C 为导线点，AB 边的方位角 α_{AB} 为已知，现在通过导线点 B 的左角 $\beta_{左}$ 来推算 BC 边的方位角 α_{BC}。

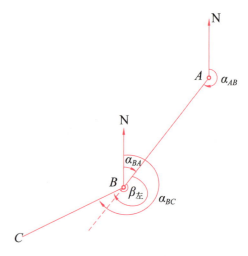

图 3-3-8　方位角推算示意图

由正反方位角的关系，可知 $\alpha_{BA} = \alpha_{AB} - 180°$，则从图 3-3-8 中可以看出

$$\alpha_{BC} = \alpha_{BA} + \beta_{左} = \alpha_{AB} - 180° + \beta_{左} \tag{3-3-8}$$

根据方位角不大于 360°的定义，当用式（3-3-8）计算出的方位角大于 360°时，则减去 360° 即可。

当用右角 $\beta_{右}$ 推算方位角时，如图 3-3-9 所示，$\alpha_{BA} = \alpha_{AB} + 180°$，则从图 3-3-9 中可以看出

$$\alpha_{BC} = \alpha_{AB} + 180° - \beta_{右} \tag{3-3-9}$$

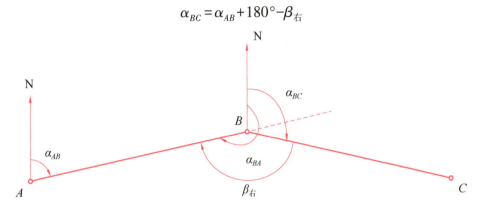

图 3-3-9　方位角推算示意

用式（3-3-9）计算 α_{BC} 时，如果 $\alpha_{AB} + 180°$ 后仍小于 $\beta_{右}$，则应加 360°后再减 $\beta_{右}$。

根据上述推导，得到导线边方位角的一般推算公式为

$$\alpha_{前} = \alpha_{后} \pm 180° \begin{cases} +\beta_{左} \\ -\beta_{右} \end{cases} \tag{3-3-10}$$

式中，$\alpha_{前}$、$\alpha_{后}$ 分别为导线点的前边方位角和后边方位角。

如图 3-3-10 所示，以导线的前进方向为参考，导线点 B 的后边是 AB 边，其方位角为 $\alpha_{后}$；前边是 BC 边，其方位角为 $\alpha_{前}$。

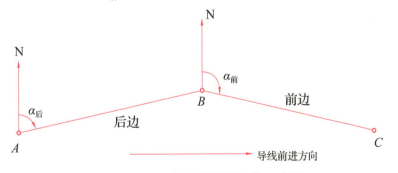

图 3-3-10　方位角推算标准示意图

180°前的正负号取用是，当 $\alpha_{后} < 180°$ 时，用"+"号；当 $\alpha_{后} > 180°$时，用"-"号。导线的转折角是左角（$\beta_{左}$）加上，右角（$\beta_{右}$）减去。

三、闭合导线的坐标计算

（一）角度闭合差的计算与调整

闭合导线从几何上看是多边形，如图 3-3-11 所示。其内角和在理论上应满足

$$\sum\beta_{理}=(n-2)\cdot180°$$

但由于测角时不可避免地存在误差，实测的内角之和不等于理论值，这样就产生了角度闭合差，以 f_{β} 来表示，则

$$f_{\beta}=\sum\beta_{测}-\sum\beta_{理}$$

或　　　　　$f_{\beta}=\sum\beta_{测}-(n-2)\cdot180°$ 　　(3-3-11)

式中，n 为闭合导线的转折角数；$\sum\beta_{测}$ 为观测角的总和。

算出角度闭合差后，如果 f_{β} 值不超过允许误差的限度(角度闭合差允许值 $f_{\beta允}$ 见表3-3-5、表3-3-6)，说明角度观测符合要求，即可进行角度闭合差调整，使调整后的值满足理论上的要求。

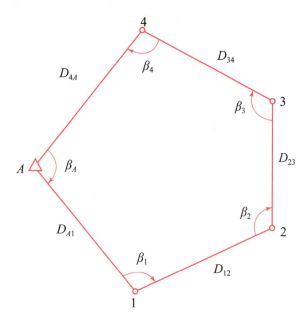

图 3-3-11 闭合导线示意图

由于导线的各内角是采用相同的仪器和方法、在相同的条件下观测的，所以对于每个角度，可以认为它们产生的误差大致相同。因此，在调整角度闭合差时，可将闭合差按相反的符号平均分配给每个观测内角。设以 $V_{\beta i}$ 表示各观测角的改正数，$\beta_{测i}$ 表示观测角，β_i 表示改正后的角值，则

$$V_{\beta i}=-\frac{f_{\beta}}{n}\qquad\qquad(3-3-12)$$

$$\beta_i=\beta_{测i}+V_{\beta i}\quad(i=1,2,\cdots\cdots,n)$$

当式(3-3-12)不能整除时，可将余数凑整到导线中短边的相邻角上，这是因为在短边测角时仪器对中、照准所引起的误差较大。

各内角的改正数之和应等于角度闭合差，但符号相反，即 $\sum V_{\beta}=-f_{\beta}$。改正后的各内角值之和应等于理论值，即 $\sum\beta_i=(n-2)\cdot180°$。

例如，某图根导线是一个四边形闭合导线。4 个内角的观测值总和 $\sum\beta_{测}=359°59'14''$。

由多边形内角和公式计算可知

$$\sum\beta_{理}=(4-2)\times180°=360°$$

则角度闭合差为

$$f_{\beta}=\sum\beta_{测}-\sum\beta_{理}=-46''$$

由表 3-3-6 可知，图根导线作为测区的首级控制网时，要求允许的角度闭合误差为

$$f_{\beta允}=\pm40''\sqrt{n}=\pm40''\sqrt{4}=\pm1'20''$$

则 f_{β} 在允许误差范围内，可以进行角度闭合差调整。

按照式(3-3-12)得，各角的改正数为

$$V_{\beta i}=-\frac{f_{\beta}}{n}=\frac{-46''}{4}=+11.5''$$

由于不是整秒，所以分配时每个角平均分配+11″，短边角的改正数为+12″。改正后的各内

角值之和应等于360°。

(二) 方位角推算

根据起始边的方位角 α_{AB} 及改正后(调整后)的内角值 β_i，按式(3-3-10)依次推算各边的方位角。

(三) 坐标增量的计算

以图3-3-7为例，在平面直角坐标系中，A、B 两点坐标分别为 $A(X_A，Y_A)$ 和 $B(X_B，Y_B)$，它们相应的坐标差称为坐标增量，分别以 ΔX 和 ΔY 表示，从图3-3-7中可以看出

$$X_B - X_A = \Delta X_{AB}$$
$$Y_B - Y_A = \Delta Y_{AB}$$

或

$$X_B = X_A + \Delta X_{AB}$$
$$Y_B = Y_A + \Delta Y_{AB} \tag{3-3-13}$$

导线边 AB 的距离为 D_{AB}，其方位角为 α_{AB}，则

$$\Delta X_{AB} = D_{AB} \cdot \cos \alpha_{AB}$$
$$\Delta Y_{AB} = D_{AB} \cdot \sin \alpha_{AB} \tag{3-3-14}$$

ΔX_{AB}、ΔY_{AB} 的正负号从图3-3-7中可以看出，当导线边 AB 位于不同的象限，其 X、Y 坐标增量的符号也不同。即当 α_{AB} 在第一象限 (0° ~ 90°)时，ΔX、ΔY 的符号均为正，α_{AB} 在第二象限(90° ~ 180°)时，ΔX 为负、ΔY 为正；当 α_{AB} 在第三象限(180° ~ 270°)时，两者的符号均为负；当 α_{AB} 在第四象限(270° ~ 360°)时，ΔX 为正、ΔY 为负。

(四)坐标增量闭合差的计算与调整

1. 坐标增量闭合差的计算

从理论上讲，闭合多边形各边在 X 轴上的投影，其+ΔX 的总和与-ΔX 的总和应相等，即各边 X 轴坐标增量的代数和应等于0；同样，在 Y 轴上的投影，其+ΔY 的总和与-ΔY 的总和也应相等，即各边 Y 轴坐标增量的代数和也应等于0。即闭合导线的 X、Y 轴坐标增量之和在理论上应满足下列关系

$$\sum \Delta X_{理} = 0$$
$$\sum \Delta Y_{理} = 0 \tag{3-3-15}$$

但由于测角和量距都不可避免地存在误差，因此根据观测结果计算的 $\sum \Delta X_{算}$、$\sum \Delta Y_{算}$ 都不等于0，而等于某一个数值 f_X 和 f_Y，即

$$\sum \Delta X_{算} = f_X$$
$$\sum \Delta Y_{算} = f_Y \tag{3-3-16}$$

式中，f_X 为 X 轴坐标增量闭合差；f_Y 为 Y 轴坐标增量闭合差。

$$f_D = \sqrt{f_X^2 + f_Y^2} \tag{3-3-17}$$

式中，f_D 为导线全长闭合差。

2. 导线精度的衡量

导线全长闭合差 f_D 的产生，是由于测角和量距中有误差存在，因此一般用它来衡量导线的观测精度。但导线全长闭合差是一个绝对闭合差，且导线越长，所量的边数与所测的转折角数越多，影响导线全长闭合差的值也越大。因此，采用导线全长相对闭合差来衡量导线的精度。设导线的总长为 $\sum D$，则导线全长相对闭合差 K 为

$$K = \frac{f_D}{\sum D} = \frac{1}{\sum D / f_D} \tag{3-3-18}$$

式中，若 $K \leq K_允$ 则表明导线的精度符合要求，否则应查明原因并进行补测或重测。

导线全长相对闭合差允许值 $K_允$ 见表 3-3-5、表 3-3-6。

3. 坐标增量闭合差的调整

如果导线的精度符合要求，即可将坐标增量闭合差进行调整，使改正后的坐标增量满足理论上的要求。由于是等精度观测，所以增量闭合差的调整原则是将它们以相反的符号按与边长成正比例分配在各边的坐标增量中。设 $V_{\Delta X_i}$、$V_{\Delta Y_i}$ 分别为 X、Y 轴坐标增量的改正数，即

$$V_{\Delta X_i} = -\frac{f_X}{\sum D} D_i$$
$$V_{\Delta Y_i} = -\frac{f_Y}{\sum D} D_i \tag{3-3-19}$$

式中，$\sum D$ 为导线边长总和；D_i 为导线某边长（$i = 1, 2, \cdots\cdots, n$）。

所有坐标增量改正数的总和，其数值应等于坐标增量闭合差，而符号相反，即

$$\sum V_{\Delta X} = V_{\Delta X_1} + V_{\Delta X_2} + \cdots\cdots + V_{\Delta X_n} = -f_X$$
$$\sum V_{\Delta Y} = V_{\Delta Y_1} + V_{\Delta Y_2} + \cdots\cdots + V_{\Delta Y_n} = -f_Y \tag{3-3-20}$$

改正后的坐标增量应为

$$\Delta X_i = \Delta X_{算_i} + V_{\Delta X_i}$$
$$\Delta Y_i = \Delta Y_{算_i} + V_{\Delta Y_i} \tag{3-3-21}$$

（五）坐标推算

利用改正后的坐标增量，就可以从导线起点的已知坐标依次推算其他导线点的坐标，即

$$X_i = X_{i-1} + \Delta X_{i-1,i}$$
$$Y_i = Y_{i-1} + \Delta Y_{i-1,i} \tag{3-3-22}$$

表 3-3-7 给出了图根闭合导线计算示例。首先，将已知 A 点坐标 X_A、Y_A 填入表 3-3-7 第 9 栏、第 12 栏第一行，将已知方位角 $\alpha_{A1} = 141°05'21''$ 填入表 3-3-7 第 5 栏第一行，将所有观测角和边长填入第 2 栏和第 6 栏；然后，按照上述步骤进行计算，并将每步计算结果填入表内相应栏目中。注意，计算过程中必须每个步骤检核，只有在一个步骤的检核通过后，才能进行下一个步骤的计算，以保证计算的准确和可靠。

表 3-3-7 闭合导线计算表

点名	观测角 2	改正数 3	改正后角值 4	方位角 5	边长/m 6	X 轴坐标增量 ΔX/m 计算值 7	X 轴坐标增量 ΔX/m 改正后 8	X/m 9	Y 轴坐标增量 ΔY/m 计算值 10	Y 轴坐标增量 ΔY/m 改正后 11	Y/m 12
1								3 405.64			2 644.29
A	116°18′47″	−6″	116°18′41″	141°05′21″	220.98	−3 / −171.95	−171.98	3 233.66	+4 / +138.80	+138.84	2 783.13
1	115°26′06″	−6″	115°26′00″	77°24′02″	145.19	−2 / +31.67	+31.65	3 265.31	+3 / +141.69	+141.72	2 924.85
2″	121°52′22″	−6″	121°52′16″	12°50′02″	160.45	−2 / +156.44	+156.42	3 421.73	+3 / +35.64	+35.67	2 960.52
3″	88°43′39″	−6″	88°43′33″	314°42′18″	218.75	−3 / +153.88	+153.85	3 575.58	+4 / −155.47	−155.43	2 805.09
4″	97°39′35″	−5″	97°39′30″	223°25′51″	233.96	−4 / −169.90	−169.94		+4 / −160.84	−160.80	
A				141°05′21″				3 405.64			2 644.29
1											
Σ	540°00′29″	−29″	540°00′00″		979.33	$f_X=+0.14$	0		$f_Y=-0.18$	0	

草图

角度闭合差及改正计算：

$f_\beta = +29''$

$f_{\beta 允} = \pm 60''\sqrt{n} = \pm 60''\sqrt{5} = \pm 2'14''$

$f_\beta < f_{\beta 允}$

坐标增量闭合差及调整导线相对闭合差之的计算：

$f_D = \sqrt{f_X^2 + f_Y^2} = 0.23 \text{ m}$

$K = \dfrac{f_D}{\sum D} = \dfrac{0.23}{979.33} \approx \dfrac{1}{4\,300}$

$K_允 = \dfrac{1}{2\,000}$

$K < K_允$

⫽ 技能指导

利用全站仪测闭合导线各内角及边长,并推算各边方位角和坐标增量。

职业技能指导:

如图 3-3-12 所示, A、B 为已知点,任选一点 C,三点组成一个闭合导线,其中 A、B 两点坐标为 $A(30.000,40.000)$、$B(40.000,50.000)$,利用全站仪测各内角和边长,测角一个测回,测距往测单次精测。计算角度闭合差并调整,后推算方位角和坐标增量。其中,角度闭合差 $f_{\beta允}=\pm 60\sqrt{n}$,导线全长相对闭合差 $K\leqslant 1/2\ 000$。

现以此实例来说明全站仪测闭合导线各内角、边长的操作方法及推算各边方位角和坐标增量的计算方法。

一、全站仪测闭合导线各内角

(1) 设 A 为测站点,B、C 为观测目标点,$\angle BAC$ 为观测角,如图 3-3-12 所示。

(2) 在 A 点安置全站仪,B、C 点安置棱镜,并对中,整平。

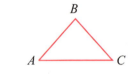

图 3-3-12 闭合导线示意

(3) 盘左位置:先照准左方目标,即后视点 B,读取水平度盘读数为 $a_左=0°02'32''$,并记入闭合导线内角观测手簿中,见表 3-3-8;然后,顺时针转动照准部照准右方目标,即前视点 C,读取水平度盘读数为 $45°02'33''$,并记入观测手簿中,得上半测回角值为

$$\beta_左=b_左-a_左=45°02'33''-0°02'32''=45°00'01''$$

(4) 盘右位置:先照准右方目标,即前视点 C,读取水平度盘读数为 $b_左=135°17'31''$,并记入观测手簿中,再逆时针转动照准部照准左方目标,即后视点 B,读取水平度盘读数为 $a_右=90°17'31''$,并记入观测手簿中,得下半测回角值为

$$\beta_右=b_右-a_左=135°17'31''-90°17'31''=45°00'00''$$

(5) 取上下半测回角值的平均值作为一测回角值,即

$$\beta=\frac{1}{2}(\beta_左+\beta_右)=\frac{1}{2}\times(45°00'01''+45°00'00'')=45°00'00''$$

此一测回角值即观测角 $\angle BAC$ 的角值。

(6) 设 B 为测站点,C、A 为观测目标,重复步骤(1)~步骤(5),测得观测角 $\angle CBA$ 的一测回角值为 $90°00'01''$,并记入观测手簿中。

(7) 设 C 为测站点,A、B 为观测目标,重复步骤(1)~步骤(5),测得观测角 $\angle ACB$ 的一测回角度值为 45°00′01″，并记入观测手簿中。

表 3-3-8　闭合导线内角观测手簿

测站点	目标点	竖盘位置	水平度盘读数	半测回角值	一测回角值
A	C	左	0°02′32″	45°00′01″	45°00′00″
	B		45°02′33″		
	C	右	90°17′31″	45°00′00″	
	B		135°17′31″		
B	A	左	0°02′31″	90°00′02″	90°00′01″
	C		90°02′33″		
	A	右	90°17′30″	90°00′00″	
	C		180°17′30″		
C	B	左	0°02′30″	45°00′00″	45°00′01″
	A		45°02′30″		
	B	右	90°17′30″	45°00′02″	
	A		135°17 32″		

二、全站仪测闭合导线各边长

闭合导线各边长进行往测单次精测。

（1）在 A 点安置全站仪，B 点安置棱镜，并对中，整平。利用全站仪测距功能，测出 AB 边长为 14.143 m。

（2）在 B 点安置全站仪，C 点安置棱镜，并对中，整平，利用全站仪测出 BC 边长为 14.139 m。

（3）在 C 点安置全站仪，A 点安置棱镜，并对中，整平，利用全站仪测出 CA 边长为 20.002 m。

全站仪测闭合导线的各边长可以与测各内角同时进行。

三、推算各边方位角和坐标增量

方位角和坐标增量计算步骤如下。

（1）将全站仪测得的导线各边边长和各内角角值填入表 3-3-9 中第 2 栏和第 6 栏。

（2）角度闭合差的计算与调整。

内角和的理论值为

$$\sum \beta_{理} = (n-2) \times 180° = (3-2) \times 180° = 180°00′00″$$

则角度闭合差为

$$f_\beta = \sum\beta_测 - \sum\beta_理 = 180°00'02'' - 180°00'00'' = +2''$$

此实例闭合导线的角度闭合差允许值为

$$f_{\beta允} = \pm 60''\sqrt{n} = \pm 60''\sqrt{3} = \pm 1'44''$$

若 $f_\beta < f_{\beta允}$，则 f_β 在允许误差范围内，该导线角度观测值符合精度要求，合格。在合格的情况下进行角度闭合差的调整。

各观测角值上的改正数为

$$V_\beta = -\frac{f_\beta}{n} = -\frac{+2''}{3} = -1''$$

计算的改正数，取位至整秒，按照最长边与最短边的夹角角度、两条最短边的夹角角度的分配原则，$\angle A$ 和 $\angle B$ 各分得改正数为 $-1''$，$\angle C$ 分得改正数为 $0''$，填入表 3-3-9 中第 3 栏。

改正后的角值为

$$\beta_A = \beta_{测A} + V_\beta = 45°00'00'' - 1'' = 44°59'59''$$

$$\beta_B = 90°00'01'' - 1'' = 90°00'00''$$

$$\beta_C = 45°00'01'' - 0'' = 45°00'01''$$

改正后的角值分别填入第 4 栏，求出改正角后，应再计算改正角的总和，其值应与理论值 180° 相等，以此作为计算检核。

（3）方位角推算。

已知 $A(30.000, 40.000)$ 和 $B(40.000, 50.000)$，按式（3-3-7）计算 AB 边的方位角 α_{AB} 为

$$\alpha' = \arctan\frac{\Delta Y}{\Delta X} = \arctan\frac{50-40}{40-30} = 45°$$

当 $\Delta X > 0$、$\Delta Y > 0$ 时，则 AB 边的方位角 α_{AB} 在第 Ⅰ 象限，即 $\alpha_{AB} = \alpha' = 45°$，填入表 3-3-9 中第 5 栏第一行。

根据起始边的方位角 α_{AB} 及改正后（调整后）的内角值 β_i，依次推算导线各边的方位角为

$$\alpha_{BC} = \alpha_{AB} + 180° - \beta_右 = 45°00'00'' + 180° - 90°00'00'' = 135°00'00''$$

$$\alpha_{CA} = \alpha_{BC} + 180° - \beta_右 = 135°00'00'' + 180° - 45°00'01'' = 269°59'59''$$

推算出 AB 的方位角后，应再计算 AB 的方位角，核验是否与原来的数值相等，以此作为计算检核条件。

$$\alpha_{AB} = \alpha_{CA} - 180° - \beta_右 = 269°59'59'' - 180° - 44°59'59'' = 45°00'00''（计算无误）$$

推算出导线各边的方位角填入表 3-3-9 中第 5 栏。

（4）坐标增量的计算。

各导线边的坐标增量为

$$\Delta X_{算AB} = D_{AB} \cdot \cos\alpha_{AB} = (14.143 \times \cos 45°00'00'')\ \text{m} = +10.001\ \text{m}$$

$$\Delta Y_{算AB}=D_{AB}\cdot\sin\alpha_{AB}=(14.143\times\sin45°00'00'')\text{ m}=+10.001\text{ m}$$

$$\Delta X_{算BC}=D_{BC}\cdot\cos\alpha_{BC}=(14.139\times\cos135°00'00'')\text{ m}=-9.998\text{ m}$$

$$\Delta Y_{算BC}=D_{BC}\cdot\sin\alpha_{BC}=(14.139\times\sin135°00'00'')\text{ m}=+9.998\text{ m}$$

$$\Delta X_{算CA}=D_{CA}\cdot\cos\alpha_{CA}=(20.002\times\cos269°59'59'')\text{ m}=0.000\text{ m}$$

$$\Delta Y_{算CA}=D_{CA}\cdot\sin\alpha_{CA}=(20.002\times\sin269°59'59'')\text{ m}=-20.002\text{ m}$$

将导线边坐标增量分别填入表 3-3-9 中第 7 栏、第 8 栏。

（5）坐标增量闭合差的计算与调整。

①坐标增量闭合差的计算。

对于闭合导线，各边 X 轴坐标增量总和与 Y 轴坐标增量总和的理论值应等于零，实际上观测值均有误差，因此计算出的 X、Y 轴坐标增量总和不等于 0，即

$$\sum\Delta X_{算}=f_X=(+10.001-0.998+0)\text{ m}=+0.003\text{ m}$$

$$\sum\Delta Y_{算}=f_Y=(+10.001+0.998-20.002)\text{ m}=-0.003\text{ m}$$

导线全长闭合差为

$$f_D=\sqrt{f_X^2+f_Y^2}=\sqrt{(+0.003)^2+(-0.003)^2}\text{ m}=0.004\text{ m}$$

②导线精度的衡量。

导线全长相对闭合差 K 为

$$K=\frac{f_D}{\sum D}=\frac{1}{\sum D/f_D}=\frac{1}{48.284/0.004}=\frac{1}{12\,071}$$

$$K_{允}=\frac{1}{2\,000}$$

式中，若 $K<K_{允}$ 则表明导线的精度符合要求，否则应查明原因并进行补测或重测。

表 3-3-9　闭合导线各边方位角和坐标增量计算表

点名	观测角	改正数	改正后角值	方位角	边长/m	X 轴坐标增量 ΔX/m	Y 轴坐标增量 ΔY/m
1	2	3	4	5	6	7	8
A				45°00′00″	14.143	+10.001	+10.001
B	90°00′01″	−1″	90°00′00″	135°00′00″	14.139	−9.998	+9.998
C	45°00′01″	0″	45°00′01″	269°59′59″	20.002	0.000	−20.002
A	45°00′00″	−1″	44°59′59″	45°00′00″			
B							
求和	180°00′02″	−2″	180°00′00″		48.284	+0.003	−0.003

鉴定工作页

地区：_____ 姓名：_____ 准考证号：_____ 单位名称：_____

(1) 考核说明：本题分值100分，权重30%。

(2) 考核时间：30 min。

(3) 考核要求：完成表3-3-10和表3-3-11的填写，A、B为已知点，任选一点C，三点组成一个闭合导线，其中A、B两点坐标为$A(30.000, 40.000)$、$B(40.000, 50.000)$，利用全站仪测各内角和边长，测角一个测回。计算角度闭合差并调整，后推算方位角和坐标增量。其中，角度闭合差$f \leqslant \pm 60\sqrt{n}$，全长相对闭合差$K \leqslant 1/2\,000$。

表3-3-10　测回法测水平角记录表

测站点	目标点	竖盘位置	水平度盘读数	半测回角值	一测回角值
		左			
		右			

表3-3-11　导线计算表

点名	观测角	改正数	改正后角值	方位角	边长/m	X轴坐标增量 $\Delta X/\mathrm{m}$	Y轴坐标增量 $\Delta Y/\mathrm{m}$
A							
B							
C							
A							
求和							

计算：$f=$_____，$f_D=$_____，$K=$_____。

评分标准

评分标准

技能拓展

（1）小区域控制测量中，导线的布设形式有哪几种？各适用于什么情况？

（2）选择导线点应注意哪些事项？导线的外业工作有哪几项？

（3）什么是坐标正算？什么是坐标反算？坐标反算时方位角如何确定？

（4）某闭合导线，其 Y 轴坐标增量总和为 -0.35 m，X 轴坐标增量总和为 $+0.46$ m，如果导线总长度为 1 216.38 m，试计算导线全长相对闭合差和边长每 100 m 的坐标增量改正数。

（5）已知四边形闭合导线内角的观测值，在表 3-3-12 中分别计算：①角度闭合差；②改正后角度值；③各边的方位角。

表 3-3-12 闭合导线有关计算

点号	角度观测值(左角)	改正数	改正后角值	方位角
1				123°10′21″
2	67°14′12″			
3	54°15′20″			
4	126°15′25″			
1	112°15′23″			
2				
求和				

计算：$\sum \beta =$ _____，$f_{\beta} =$ _____。

参考答案

任务五 闭合导线的平差计算

知识储备

本节闭合导线的平差计算可参考模块三项目三任务四的知识储备。

技能指导

职业技能鉴定题目：

闭合图根导线的已知数据见表3-3-13，方位角闭合差 $f_{\beta允} = \pm60\sqrt{n}$，导线全长相对闭合差为1/2 000，试求 B、C、D 三点的坐标。

职业技能指导：

闭合图根导线的已知数据见表3-3-13(表中加粗字带横线为已知数据)，$X_A = 500.00$ m，$Y_A = 500.00$ m，$\alpha_{AB} = 40°48'00''$，导线各边边长、转折角的实测数据见表3-3-13第2栏和第6栏。方位角闭合差 $f_{\beta允} = \pm60\sqrt{n}$，导线全长相对闭合差为1/2 000，试求 B、C、D 三点的坐标。

现以此实例来说明闭合导线的坐标计算方法，计算步骤如下。

(1) 角度闭合差的计算与调整。

内角和的理论值为

$$\sum\beta_{理} = (n-2)\times180° = (4-2)\times180° = 360°00'00''$$

则角度闭合差为

$$f_\beta = \sum\beta_{测} - \sum\beta_{理} = 359°59'00'' - 360°00'00'' = -60''$$

按图根导线加密控制测量的方位角闭合差(见表3-3-6)允许值为

$$f_{\beta允} = \pm60''\sqrt{n} = \pm60''\sqrt{4} = \pm120''$$

式中若 $f_\beta < f_{\beta允}$，则 f_β 在允许误差范围内，该导线角度观测值符合精度要求，合格。在合格的情况下进行角度闭合差的调整。

各观测角值上的改正数为

$$V_\beta = -\frac{f_\beta}{n} = -\frac{-60''}{4} = +15''$$

改正后角值为

$$\beta_A = \beta_{测A} + V_\beta = 89°36'30'' + 15'' = 89°36'45''$$
$$\beta_B = 89°33'48'' + 15'' = 89°34'03''$$
$$\beta_C = 73°00'12'' + 15'' = 73°00'27''$$
$$\beta_D = 107°48'30'' + 15'' = 107°48'45''$$

改正数和改正后角值分别填入表3-3-13中第3栏、第4栏。求出改正角后，应再计算改正角的总和，其值应与理论值360°相等，以此进行计算检核。

(2) 方位角推算。

根据起始边的方位角 α_{AB} 及改正后(调整后)的内角值 β_i，依次推算导线各边的坐标方位角。

$$\alpha_{BC} = \alpha_{AB} + 180° + \beta_左 = 40°48'00'' + 180° + 89°34'03'' = 310°22'03''$$
$$\alpha_{CD} = \alpha_{BC} - 180° + \beta_左 = 310°22'03'' - 180° + 73°00'27'' = 203°22'30''$$
$$\alpha_{DA} = \alpha_{CD} - 180° + \beta_左 = 203°22'30'' - 180° + 107°48'45'' = 131°11'15''$$

推算出 DA 的方位角后，应再计算 AB 的方位角，核验是否与原来的数值相等，以此进行计算检核条件。

$\alpha_{AB} = \alpha_{DA} + 180° + \beta_{左} = 131°11'15'' + 180° + 89°36'45'' = 40°48'00'' - 360° = 40°48'00''$（计算无误）。

将算出导线各边的方位角填入表3-3-13中第5栏。

（3）坐标增量的计算。

各导线边的坐标增量为

$$\Delta X_{算AB} = D_{AB} \cdot \cos\alpha_{AB} = (78.16 \times \cos40°48'00'')\ m = +59.167\ m$$

$$\Delta Y_{算AB} = D_{AB} \cdot \sin\alpha_{AB} = (78.16 \times \sin40°48'00'')\ m = +51.071\ m$$

$$\Delta X_{算BC} = D_{BC} \cdot \cos\alpha_{BC} = (129.34 \times \cos310°22'03'')\ m = +83.772\ m$$

$$\Delta Y_{算BC} = D_{BC} \cdot \sin\alpha_{BC} = (129.34 \times \sin310°22'03'')\ m = -98.545\ m$$

$$\Delta X_{算CD} = D_{CD} \cdot \cos\alpha_{CD} = (80.18 \times \cos203°22'30'')\ m = -73.599\ m$$

$$\Delta Y_{算CD} = D_{CD} \cdot \sin\alpha_{CD} = (80.18 \times \sin203°22'30'')\ m = -31.811\ m$$

$$\Delta X_{算DA} = D_{DA} \cdot \cos\alpha_{DA} = (105.22 \times \cos131°11'15'')\ m = -69.290\ m$$

$$\Delta Y_{算DA} = D_{DA} \cdot \sin\alpha_{DA} = (105.22 \times \sin131°11'15'')\ m = +79.184\ m$$

将导线边坐标增量填入表3-3-13中第7栏、第10栏。

（4）坐标增量闭合差的计算与调整。

①坐标增量闭合差的计算。

对于闭合导线，各边 X 轴坐标增量总和与 Y 轴坐标增量总和的理论值应等于0，实际上观测值均有误差，因此计算出的坐标增量总和不等于0，即

$$\sum\Delta X_{算} = f_X = (+59.167 + 83.772 - 73.599 - 69.290)\ m = +0.050\ m$$

$$\sum\Delta Y_{算} = f_Y = (+51.071 - 98.545 - 31.811 + 79.184)\ m = -0.101\ m$$

导线全长闭合差为

$$f_D = \sqrt{f_X^2 + f_Y^2} = 0.11\ m$$

②导线精度的衡量。

导线全长相对闭合差 K 为

$$K = \frac{f_D}{\sum D} = \frac{1}{\sum D / f_D} = \frac{1}{392.9/0.11} \approx \frac{1}{3\ 572}$$

$$K_{允} = \frac{1}{2\ 000}$$

式中，若 $K < K_{允}$，则表明导线的精度符合要求，否则应查明原因并进行补测或重测。

③坐标增量闭合差的调整。

经检验 K 值符合要求后，将坐标增量闭合差以相反符号并按与边长成正比的原则，分配到各边的坐标增量中。

各边的坐标增量改正数为

$$V_{\Delta X_{AB}} = -\frac{f_X}{\sum D}D_{AB} = \left(-\frac{+0.050}{392.9} \times 78.16\right)\ m = -0.010\ m$$

$$V_{\Delta Y_{AB}} = -\frac{f_Y}{\sum D}D_{AB} = \left(-\frac{-0.101}{392.9} \times 78.16\right)\ m = +0.020\ m$$

$$V_{\Delta X_{BC}} = -\frac{f_X}{\sum D} D_{BC} = \left(-\frac{+0.050}{392.9} \times 129.34 \right) \text{m} = -0.017 \text{ m}$$

$$V_{\Delta Y_{BC}} = -\frac{f_Y}{\sum D} D_{BC} = \left(-\frac{-0.101}{392.9} \times 129.34 \right) \text{m} = +0.033 \text{ m}$$

$$V_{\Delta X_{CD}} = -\frac{f_X}{\sum D} D_{CD} = \left(-\frac{+0.050}{392.9} \times 80.18 \right) \text{m} = -0.010 \text{ m}$$

$$V_{\Delta Y_{CD}} = -\frac{f_Y}{\sum D} D_{CD} = \left(-\frac{-0.101}{392.9} \times 80.18 \right) \text{m} = +0.021 \text{ m}$$

$$V_{\Delta X_{DA}} = -\frac{f_X}{\sum D} D_{DA} = \left(-\frac{+0.050}{392.9} \times 105.22 \right) \text{m} = -0.013 \text{ m}$$

$$V_{\Delta Y_{DA}} = -\frac{f_Y}{\sum D} D_{DA} = \left(-\frac{-0.101}{392.9} \times 105.22 \right) \text{m} = +0.027 \text{ m}$$

把改正数以米为单位，写在相应坐标增量计算值的上方（表3-3-13中第7栏、第10栏）。

所有坐标增量改正数的总和，其数值应等于坐标增量闭合差，但符号相反，即

$$\sum V_{\Delta X} = V_{\Delta X_{AB}} + V_{\Delta X_{BC}} + V_{\Delta X_{CD}} + V_{\Delta X_{DA}} = (-0.010 - 0.017 - 0.010 - 0.013) \text{ m}$$
$$= -0.050 \text{ m} = -f_X$$

$$\sum V_{\Delta Y} = V_{\Delta Y_{AB}} + V_{\Delta Y_{BC}} + V_{\Delta Y_{CD}} + V_{\Delta Y_{DA}} = (+0.020 + 0.033 + 0.021 + 0.027) \text{ m}$$
$$= +0.101 \text{ m} = -f_Y$$

改正后的坐标增量应为

$$\Delta X_{AB} = \Delta X_{算_{AB}} + V_{\Delta X_{AB}} = (+59.167 - 0.101) \text{ m} = +59.157 \text{ m}$$

$$\Delta Y_{AB} = \Delta Y_{算_{AB}} + V_{\Delta Y_{AB}} = (+51.071 + 0.020) \text{ m} = +51.091 \text{ m}$$

$$\Delta X_{BC} = \Delta X_{算_{BC}} + V_{\Delta X_{BC}} = (+83.772 - 0.017) \text{ m} = +83.755 \text{ m}$$

$$\Delta Y_{BC} = \Delta Y_{算_{BC}} + V_{\Delta Y_{BC}} = (-98.545 + 0.033) \text{ m} = -98.512 \text{ m}$$

$$\Delta X_{CD} = \Delta X_{算_{CD}} + V_{\Delta X_{CD}} = (-73.599 - 0.010) \text{ m} = -73.609 \text{ m}$$

$$\Delta Y_{CD} = \Delta Y_{算_{CD}} + V_{\Delta Y_{CD}} = (-31.811 + 0.021) \text{ m} = -31.790 \text{ m}$$

$$\Delta X_{DA} = \Delta X_{算_{DA}} + V_{\Delta X_{DA}} = (-69.290 - 0.013) \text{ m} = -69.303 \text{ m}$$

$$\Delta Y_{DA} = \Delta Y_{算_{DA}} + V_{\Delta Y_{DA}} = (+79.184 + 0.027) \text{ m} = +79.211 \text{ m}$$

将各边改正后的坐标增量计算结果填入表3-3-13中第8栏、第11栏。

改正后的各边坐标增量的代数和应等于0 m，以此进行计算校核。

（5）坐标推算。

从已知点A开始，根据A点坐标和各边改正后的坐标增量，逐一算出B、C、D各导线点坐标，并填入表3-3-13中第9栏、第12栏。

表3-3-13 闭合导线坐标计算表

点名	观测角	改正数	改正后角值	方位角	边长/m	X轴坐标增量 ΔX/m 计算值	X轴坐标增量 ΔX/m 改正数	X轴坐标 X/m	Y轴坐标增量 ΔY/m 计算值	Y轴坐标增量 ΔY/m 改正数	Y轴坐标 Y/m
1	2	3	4	5	6	7	8	9	10	11	12
A	89°33′48″	+15″	89°34′03″	40°48′00″	78.16	−0.010 / +59.167	+59.157	500.00	+0.020 / +51.071	+51.091	500.00
B	73°00′12″	+15″	73°00′27″	310°22′03″	129.34	−0.017 / +83.772	+83.755	559.157	+0.033 / −98.545	−98.512	551.091
C	107°48′30″	+15″	107°48′45″	203°22′30″	80.18	−0.010 / −73.599	−73.609	642.912	+0.021 / −31.811	−31.790	452.579
D	89°36′30″	+15″	89°36′45″	131°11′15″	105.22	−0.013 / −69.290	−69.303	569.303	+0.027 / +79.184	+79.211	420.789
A				40°48′00″				500.00			500.00
B											
Σ	359°59′00″	+60″	360°00′00″		392.9	+0.050	0.000		−0.101	0.000	

角度闭合差及改正数计算:

$f_\beta = -60''$

$f_{\beta允} = \pm 60''\sqrt{n} = \pm 60''\sqrt{4} = \pm 120''$

$f_\beta < f_{\beta允}$

坐标增量闭合差及调整导线相对闭合差的计算:

$f_D = \sqrt{f_x^2 + f_y^2} = 0.11 \text{ m}$

$K = \dfrac{f_D}{\sum D} = \dfrac{0.11}{392.9} \approx \dfrac{1}{3\,572}$

$K_允 = \dfrac{1}{2\,000}$

$K < K_允$

草图

B 点的坐标为

$$X_B = X_A + \Delta X_{AB} = (500.00 + 59.157)\ \text{m} = 559.157\ \text{m}$$

$$Y_B = Y_A + \Delta Y_{AB} = (500.00 + 51.091)\ \text{m} = 551.091\ \text{m}$$

C 点的坐标为

$$X_C = X_B + \Delta X_{BC} = (559.157 + 83.755)\ \text{m} = 642.912\ \text{m}$$

$$Y_C = Y_B + \Delta Y_{BC} = (551.091 - 98.512)\ \text{m} = 452.579\ \text{m}$$

D 点的坐标为

$$X_D = X_C + \Delta X_{CD} = (642.912 - 73.609)\ \text{m} = 569.303\ \text{m}$$

$$Y_D = Y_C + \Delta Y_{CD} = (452.579 - 31.790)\ \text{m} = 420.789\ \text{m}$$

A 点的坐标为

$$X_A = X_D + \Delta X_{DA} = (569.303 - 69.303)\ \text{m} = 500.00\ \text{m}$$

$$Y_A = Y_D + \Delta Y_{DA} = (420.789 + 79.211)\ \text{m} = 500.00\ \text{m}$$

计算出各点的坐标后，应再计算 A 点，检验是否与 A 点的已知坐标相等，以作检核条件。

▎▎ 鉴定工作页

地区：_____   姓名：_____   准考证号：_____   单位名称：_____

（1）考核说明：本题分值 100 分，权重 40%。

（2）考核时间：40 min。

（3）考核要求：闭合图根导线的已知数据见表 3-3-14，方位角闭合差 $f_容 = \pm 40'' \sqrt{n}$，导线全长相对闭合差 1/2 000，试求 B、C、D 三点的坐标(所测角度均为内角，结果精确到 cm)。

表 3-3-14 闭合图根导线

点名	观测角	改正数	改正后角值	方位角	边长/m	X轴坐标 计	X轴坐标 改	Y轴坐标 计	Y轴坐标 改	Y轴坐标 Y/m
A				40°48′00″	78.16	500.00				500.00
B	89°33′48″				129.34					
C	73°00′12″				80.18					
D	107°48′30″				105.22					
A	89°36′30″									
B										
Σ										

续表

点名	观测角	改正数	改正后角值	方位角	边长/m	X轴坐标计	X轴坐标改	X轴坐标X/m	Y轴坐标计	Y轴坐标改	Y轴坐标Y/m
角度闭合差及改正计算				坐标增量闭合差及调整导线相对闭合差的计算	草图						

评分标准

（评分标准 二维码）

评分标准

技能拓展

完成表3-3-15的填写并写出计算过程。

表3-3-15　闭合导线坐标计算表

点号	角度观测值(右角)	改正后的角度	方位角	水平距离/m	坐标增量/m ΔX	坐标增量/m ΔX	改正后坐标增量/m ΔX	改正后坐标增量/m ΔY	坐标/m X	坐标/m X
1			38°15′00″	112.01					200.00	500.00
2	102°48′09″			87.58						
3	78°51′15″			137.71						
4	84°23′27″			89.50						
1	93°57′36″									
2										
Σ										

（参考答案 二维码）

参考答案

任务六　附合导线的平差计算

知识储备

附合导线的平差计算

附合导线的坐标计算方法与闭合导线基本相同，但由于布置形式不同，且附合导线两端与已知点相连，因而角度闭合差与坐标增量闭合差的计算公式有些不同。下面介绍这两项的计算方法。

一、角度闭合差的计算

如图 3-3-13 所示，已知附合导线连接在高级控制点 A、B 和 C、D 的坐标，连接角为 φ_1 和 φ_2，起始边方位角 α_{AB} 和终边方位角 α_{CD} 可根据坐标反算求得。从起始边方位角 α_{AB} 经连接角可推算出终边的方位角，此方位角应与反算求得的方位角 α_{CD}（已知值）相等。由于测角存在误差，推算的 α'_{CD} 与已知的 α_{CD} 不相等，其差数即附合导线的角度闭合差 f_β，即

$$f_\beta = \alpha'_{CD} - \alpha_{CD} \tag{3-3-23}$$

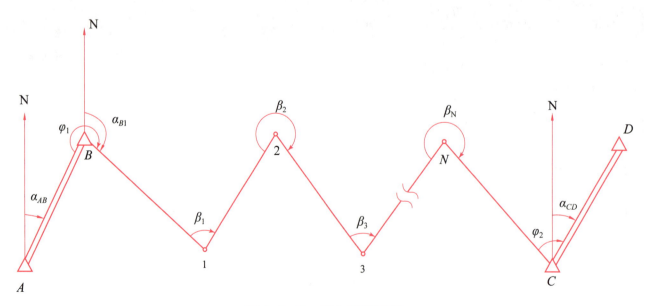

图 3-3-13　附合导线示意

终边方位角 α'_{CD} 可用下列公式直接计算出。

用观测导线的左角来计算方位角，其公式为

$$\alpha'_{CD} = \alpha_{AB} - n180° + \sum\beta_{左} \tag{3-3-24}$$

用观测导线的右角来计算方位角，其公式为

$$\alpha'_{CD} = \alpha_{AB} + n180° - \sum\beta_{右} \tag{3-3-25}$$

式中，n 为转折角的个数。

附合导线角度闭合差的一般形式可写为

$$f_{\beta} = (\alpha_{AB} - \alpha_{CD}) \mp n180° \begin{cases} + \sum\beta_{左} \\ - \sum\beta_{右} \end{cases}$$

附合导线角度闭合差的调整方法与闭合导线相同。注意，在调整过程中，转折角的个数应包括连接角，当观测角为右角时，改正数的符号应与闭合差相同。用调整后的转折角和连接角所推算的终边方位角应等于反算求得的终边方位角。

二、坐标增量闭合差的计算

如图 3-3-14 所示，附合导线各边坐标增量的代数和在理论上应等于起终两已知点的坐标值之差，即

$$\sum\Delta X_{理} = X_B - X_A$$

$$\sum\Delta Y_{理} = Y_B - Y_A$$

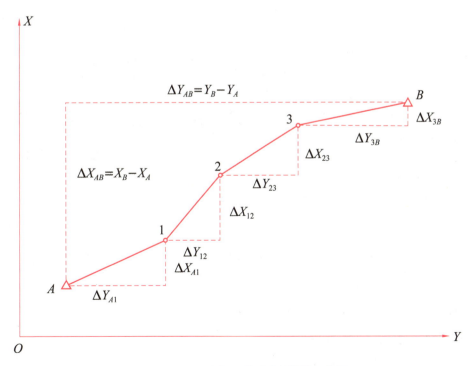

图 3-3-14　附合导线坐标增量示意图

由于测角和量边存在误差，所以计算的各边 X、Y 坐标增量的代数和不等于理论值，产生 X、Y 坐标增量闭合差，其计算公式为

$$f_X = \sum \Delta X_算 - (X_B - X_A)$$
$$f_Y = \sum \Delta Y_算 - (Y_B - Y_A)$$

(3-3-26)

附合导线坐标增量闭合差的调整方法以及导线精度的衡量均与闭合导线相同。

附合导线的坐标计算示例见表 3-3-16。首先，将已知点坐标 X_A、Y_A、X_B、Y_B 和 X_C、Y_C、X_D、Y_D 填入表 3-3-16 中第 11 栏、第 12 栏的第 1 行、第 2 行和最后两行，将所有观测角和边长填入表 3-3-16 中第 2 栏和第 6 栏，将按坐标反算公式求得的起始边方位角 α_{AB}（263°39′06″）和终边方位角 α_{CD}（70°58′07″）填入表 3-3-16 中第 5 栏第 1 行和最后一行。然后按照上述步骤进行计算，并将每步的计算结果填入表 3-3-16 相应栏目中。注意：计算过程中必须步步检核，只有在一个步骤的检核通过以后，才能进行下一个步骤的计算，以保证计算的准确和可靠。

表 3-3-16　附合导线坐标计算表

点号	观测值（右角）	改正数	改正后角值（右角）	坐标方位角	边长/m	坐标增量/m		改正后坐标增量/m		坐标/m	
						ΔX	ΔY	ΔX	ΔY	X	Y
1	2	3	4	5	6	7	8	9	10	11	12
A				263°39′06″						123.92	869.57
B	102°29′00″	−15	102°28′45″	341°10′21″	107.31	+1 101.57	−1 −34.63	101.58	−34.64	55.69	256.29
1	190°12′00″	−16	190°11′44″	330°58′37″	81.46	+1 71.23	+1 −39.52	71.24	−39.53	157.27	221.65
2	180°48′00″	−15	180°47′45″	330°10′52″	85.26	+1 73.97	−1 −42.40	73.98	−42.41	228.51	182.12
C	79°13′00″	−15	79°12′45″	70°58′07″						302.49	139.71
D										491.04	686.32
Σ	552°42′00″	−61	552°40′59″		274.03	246.77	−116.55	246.80	−116.58		

辅助计算：

$f_\beta = \sum \beta_测 - \alpha_始 + \alpha_终 - n \times 180° = 552°42′ - 263°39′06″ + 70°58′07″ - 2 \times 180° = +0°01′01″$;

$f_{\beta允} = \pm 60″\sqrt{n} = \pm 60″\sqrt{4} = 120″$; $f_X = 246.77 - (302.49 - 55.69) = -0.03$ m;

$f_Y = -116.55 - (139.71 - 256.29) = +0.03$ m;

$f_D = \sqrt{f_X^2 + f_Y^2} = \sqrt{(-0.03)^2 + (0.03)^2} = 0.04$ m;

$K = \dfrac{f_D}{\sum D} = \dfrac{0.04}{274.03} \approx \dfrac{1}{6\ 800}$

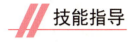 **技能指导**

职业技能鉴定题目：

三级附合导线的已知数据见表3-3-17，方位角闭合差 $f_{\beta允}=\pm24\sqrt{n}$ ，导线全长相对闭合差 1/5 000，试求1，2点的坐标(精确到 mm)。

职业技能指导：

现以此实例来说明附合导线的坐标计算方法。

附合导线的坐标计算方法和闭合导线基本相同，只是角度闭合差与坐标增量闭合差的计算稍有差别，其计算步骤如下。

(1) 已知点坐标 X_A 、 Y_A 、 X_B 、 Y_B 和 X_C 、 Y_C 、 X_D 、 Y_D 见表3-3-17中第11栏、第14栏的第1行、第2行和最后两行，所有观测角和边长见表3-3-17中第2栏和第6栏。

(2) 起始边和终边方位角的计算。

起始边方位角 α_{AB} 和终边方位角 α_{CD} 可根据坐标反算求得，即

$$\alpha'=\arctan\frac{\Delta Y}{\Delta X}=\arctan\frac{600-500}{600-400}=26°33'54''$$

当 $\Delta X>0$ 、 $\Delta Y>0$ 时，则 AB 边的方位角 α_{AB} 在第 I 象限，即 $\alpha_{AB}=\alpha'=26°33'54''$ 。

$$\alpha'=\arctan\frac{\Delta Y}{\Delta X}=\arctan\frac{826.208-857.080}{558.203-671.160}=15°17'10''$$

当 $\Delta X<0$ 、 $\Delta Y<0$ 时，则 CD 边的方位角 α_{CD} 在第 III 象限，即 $\alpha_{CD}=180°+\alpha'=180°+15°17'10''=$ 195°17'10″。

将起始边方位角 α_{AB} (26°33'54″)和终边方位角 α_{CD} (195°17'10″)填入表3-3-17中第5栏第1行和最后一行。

(3) 角度闭合差的计算与调整。

终边方位角 α'_{CD} 的推算方法用式(3-3-24)推求，得

$$\alpha'_{CD}=\alpha_{AB}-n180°+\sum\beta_左=26°33'54''-4\times180°+888°44'00''=195°17'54''$$

则附合导线角度闭合差为

$$f_\beta=\alpha'_{CD}-\alpha_{CD}=195°17'54''-195°17'10''=+44''$$

按三级导线测量的角度闭合差允许值为

$$f_{\beta允}=\pm24''\sqrt{n}=\pm24''\sqrt{4}=\pm48''$$

若 $f_\beta<f_{\beta允}$ ，则 f_β 在允许误差范围内，该导线角度观测值符合精度要求，合格。在合格的情况下进行角度闭合差的调整。

各观测角值上的改正数为

$$V_\beta=-\frac{f_\beta}{n}=-\frac{+44''}{4}=-11''$$

改正后角值为

$$\beta_B = \beta_{\text{测}B} + V_\beta = 265°25'30'' - 11'' = 265°25'19''$$

$$\beta_1 = 102°03'20'' - 11'' = 102°03'09''$$

$$\beta_2 = 230°40'00'' - 11'' = 230°39'49''$$

$$\beta_C = 290°35'10'' - 11'' = 290°34'59''$$

将改正数和改正后的角值分别填入表 3-3-17 中第 3 栏、第 4 栏。求出改正角后，应再计算改正角的总和，其值应与理论值 888°43'16'' 相等，以此进行计算检核。

（4）方位角推算。

根据起始边的方位角 α_{AB} 及改正后（调整后）的内角值 β_i，依次推算导线各边的方位角。

$$\alpha_{B1} = \alpha_{AB} + 180° + \beta_{\text{左}} = 26°33'54'' + 180° + 265°25'19'' - 360° = 111°59'13''$$

$$\alpha_{12} = \alpha_{B1} - 180° + \beta_{\text{左}} = 111°59'13'' + 180° + 102°03'09'' - 360° = 34°02'22''$$

$$\alpha_{2C} = \alpha_{12} - 180° + \beta_{\text{左}} = 34°02'22'' + 180° + 230°39'49'' - 360° = 84°42'11''$$

推算出 CD 的方位角后，核验是否与原来的数值相等，以此进行计算检核。

$$\alpha_{CD} = \alpha_{2C} + 180° + \beta_{\text{左}} = 84°42'11'' + 180° + 290°34'59'' - 360° = 195°17'10''（计算无误）$$

将推算出导线各边的方位角填入表 3-3-17 中第 5 栏。

（5）坐标增量的计算。

各导线边的坐标增量为

$$\Delta X_{\text{算}B1} = D_{B1} \cdot \cos \alpha_{B1} = (100.511 \times \cos 111°59'13'') \text{ m} = -37.631 \text{ m}$$

$$\Delta Y_{\text{算}B1} = D_{B1} \cdot \sin \alpha_{B1} = (100.511 \times \sin 111°59'13'') \text{ m} = +93.201 \text{ m}$$

$$\Delta X_{\text{算}12} = D_{12} \cdot \cos \alpha_{12} = (120.530 \times \cos 34°02'22'') \text{ m} = +99.877 \text{ m}$$

$$\Delta Y_{\text{算}12} = D_{12} \cdot \sin \alpha_{12} = (120.530 \times \sin 34°02'22'') \text{ m} = +67.468 \text{ m}$$

$$\Delta X_{\text{算}2C} = D_{2C} \cdot \cos \alpha_{2C} = (96.840 \times \cos 84°42'11'') \text{ m} = +8.940 \text{ m}$$

$$\Delta Y_{\text{算}2C} = D_{2C} \cdot \sin \alpha_{2C} = (96.840 \times \sin 84°42'11'') \text{ m} = +96.426 \text{ m}$$

将求出的导线边坐标增量填入表 3-3-17 中第 7 栏、第 11 栏。

（6）坐标增量闭合差的计算与调整。

①坐标增量闭合差的计算。

对于附合导线，附合导线各边坐标增量的代数和在理论上应等于起终两已知点的坐标值之差，由于测角和量边存在误差，所以计算的各边 X、Y 轴坐标增量代数和不等于理论值，产生 X、Y 轴坐标增量闭合差，其计算过程为

$$f_X = \sum \Delta X_{\text{算}} - (X_C - X_B) = [-37.631 + 99.877 + 8.940 - (671.160 - 600.000)] \text{ m}$$

$$= +0.026 \text{ m}$$

$$f_Y = \sum \Delta Y_{\text{算}} - (Y_C - Y_B) = [+93.201 + 67.468 + 96.426 - (857.080 - 600.000)] \text{ m}$$

$$= +0.015 \text{ m}$$

导线全长闭合差为

$$f_D = \sqrt{f_X^2 + f_Y^2} = 0.030 \text{ m}$$

②导线精度的衡量。

导线全长相对闭合差 K 为

$$K = \frac{f_D}{\sum D} = \frac{1}{\sum D/f_D} = \frac{1}{317.881/0.030} \approx \frac{1}{10\,596}$$

$$K_允 = \frac{1}{5\,000}$$

式中，若 $K<K_允$ 则表明导线的精度符合要求，否则应查明原因并进行补测或重测。

③坐标增量闭合差的调整。

经检验，K 值符合要求后，将坐标增量闭合差以相反符号并按与边长成正比的原则，分配到各边的坐标增量中。

各边的坐标增量改正数为

$$V_{\Delta X_{B1}} = -\frac{f_X}{\sum D}D_{B1} = \left(-\frac{+0.026}{317.881}\times100.511\right)\,\text{m} = -0.008\,\text{m}$$

$$V_{\Delta Y_{B1}} = -\frac{f_Y}{\sum D}D_{B1} = \left(-\frac{+0.015}{317.881}\times100.511\right)\,\text{m} = -0.005\,\text{m}$$

$$V_{\Delta X_{12}} = -\frac{f_X}{\sum D}D_{12} = \left(-\frac{+0.026}{317.881}\times120.530\right)\,\text{m} = -0.010\,\text{m}$$

$$V_{\Delta Y_{12}} = -\frac{f_Y}{\sum D}D_{12} = \left(-\frac{+0.015}{317.881}\times120.530\right)\,\text{m} = -0.006\,\text{m}$$

$$V_{\Delta X_{2C}} = -\frac{f_X}{\sum D}D_{2C} = \left(-\frac{+0.026}{317.881}\times96.840\right)\,\text{m} = -0.008\,\text{m}$$

$$V_{\Delta Y_{2C}} = -\frac{f_Y}{\sum D}D_{2C} = \left(-\frac{+0.015}{317.881}\times96.840\right)\,\text{m} = -0.004\,\text{m}$$

将改正数以 m 为单位，写在相应坐标增量计算值的上方(表 3-3-17 中第 8 栏、第 12 栏)。

所有坐标增量改正数的总和，其数值应等于坐标增量闭合差，但符号相反，即

$$\sum V_{\Delta X} = V_{\Delta X_{B1}} + V_{\Delta X_{12}} + V_{\Delta X_{2C}} = (-0.008-0.010-0.008)\,\text{m} = -0.026\,\text{m} = -f_X$$

$$\sum V_{\Delta Y} = V_{\Delta Y_{B1}} + V_{\Delta Y_{12}} + V_{\Delta Y_{2C}} = (-0.005-0.006-0.004)\,\text{m} = -0.015\,\text{m} = -f_Y$$

改正后的坐标增量应为

$$\Delta X_{B1} = \Delta X_{算_{B1}} + V_{\Delta X_{B1}} = (-37.631-0.008)\,\text{m} = -37.639\,\text{m}$$

$$\Delta Y_{B1} = \Delta Y_{算_{B1}} + V_{\Delta Y_{B1}} = (+93.201-0.005)\,\text{m} = +93.196\,\text{m}$$

$$\Delta X_{12} = \Delta X_{算_{12}} + V_{\Delta X_{12}} = (+99.877-0.010)\,\text{m} = +99.867\,\text{m}$$

$$\Delta Y_{12} = \Delta Y_{算_{12}} + V_{\Delta Y_{12}} = (+67.468-0.006)\,\text{m} = +67.462\,\text{m}$$

$$\Delta X_{2C} = \Delta X_{算_{2C}} + V_{\Delta X_{2C}} = (+8.940-0.008)\,\text{m} = +8.932\,\text{m}$$

$$\Delta Y_{2C} = \Delta Y_{算_{2C}} + V_{\Delta Y_{2C}} = (+96.426-0.004)\,\text{m} = +96.422\,\text{m}$$

将各边改正后的坐标增量计算结果填入表 3-3-17 中第 9 栏、第 13 栏。

改正后的各边坐标增量的代数和应等于起终两已知点的坐标值之差，以此进行计算校核。

表3-3-17 附合导线坐标计算表

点名	观测角	改正数	改正后角值	方位角	边长/m	X轴坐标增量 ΔX/m 计算值	改正数	改正后的坐标增量	X坐标 X/m	Y轴坐标增量 ΔY/m 计算值	改正数	改正后的坐标增量	Y坐标 Y/m
1	2	3	4	5	6	7	8	9	10	11	12	13	14
A				26°33′54″					400.000				500.000
B	265°25′30″	−11″	265°25′19″	111°59′13″	100.511	−37.631	−0.008	−37.639	600.000	+93.201	−0.005	+93.196	600.000
1	102°03′20″	−11″	102°03′09″	34°02′22″	120.530	+99.877	−0.010	+99.867	562.361	+67.468	−0.006	+67.462	693.196
2	230°40′00″	−11″	230°39′49″	84°42′11″	96.840	+8.940	−0.008	+8.932	662.228	+96.426	−0.004	+96.422	760.655
C	290°35′10″	−11″	290°34′59″	195°17′10″					671.160				857.080
D									558.203				826.208
Σ	888°44′00″	−44″	888°43′16″		317.881	+71.186	−0.026	+71.160		+257.095	−0.015	+257.080	

角度闭合差及调整改正计算：

$f_\beta = \alpha'_{CD} - \alpha_{CD} = +44''$

$f_{B允} = \pm24''\sqrt{n} = \pm24''\sqrt{4} = \pm48''$

$f_B < f_{B允}$ 合格

$V_B = -f_B/n = -44''/4 = -11''$

坐标增量闭合差及调整导线相对闭合差的计算：

$f_x = \sum\Delta X_算 - (X_C - X_B) = +0.026$ m

$f_y = \sum\Delta Y_算 - (Y_C - Y_B) = +0.015$ m

$f_D = \sqrt{f_x^2 + f_y^2} = 0.030$ m

$K = \dfrac{f_D}{\sum D} = \dfrac{1}{\frac{\sum D}{f_D}} \approx \dfrac{1}{10\,596}$

$K < \dfrac{1}{2\,000}$ 合格

草图

（7）坐标推算。

从已知点 B 开始，根据 B 点坐标和各边改正后的坐标增量，逐一算出 1、2、C 各导线点坐标，并填入表 3-3-17 中第 10 栏、第 14 栏。

1 点的坐标为

$$X_1 = X_B + \Delta X_{B1} = (600.000 - 37.639)\ \text{m} = 562.361\ \text{m}$$

$$Y_1 = Y_B + \Delta Y_{B1} = (600.000 + 93.196)\ \text{m} = 693.196\ \text{m}$$

2 点的坐标为

$$X_2 = X_1 + \Delta X_{12} = (562.361 + 99.867)\ \text{m} = 662.228\ \text{m}$$

$$Y_2 = Y_1 + \Delta Y_{12} = (693.196 + 67.462)\ \text{m} = 760.655\ \text{m}$$

C 点的坐标为

$$X_C = X_2 + \Delta X_{2C} = (662.228 + 8.932)\ \text{m} = 671.160\ \text{m}$$

$$Y_C = Y_2 + \Delta Y_{1C} = (760.655 + 96.422)\ \text{m} = 857.080\ \text{m}$$

计算出各点的坐标后，应再算回 C 点，核验是否与 C 点的已知坐标相等，以作为检核条件。

◢◢ 鉴定工作页

地区：_____　姓名：_____　准考证号：_____　单位名称：_____

（1）考核说明：本题分值 100 分，权重 40%。

（2）考核时间：30 min。

（3）考核要求：三级附合导线的已知数据见表 3-3-18，方位角闭合差 $f_{容} = \pm 30'' \sqrt{n}$，导线全长相对闭合差 1/2 000，试求 1、2 点的坐标（精确到 mm）。

表 3-3-18　三级附合导线从标计算表

点名	观测角	改正数	改正后角值	方位角	边长/m	X 轴坐标增量 ΔX/m		X 坐标 X/m	Y 轴坐标增量 ΔY/m		Y 坐标 Y/m
						计算值	改正数		计算值	改正数	
A								300.000			400.000
B	265°25′30″				100.500			500.000			500.000
1	102°03′20″				120.530						
2	230°40′00″				96.840						
C	290°35′10″							571.160			757.080
D								458.203			726.208
Σ											

续表

点名	观测角	改正数	改正后角值	方位角	边长/m	X 轴坐标增量 ΔX/m		X 坐标 X/m	Y 轴坐标增量 ΔY/m		Y 坐标 Y/m
						计算值	改正数		计算值	改正数	
角度闭合差及改正计算				坐标增量闭合差及调整导线相对闭合差的计算	草图			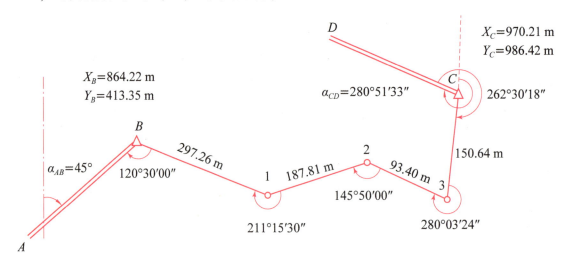			

评分标准

评分标准

技能拓展

（1）已知附合导线起终边的方位角 α_{AB} 为 $45°$、α_{CD} 为 $280°51'33''$，B、C 两点的坐标分别为 $X_B = 864.22$ m，$Y_B = 413.35$ m，$X_C = 970.21$ m，$Y_C = 986.42$ m。外业观测的边长和角度资料见图 3-3-15，计算附合导线 1、2、3 点的坐标。

图 3-3-15　附合导线坐标计算

（2）完成表 3-3-19 并写出计算过程。

表 3-3-19　附合导线坐标计算表

点号	观测值（左角）	改正后的角度	方位角	水平距离/m	坐标增量		改正后坐标增量		坐标	
					ΔX/m	ΔY/m	ΔX/m	ΔY/m	X/m	Y/m
A			45°00′12″							
B	239°29′15″			187.62					921.32	102.75
1	157°44′39″			158.79						
2	204°49′51″			129.33						
C	149°41′15″								857.98	565.30
D			76 44 48							
Σ										

参考答案

知识链接

导线测量

导线测量的内业计算

导线测量的外业工作

全站仪点放样

线路中线坐标、坡道高和竖曲线高

项目四

地下管线探测仪操作

任务 直连法地下金属管线探测

 **知识储备**

知识一 地下管线工程设施

地下管线工程设施贯穿于整个建设过程，是城市重要的基础设施，其所包含的给水、排水、供气、通信电缆、电力等，构成城市的"生命线"，担负着城市的能源供给、信息传输、污水和废水排放职责，为城市的生存和发展提供基础保障。随着社会现代化的日益发展，城市地下的管线种类日趋增多，管线在地下互相交错、错综复杂，给地下管线探测增加了难度。

知识点二　地下管线的类型及分布状况

城市各类管线具有种类繁多、纵横交叉的特性。在各类工程项目建设过程中，管线探测是重点工作。只有详细探测现场管线后，才能够进行施工方案的制订。综合来看，城市中的管线可分为金属管线和非金属管线，且各有其对应的探测技术。以当下城市中的管线材质和用途为分类标准，城市管线可细分为多种，如以用途来划分，为燃气、热力、排水、给水、工业、广播电视、通信和电力管线。在这些管线中，给水管为铸铁材质，但也有部分属于混凝土管；排水管大部分为混凝土材质，部分为陶瓷管和铸铁管；燃气管为钢管和铸铁管；通信电缆管线多为外部管道埋设形式，但也存在少部分的直埋管道，主要为陶瓷、塑料和混凝土材质的管道；电力电缆主要为钢质或者铝质的管道，外部有胶质层；供热管以钢管为主，外部设有保护层。

知识点三　城市地下深埋管线探测技术

城市地下深埋管线探测技术是对城市地下各种深埋管线进行探测和测绘的技术。探测是对已有地下管线进行现场调查，并采用不同的探测方法探寻各种管线的埋设位置和深度；测绘是对已查明的地下管线进行测量和编绘管线图，也包括对新建管线的施工测量和竣工测量。

一、金属管线探测

（一）直连法

将管线探测仪发射机的一端连接到管线的出露点上，另一端连接在垂直管线走向的地线上，发射机通过连接线路向管线施加特定频率的交变电流，该电流沿管线向其延伸方向流动，通过大地回到地线，构成回路。同时，管线周围形成同样频率的交变电磁场，再在管线上方地面用接收机扫描接收这个交变电磁场，对管线进行定位、定深和追踪。

当下的城市地下深埋管线探测中，金属管线的定位、定深和追踪一般采用直连法，直连法的工作示意图如图 3-4-1 所示。

直连法的特点是发射机信号输出强、抗干扰性能好，是主要采用的方法之一。对于钢材质、铸铁材质的金属管线，利用直连法十分有效。经发射机发射相应的电磁感应信号，利用金属管线进行相应的信号传播，接收机中配备的微机设备可以将收集到的电磁信号转换为可识别的计算机语言，从而有效地探测出管线的具体分布情况，在定位方面具有可靠性。

（二）夹钳法

在无法将发射机信号输出端直接连在被测管线的情况下，可采用夹钳法。

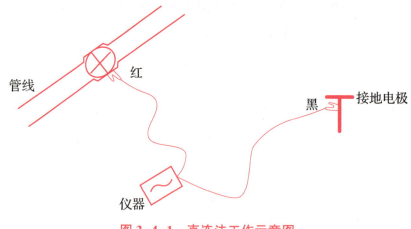

图 3-4-1　直连法工作示意图

使用夹钳法工作时，将发射机信号施加于夹钳上，再将夹钳套在被测金属管线上。夹钳相当于初级线圈，管线与大地形成的回路相当于次级线圈。当发射机输出的交变电流在初级绕组中流动，环形磁场穿过管线回路时，在管线中产生二次感应电流。在管线密集区探测中，夹钳法是一种交叉影响小而有效的方法，一般适用于直径较细的管线。

（三）感应法

感应法将放置在目标管道发射器上方，地下管线探测仪发射器线圈发射特定频率的交变电磁场，管道中的交变电磁场将与相同频率的交变电流耦合，电流沿管道流向其延伸方向，同时在管道周围形成相同频率的交变电磁场，然后使用接收器扫描管道上方以接收此次级磁场，对管道进行定位、固定深度。

二、非金属管线探测

（一）电磁法

在非金属管线的探测过程中，电磁法是十分有效的探测技术。电磁法是指通过人工场源来进行地下管线的激发，使地下管线产生一定的电流，并同步产生对应的磁场，同时使用专用仪器对该磁场信息进行分析，从而精准确定管线位置的方法。在非金属给水、电力管线等的探测中，一般可以利用电磁法。

（二）示踪法

利用示踪法开展管线探测时，需借助示踪探头完成。在被探测管道中安装对应的示踪探头，随后在地面上利用专用仪器进行管道电磁信号的接收，根据对电磁信号的分析，即能确定管线走向、埋深方面的信息。在管线探测工作中，存在外露口的非金属管线，如碱管、管沟、塑料管线等，这时就需要利用示踪法来完成。

三、注意事项

（1）如果使用直连法探测电力电缆，则必须先断电再操作。

（2）如果管道腐蚀严重，则需用锉刀进行抛光处理，再用强磁吸附连接。

（3）如果接地点土质比较干燥，可以浇少许水以改善接地效果。如果条件允许，则接地点距离发射机不得小于 5 m。

（4）在没有直连信号输出线或夹钳插入时，仪器会自动选择感应模式，在感应模式下，频率只可以选择 65 kHz 和 83 kHz 两种。

（5）夹钳法只可以选择 33 kHz 一种频率。当夹钳接入仪器后，仪器会自动选择 33 kHz 的频率，不需要人为选择夹钳的使用频率。

知识点四　城市复杂地下深埋管线探测方法应用

一、电探测法

在当下城市的很多建设工程项目实施中，现场分布有大量管线，管线探测工作相对复杂。针对这类复杂管线的探测工作，不可以利用常规的探测方法，而是需要应用新型的探测方法来完成。电探测法在复杂管线的探测中非常有效，主要包含以下方法。

（一）直流电探测法

在利用直流电探测法实施地下物理探测时，要利用两个供电电极来实现直流电供电。在这种情况下，在地下管线分布区域内需构建一个完整的供电循环系统，以保持电流的稳定性。通过对电流信息的分析，可以精准进行地下金属管线的定位。直流电探测法的应用最为关键的是，掌握地下管线与周边介质之间存在的差异性，利用电流在低阻体、高阻体中的差异化分布，完成对应的管线探测任务。

（二）交流电探测法

在利用交流电探测法开展管线探测工作时，通过设置交流电，使其同步产生一定的磁场，在磁场力作用下，通过相应的分析，可以对地下管线的相关信息进行全面了解。

二、瞬变电磁法

瞬变电磁法是城市地下深埋管线的探测技术之一，对于自来水、雨水、污水管的探测，可以直接使用瞬变电磁法来完成。在使用瞬变电磁法开展管线探测工作时，需向地下管线发射脉冲电磁辐射，在底层介质中形成二次电磁场，由线圈负责信号的接收，通过对该信号的分析，可以得到地下管线的各种信息。从探测技术的原理来看，瞬变电磁法与探地雷达电磁波法的原理高度相似。在整个探测工作开展时，金属管道或者管道内电物质反应都为低阻体，而周边介质却为高阻体，利用这种差异，通过瞬变电磁法可以准确获取管线的埋深与位置信息。瞬变电磁法的反应灵敏度较高，且探测结果的可靠性较好，排水管线等均可以采用这一探测方法。

三、电磁感应法

对于导电金属管线，其周边一般存在磁场。因此，在管线的探测过程中，能够直接通过电磁感应法进行磁场信息的收集，从而得到关于地下管线的埋深与位置信息。与其他探测技术相比，电磁感应法开展管线探测十分高效且便捷。在金属类、线缆类地下管线的探测中，电磁感应探测结果更加准确。在利用电磁感应法开展管线探测工作时，为了更加准确地了解关于地下管线的埋深与位置信息，一般需要人工激发管线中的电流。人工激发电流的方法有多种，如直连法、夹钳法、磁耦感应法等，不同类型的管线选择的激发方式有一定的差异。

四、探地雷达电磁波法

探地雷达电磁波法在地下深埋管线探测中有着十分广泛的应用，但通常不单独使用，往往会与其他探测技术结合起来应用。在非金属地下管线的探测中，探地雷达电磁波法是不可或缺的技术，它能够全面掌握关于探测区域中管线的布设情况。在具体探测中，探地雷达发射天线，可以实现电磁波的发射，随后经接收天线接收对应的电磁波，结合电磁波的具体信息完成地下管线的探测作业。

五、压线法

在利用压线法开展管线探测工作时，一般是通过对地下管线与发射信号线圈位置的调整，来增强被探测管线信号并同时减弱其他管线信号的目标。压线法有多种方式，下面介绍三种：水平压线法、倾斜压线法和垂直压线法。

(一) 水平压线法

在利用水平压线法开展管线探测工作时，发射端布设在干扰管线的垂直上方，在这种布设方式下，干扰管线的信号强度瞬间减小。管线间距较大的场合可以采用这一探测方法。

(二) 倾斜压线法

倾斜压线法是在被探测管线上方附近，利用倾斜发射线圈，使干扰管线的激发最弱。该方法有效实现了对干扰信号的抑制与被探测管线信号的增强。当上下管线处于同一垂线上时，不能使用这一探测方法。

（三）垂直压线法

在利用垂直压线法开展管线探测工作时，发射线圈与干扰管线应水平布设，将发射线圈垂直放置。

在城市各类建设工程项目实施中，管线探测已成为重点工作，地下管线的交叉分布使工程项目在实施中面临各种各样的技术问题。因此，为全面掌握城市地下管线的分布情况，需在工程建设中加强对地下深埋管线的探测，获得地下管线位置分布、埋深等详细信息，从而更好地指导工程建设，促进城市建设的进一步发展。

技能指导

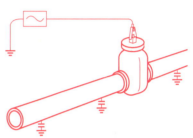

图 3-4-2　地下金属管线图

职业技能鉴定题目：

如图 3-4-2 所示，完成指定线路约 20 m 的地下金属管线探测任务。探测所有特征点，一般探测点间距约 5 m，记录埋深值与电流，在现场做好临时标记并完成表 3-4-1 的填写。

职业技能指导：

表 3-4-1　直连法地下金属管线探测操作考核记录表

准考证号：_____　仪器型号：_____　天气：_____　开始时间：_____　结束时间：_____

探测方法	☐有源探测　　☐无源探测		
	☑直连法　　☐夹钳法　　☐感应法		
管线类型	自来水管线		
里程	埋深/m	电流/mA	备注
$S1$	6.40	80	
$S2$	6.20	80	
$S3$	6.40	80	
$S4$	6.30	80	
$S5$	6.50	80	

操作步骤如下。

（1）先确定管线为自来水管线，填入表 3-4-1。

（2）路线为 20 m，每隔 5 m 确定一点，需要测量共 5 个点，点号分别为 $S1$、$S2$、$S3$、$S4$、$S5$。

（3）将地下管线探测仪器发射机输出端直接连接到管线 $S1$ 点处，将发射信号直接输入到

目标管线上，再用接收机探测信号。将电流峰值调到 80 mA，显示 80 mA 时是管线的正上方。往左挪动至数值为 80 mA 的 70%，即 56 mA，用钢卷尺量出挪动长度，再往右挪至数值为 56 mA，再用钢卷尺量出挪动长度，两个距离数值相加是管线表面深度。管线表面深度加管子的半径长度是管线的埋深，即中心位置。量取管径直径为 600 mm，三个数值相加为 6.40 m，记录在表格相应位置。

（4）同理，可得 S2、S3、S4、S5 点处对应数值。

鉴定工作页

地区：_____ 姓名：_____ 准考证号：_____ 单位名称：_____

（1）考核说明：本题分值 100 分，权重 50%。

（2）考核时间：25 min。

（3）考核要求。

①如图 3-4-3 所示，完成指定线路约 30 m 的地下金属管线探测任务。

②探测所有特征点，一般探测点间距约 3 m，记录埋深值与电流，并在现场做好临时标记。

③绘制草图，草图必须反映线路走向、探测点桩号。

④完成表 3-4-2 的填写。

（4）否定项说明：若考生发生下列情况之一，则应及时终止其考试，考生该试题成绩记为 0 分。

①考生不服从考评员安排。

②操作过程中出现野蛮操作等严重违规操作。

③造成人身伤害或设备人为损坏。

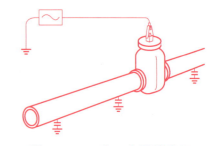

图 3-4-3　地下金属管线图

表 3-4-2　直连法地下金属管线探测操作考核记录表

准考证号：_____ 仪器型号：_____ 天气：_____ 开始时间：_____ 结束时间：_____

探测方法	□有源探测　　□无源探测		
	☑直连法　　□夹钳法　　□感应法		
管线类型			
里程	埋深/m	电流/mA	备注
草图：			

评分标准

评分标准

技能拓展

(1)城市地下埋管线的探测方法有哪些？

(2)如何探测地下金属管线的平面位置？

参考答案

知识链接

《走进六盘水》
贵州省地质灾害
监测项目

地下管线测量

模块四

工程测量员职业技能
鉴定理论知识模拟试题

一、工程测量员(中级)理论知识模拟试题

模拟试题一

一、单项选择题

1. 通过平均海水面的水准面称为(　　)。

A. 平均水准面　　　B. 近似水准面　　　C. 大地水准面　　　D. 测量水准面

2. 地面点 A 的高程用(　　)表示。

A. H_A　　　B. h_A　　　C. HA　　　D. hA

3. 已知直线 AB 的坐标方位角为186°,则直线 BA 的坐标方位角为(　　)。

A. 96°　　　B. 276°　　　C. 6°　　　D. 16°

4. 任意两点之间的高差与起算水准面的关系是(　　)。

A. 不随起算水准面变化水准　　　B. 随起算水准面变化

C. 总等于绝对高程　　　D. 无法确定

5. 导线测量中必须进行的外业工作是(　　)。

A. 测水平角　　　B. 测高差　　　C. 测气压　　　D. 测垂直角

6. 观测三角形三个内角后,将它们求和并减去180°所得的三角形闭合差为(　　)。

A. 中误差　　　B. 真误差　　　C. 相对误差　　　D. 系统误差

7. 等高距是两相邻等高线之间的(　　)。

A. 高程之差　　　B. 平距　　　C. 间距　　　D. 斜距

8. 分别在两个已知点向未知点观测,测量两个水平角后,计算未知点坐标的方法是(　　)。

A. 导线测量　　　B. 侧方交会　　　C. 后方交会　　　D. 前方交会

9. 闭合导线的角度闭合差 f_β 等于(　　)。

A. $\sum_{\beta内测}-\sum_{\beta理}$　　　B. $\sum_{\beta内测}-(n-2)\times180°$

C. $\sum_{\beta内测}$　　　D. $\alpha_{始}-\alpha_{终}+\sum\beta-n\times180°$

10. 系统误差具有(　　)的特点。

A. 偶然性　　　B. 统计性　　　C. 累积性　　　D. 抵偿性

11. 测量工作的基准线是(　　)。

A. 法线　　　B. 铅垂线　　　C. 经线　　　D. 任意直线

12. 1∶1 000 地形图的比例尺精度是(　　)。

A. 1 m　　　　　　B. 1 cm　　　　　　C. 10 cm　　　　　　D. 0. 1 mm

13. 用水准仪进行水准测量时，要求尽量使前后视距相等，这是为了(　　)。

A. 消除或减弱水准管轴不垂直于仪器旋转轴误差的影响

B. 消除或减弱仪器升沉误差的影响

C. 消除或减弱标尺分划误差的影响

D. 消除或减弱仪器水准管轴不平行于视准轴误差的影响

14. 下面测量读数的做法正确的是(　　)。

A. 用经纬仪测水平角，用横丝照准目标读数

B. 用水准仪测高差，用竖丝切准水准尺读数

C. 水准测量时，每次读数前都要使水准管气泡居中

D. 用经纬仪测竖直角时，尽量照准目标的底部

15. 下列关于等高线的叙述错误的是(　　)。

A. 所有高程相等的点在同一等高线上

B. 等高线必定是闭合曲线，即使本幅图没闭合，相邻图幅也会闭合

C. 等高线不能分叉、相交或合并

D. 等高线经过山脊与山脊线正交

16. 下图所示为支导线，AB 边的坐标方位角为 $\alpha_{AB} = 125°30'30''$，转折角已在图中标出，则 CD 边的坐标方位角 α_{CD} 为(　　)。

A. 75°30′30″　　　　B. 15°30′30″　　　　C. 45°30′30″　　　　D. 25°29′30″

17. 某地图的比例尺为 1∶1 000，则图上 6. 82 cm 代表的实地距离为(　　)。

A. 6. 82 m　　　　B. 68. 2 m　　　　C. 682 m　　　　D. 6. 82 cm

18. 已知某直线的坐标方位角为 290°，则其象限角为(　　)。

A. 290°　　　　B. 110°　　　　C. 北西 20°　　　　D. 北西 70°

19. 关于道德，正确的说法是(　　)。

A. 道德在职业活动中不起作用　　　　B. 道德在公共生活中几乎不起作用

C. 道德威力巨大，无坚不克　　　　D. 道德是调节社会关系的重要手段

20. 坐标纵轴方向是指(　　)。

A. 真子午线方向　　　　B. 磁子午线方向

C. 中央子午线方向　　　　D. 铅垂方向

21. 关于水准点，下列说法正确的是（　　　　）。

A. 水准点的符号用 BM 表示　　　　B. 水准点是高差基准点

C. 水准点可以随意移动　　　　　　D. 水准点的设置没有任何限制

22. 视准轴是（　　）与十字丝的连线。

A. 物镜光心　　　B. 对中器中心　　　C. 望远镜中心　　　D. 视线

23. 地形图测绘前的准备工作主要有（　　　　）。

A. 图纸准备、方格网准备、控制点展绘　　B. 组织领导、场地划分

C. 资料、仪器工具、文具用品的准备　　　D. 后勤供应的准备

24. 导线全长相对闭合差（　　　）是衡量导线测量精度的指标。

A. $K=\dfrac{M}{D}$　　　B. $K=\dfrac{1}{(D/\Delta D)}$　　　C. $K=\dfrac{1}{\sum D/f_D}$　　　D. $K=\dfrac{1}{D/f_D}$

25. 产生视差的原因是（　　　）。

A. 仪器校正不完善　　　　　　B. 物象与十字丝面不重合

C. 十字丝分划板位置不正确　　D. 人的视力因素

26. 地面点的空间位置用（　　　）来表示。

A. 地理坐标　　　B. 高斯坐标　　　C. 平面直角坐标　　　D. 坐标和高程

27. 测量工作的基准面是（　　　）。

A. 水准面　　　B. 水平面　　　C. 大地水准面　　　D. 大地水平面

28. 导线坐标增量闭合差调整后，应使纵横坐标增量改正数之和等于（　　　　）。

A. 纵横坐标增量闭合差，其符号相同　　B. 导线全长闭合差，其符号相同

C. 纵横坐标增量闭合差，其符号相反　　D. 导线全长闭合差，其符号相反

29. 电磁波测距是用仪器发射并接收电磁波，通过测量电磁波在待测距离上往返传播的（　　　）解算出距离。

A. 频率　　　B. 速度　　　C. 时间　　　D. 路径

30.（　　　）称为微型计算机的大脑。

A. 中央处理器（CPU）B. 内存　　　C. 显卡　　　D. 主板

31. 导线的布置形式有（　　　）。

A. 一级导线、二级导线、图根导线　　B. 单向导线、往返导线、多边形导线

C. 闭合导线、附合导线、支导线　　　D. 一级导线、二级导线、三级导线

32. 在大中型建筑场地上，由正方形或者矩形方格网组成的施工平面控制网，称为（　　　）。

A. 建筑基线　　　B. 建筑方格网　　　C. 建筑控制网　　　D. 施工建筑控制网

33. 水平角放样一般采用（　　　）。

A. 盘左半测回放样　　　　　　B. 盘右半测回放样

C. 盘左或者盘右半测回都可以   D. 盘左、盘右一测回放样

34. 测设点的平面位置方法有直角坐标法、极坐标法、角度交会法和(　　　)。

A. 导线法   B. 视距法   C. 三角高程法   D. 距离交会法

35. 关于变形监测,下列说法正确的是(　　　)。

A. 变形监测是用测量仪器或专用仪器设备定期测定建筑物及其地基在建筑物载荷和外力作用下随时间变形的工作

B. 变形监测对精度没有要求

C. 变形监测没有周期要求,可以随时测定变形

D. 变形监测的精度与建筑物本身的变形大小无关

36. 关于碎部点,下列说法正确的是(　　　)。

A. 碎部点是高程控制点

B. 碎部点是坐标控制点

C. 碎部点可以任意选择

D. 碎部点又称地形点,是指地物和地貌的特征点

37. 闭合水准路线高差闭合差的计算公式是(　　　)。

A. $f_h = \sum h_{测}$ B. $f_h = \sum h_{测} - (H_{终} - H_{始})$

C. $f_h = \sum h_{测} - (H_{始} - H_{终})$ D. $f_h = \sum h_{测} + (H_{终} - H_{始})$

38. 关于精密水准仪的使用,下列说法正确的是(　　　)。

A. 精密水准仪使用前的准备与普通水准仪一样

B. 精密水准仪进行水准测量时无须前后视距尽量相等

C. 在同一测站点观测前后视距时,可以两次调焦

D. 观测前 30 min 应将精密水准仪置于露天阴影处,使仪器与外界温度趋于一致

39. 关于经纬仪的使用与存放的注意事项,下列说法正确的是(　　　)。

A. 经纬仪换电池前无须关机

B. 近距离搬运经纬仪时,经纬仪可以朝向任何位置,只要不掉下来即可

C. 经纬仪必须防雨防晒,但无须防震

D. 经纬仪只能在干燥的室内保存,充电时,周围温度应为 10~30 ℃

40. 袖珍计算机的正常工作温度为(　　　)。

A. 0~20 ℃   B. 10~35 ℃   C. −10~20 ℃   D. 20~50 ℃

二、多项选择题

41. 公路中线测量中,设置转点的作用是(　　　)。

A. 传递高程   B. 传递方向   C. 加快观测速度   D. 传递坐标

E. 传递高差

42. 测量的基本工作有( )。

A. 高程测量　　　　B. 角度测量　　　　C. 距离测量　　　　D. 控制测量

E. 导线测量

43. 在水准测量中，要求前后视距相等可以消除( )对高差的影响。

A. 地球曲率和大气折光　　　　　　　　B. 整平误差

C. 水准管轴不平行于视准轴　　　　　　D. 水准尺倾斜

E. 读数误差

44. 光电测距仪的品类 ( )。

A. 按测程分为短程、中程、远程测距仪

B. 按精度分为Ⅰ级、Ⅱ级、Ⅲ级测距仪

C. 按光源分为普通光源、红外光源、激光光源三类测距仪

D. 按测定电磁波传播时间 t 的方法分为脉冲法和相位法两种测距仪

E. 不分品类

45. 光电测距成果的改正计算有 ( )。

A. 加、乘常数改正计算　　　　　　　　B. 气象改正计算

C. 倾斜改正计算　　　　　　　　　　　D. 三轴关系改正计算

E. 测程的检定与改正计算

46. 闭合导线和附合导线内业计算的不同点是( )。

A. 方位角推算方法不同　　　　　　　　B. 角度闭合差计算方法不同

C. 坐标增量闭合差计算方法不同　　　　D. 导线全长闭合差计算方法不同

E. 坐标增量改正计算方法不同

47. 地形图的图式符号有( )。

A. 比例符号　　　　　　　　　　　　　B. 非比例符号

C. 等高线注记符号　　　　　　　　　　D. 测图比例尺

E. 线形符号

48. 在地形图上可以( )。

A. 确定点的空间坐标　　　　　　　　　B. 确定直线的坡度

C. 确定直线的坐标方位角　　　　　　　D. 确定汇水面积

E. 估算土方量

49. 社会主义职业道德的特征有( )。

A. 继承性和创造性相统一　　　　　　　B. 阶级性和人民性相统一

C. 先进性和广泛性相统一　　　　　　　D. 强制性和被动性相统一

E. 强制性和创造性的统一

50. 国家平面控制网的布网原则包括(　　　)。

A. 分级布网，逐级控制　　　　　　　　B. 应有足够的精度

C. 应有足够的密度　　　　　　　　　　D. 应有统一的规格

E. 无须统一规格

51. 建立平面控制网的方法有(　　　)。

A. 导线测量　　　　B. 三角测量　　　　C. 三边测量　　　　D. GPS 测量

E. 高程测量

52. 光学经纬仪应满足的几何条件有(　　　)。

A. $HH \perp VV$　　　　B. $LL \perp VV$　　　　C. $CC \perp HH$　　　　D. $LL \perp CC$

E. 光学对中器的光学垂线应与仪器竖轴重合

53. 圆曲线带有缓和曲线段的曲线主点是(　　　)。

A. 直缓点(ZH 点)　　　　　　　　　　B. 直圆点(ZY 点)

C. 缓圆点(HY 点)　　　　　　　　　　D. 圆直点(YZ 点)

E. 曲中点(QZ 点)

54. 横断面的测量方法有(　　　)。

A. 花杆皮尺法　　　B. 水准仪法　　　　C. 经纬仪法　　　　D. 跨沟谷测量法

E. 目估法

55. 水准仪的主要组成部分有(　　　)。

A. 望远镜　　　　　B. 基座　　　　　　C. 水准器　　　　　D. 水平度盘

E. 微动螺旋

56. 测量误差产生的原因主要有(　　　)。

A. 仪器本身因素　　　　　　　　　　　B. 外界环境因素

C. 人为因素　　　　　　　　　　　　　D. 地球自转的影响

E. 月球引力作用

57. 以下选项属于变形监测内容的有(　　　)。

A. 沉降观测　　　　B. 倾斜观测　　　　C. 位移观测　　　　D. 裂缝观测

E. 挠度观测

58. 关于电磁波测距仪和光电测距仪，以下说法正确的有(　　　)。

A. 按测距原理可分为脉冲法测距仪和相位法测距仪

B. 按载波来分，以微波段的电磁波和以光波为载波的分别称为微波测距仪和光电测距仪

C. 电磁波测距仪具有精度高、作业迅速、受气候和地形影响小的优点

D. 以激光和红外光为载波的光电测距仪分别称为激光测距仪和红外测距仪

E. 电磁波测距又称 EDM

59. 全站仪由(　　　)组成。

A. 光电测距仪　　　　　　　　　　　B. 电子经纬仪

C. 多媒体计算机数据处理系统　　　　D. 高精度的光学经纬仪

E. 望远镜

60. 工程放样最基本的方法有(　　　)。

A. 角度放样　　　　B. 高差放样　　　　C. 高程放样　　　　D. 距离放样

E. 坡度放样

三、判断题

61. (　　　)水准仪有视差后,不能再继续使用,应当修理后再使用。

62. (　　　)横断面图的绘制一般由上往下、从左至右进行。

63. (　　　)水准仪由望远镜、水准器和基座三部分组成。

64. (　　　)经纬仪主要用于测量水平角和竖直角。

65. (　　　)直线定向的标准方向是真子午线。

66. (　　　)已知 B 点高程为 241.000 m, A、B 两点间的高差 $h_{AB} = +1.000$,则 A 点高程为 240.000。

67. (　　　)水准测量时,水准尺竖立不直,读数值不受影响。

68. (　　　)等高线就是地面上相邻等高点连接而成的闭合曲线,高程相等的点必定在同一条等高线上。

69. (　　　)测量竖直角时,采用盘左、盘右观测,其目的之一是消除指标差误差的影响。

70. (　　　)导线坐标增量闭合差的调整方法是将闭合差反符号后按导线边数平均分配。

71. (　　　)地形图比例尺越大,其覆盖的范围就越大。

72. (　　　)按照测量的基本原则进行测量工作,可以消除误差。

73. (　　　)竖直角就是在同一竖直面内,铅垂线与视线之间的夹角。

74. (　　　)中误差就是每个观测值的真误差。

75. (　　　)地形图上等高线密集处表示地形坡度小,等高线稀疏处表示地形坡度大。

76. (　　　)附合导线纵横坐标增量的代数和理论上应等于起终两点已知坐标差。

77. (　　　)经纬仪整平的目的是使仪器竖轴铅垂,竖盘水平。

78. (　　　)地形图的测绘应遵循"整体到局部、先控制后碎部"的原则。

79. (　　　)在测量中,将地球表面上天然和人工形成的各种固定物,称为地貌。

80. (　　　)所选的导线点,必须满足观测视线超越(或旁离)障碍物 1.3 m 以上。

81. (　　　)光电测距仪测线应避开强电磁场干扰的地方。例如,测线不宜接近变压器、高压线等。

82. (　　　)因为工程测量可以在任何温度下进行,所以温度的测量在工程测量中可有可无。

83.（　　）用电磁波测距仪测定距离时，其改正数一般包括测距仪常数改正、气象改正等。

84.（　　）精密水准测量、四级高程控制测量前后视距差要求相差不超过 1 m，累积视距差小于或等于 1.5 m。

85.（　　）圆曲线的主点测设元素有切线长 T、曲线长 L、外矢距 E 和切曲差 D。

86.（　　）三、四等水准测量的观测应在通视良好、成像清晰稳定的情况下进行，通常的观测方法有双面尺观测法和变动仪器高法。

87.（　　）三、四等水准测量水准点的间距一般为 2~4 km，一个测区一般至少应埋设 3 个以上水准点标石。

88.（　　）水准测量高差改正数之和与高差闭合差大小相等，符号相反。

89.（　　）由于光电测距仪是很先进的测量仪器，所以在用光电测距仪测量距离时不会产生误差。

90.（　　）在测量中，常要求观测值中不容许存在较大的误差，故常以 2~5 倍中误差作为偶然误差的容许值，称为容许误差。

91.（　　）平面点位测设极坐标法的测设数据包括角度和距离。

92.（　　）平面点位测设交会法中的交会角的范围为 30°~150°。

93.（　　）地下管线工程测量必须在回填前测量出起止点、窨井的坐标和管顶标高，并根据测量资料编绘竣工平面图和纵断面图。

94.（　　）在进行野外测量工作，使用仪器时，无须撑伞防晒，只要防止雨淋即可。

95.（　　）为导线测量选择的测量路线称为导线。

96.（　　）平面施工控制网精度确定的方法有公式估算法和程序估算法。

97.（　　）平面施工控制网选点时使用的工具主要有望远镜、小平板、测图器具、花杆、通信工具和清除障碍的工具、设计好的网图和有用的地形图等。

98.（　　）平面施工控制网的布设具有计算简单、使用方便、放样迅速的优点。

99.（　　）根据建筑方格网测设厂房矩形控制网的距离，要求误差小于或等于 1/1 000。

100.（　　）高程施工控制网的选点要便于扩展和加密低级网，点位要选在视野辽阔、展望良好的地方，点位要长期保存，宜选在土质坚硬、易于排水的高地上。

参考答案

模拟试题二

模拟试题三

二、工程测量员(高级)理论知识模拟试题

模拟试题一

一、单项选择题

1. 地面点的空间位置是用(　　　)表示的。

A. 地理坐标　　　　　B. 平面直角坐标　　　　C. 坐标和高程　　　　D. 地心坐标

2. 设地面上有 A、B 两点，两点的高程分别为 $H_A = 19.186$ m，$H_B = 24.754$ m，则 A，B 两点的高差 $h_{AB} = ($　　　$)$ m。

A. 5.568　　　　　　B. −5.568　　　　　　C. 43.940　　　　　　D. −43.940

3. 测量工作的基准面是(　　　)。

A. 水平面　　　　　B. 大地水准面　　　　　C. 假定水准面　　　　D. 参考椭球面

4. 水平角测量时，盘左位置瞄准目标点 A 读数为 $82°33'24''$，顺时针旋转照准部瞄准目标点 B 读数为 $102°42'12''$，则 A 和 B 两点之间的夹角 β 是(　　　)。

A. $20°18'46''$　　　　B. $20°08'48''$　　　　C. $20°42'24''$　　　　D. $20°38'12''$

5. 已知水准点 A 的高程为 208.673 m，由 A 点到 B 点进行往返水准测量，往测的高差 $h_{往} = -3.365$ m，返测高差 $h_{返} = +3.351$ m，则 B 点的高程为(　　　)m。

A. 205.315　　　　　B. 205.308　　　　　C. 212.031　　　　　D. 212.024

6. 测量误差是每次测量所得的观测值与该量的(　　　)之间的差值。

A. 改正后的值　　　B. 理论真值　　　　C. 平均值　　　　D. 最小值

7. 用误差的绝对值与观测值之比来衡量精度高低，在测量中一般将分子化为 1，这种误差称为(　　　)。

A. 绝对误差　　　　B. 相对误差　　　　C. 真误差　　　　D. 中误差

8. 在相同的观测条件下，对观测量进行一系列的观测，若误差的大小及符号没有规律，则这类误差称为(　　　)。

A. 系统误差　　　　B. 偶然误差　　　　C. 中误差　　　　D. 真误差

9. 微型计算机的核心部件是(　　　)。

A. 中央处理器　　　B. 主板　　　　　C. 内存储器　　　　D. 输入输出设备

10. 测量中增加观测次数，取多次观测值的平均值是为了克服(　　　)。

A. 系统误差　　　　B. 偶然误差　　　　C. 粗差　　　　D. 人为误差

11. 按照测量误差对观测结果的影响性质，测量误差可分为系统误差和(　　　)。

A. 偶然误差　　　　B. 真误差　　　　C. 相对误差　　　　D. 绝对误差

12. 下面不是偶然误差特性的是(　　　)。

A. 对称性　　　　B. 单峰性　　　　C. 补偿性　　　　D. 无界性

13. A、B、C 是已知三角点，P 点是导线点，将经纬仪安置在 P 点上，观测 P 点至 A、B、C 三个方向之间的水平角 α、β，然后根据已知三角点的坐标，即可解算 P 点的坐标，这种方法称为(　　　)。

A. 前方交会　　　　B. 后方交会　　　　C. 侧方交会　　　　D. 角度交会

14. 已知 A 点高程为 258.26 m，A、B 两点间距离为 620.12 m，从 A 点测 B 点时，竖直角 α 为 $+2°38'$，仪器高为 1.62 m，B 点标高为 3.65 m，则 B 点的高程为(　　　)m。

A. 384.75　　　　B. 383.13　　　　C. 388.40　　　　D. 387.34

15. 公路中线测量中，测得某交点的右角为 $130°$，则其转角为(　　　)。

A. $\alpha_右 = 50°$　　　　B. $\alpha_左 = 50°$　　　　C. $\alpha_右 = 130°$　　　　D. $\alpha_左 = 130°$

16. 偏角法是用(　　　)和弦长测设圆曲线细部点的。

A. 圆心角　　　　B. 转角　　　　C. 弦与切线的夹角　　　　D. 右角

17. 设圆曲线主点 YZ 的里程为 $K6+325.40$，曲线长为 90 m，则其 QZ 点的里程为(　　　)。

A. $K6+280.40$　　　　B. $K6+235.40$　　　　C. $K6+370.40$　　　　D. $K6+415.40$

18. 导线测量角度闭合差调整的方法是(　　　)。

A. 反符号按角度个数平均分配　　　　B. 反符号按角度大小比例分配

C. 反符号按边长比例分配　　　　D. 反符号按边数平均分配

19. 使用名义长度为 30.000 m 的钢尺放样 30.000 m，经鉴定钢尺实长为 30.003 m，鉴定时的温度为 20 ℃，拉力为 100 N。放样时的温度为 30 ℃，钢尺的膨胀系数为 $1.25×10^{-5}$，拉力为 100 N，放样端点的高差为 $h=1$ m，则放样时尺面另一端的读数应为(　　　)。

A. 30　　　　B. 29.990　　　　C. 30.010　　　　D. 30.003

20. 以两相邻水准点为一测段，从一个水准点开始，用视线高法逐个测定中桩的地面高程，直至附合到下一个水准点的测量称为(　　　)。

A. 附合水准测量　　　　B. 闭合水准测量　　　　C. 中平测量　　　　D. 支水准测量

21. 设 A、B 两点间距离为 120.23 m，方位角为 $121°23'36''$，则 A、B 两点的 Y 轴坐标增量为(　　　)。

A. -102.630 m　　　　B. 62.629 m　　　　C. 102.630 m　　　　D. -62.629 m

22. 已知水准点 A 的高程为 50.805 m，水准点 B 的高程为 48.030 m，由 A 点到 B 点进行附合水准路线测量，测站数为 2，测得高差为 -2.761 m，则此水准路线的高差闭合差和各站高差改正数分别为(　　　)。

　A. +0.014 m，−0.007 m　　　　　　　B. +0.014 m，+0.007 m

　C. +0.028 m，−0.014 m　　　　　　　D. −0.028 m，+0.014 m

23. 三角高程测量是以测定两点间的(　　　)和(　　　)为基础，运用三角学计算公式算出两点间的高差，然后再求另一点高程的方法。

　A. 水平距离，水平角　　　　　　　　B. 水平距离，竖直角

　C. 斜距，水平角　　　　　　　　　　D. 斜距，竖直角

24. 已知 JD 的桩号为 K5+178.64，偏角 $a=39°27'$(右偏)，设计圆曲线半径为 $R=120$ m，则该圆曲线的切线长为(　　　)。

　A. 43.03 m　　　　B. 86.06 m　　　　C. 43.06 m　　　　D. 86.03 m

25. 里程桩的里程是指公路中线上的某点沿公路中线到(　　　)所经过的水平距离。

　A. 公路中点　　　　B. 公路终点　　　　C. 公路起点　　　　D. 公路任意点

26. 已知某弯道半径 $R=250$ m，缓和曲线 $L_s=70$ m，ZH 点里程为 K3+714.39，用偏角法测设曲线，在 ZH 点安置仪器，后视点 JD，计算得到缓和曲线上 K3+740 点的偏角是(　　　)。

　A. 0°01'02"　　　　B. 0°21'28"　　　　C. 0°12'28"　　　　D. 0°10'02"

27. 某山岭区二级公路，变坡点桩号为 K3+030.00，高程为 427.68 m，前坡为上坡，$i_1=+5\%$，后坡为下坡，$i_2=-4\%$，竖曲线半径 $R=2\,000$ m，则桩号为 K3+100.00 处的设计高程为(　　　)。

　A. 425.28 m　　　　B. 424.78 m　　　　C. 424.28 m　　　　D. 425.78 m

28. 变形观测结束后，应提交的成果资料不包括(　　　)。

　A. 变形观测技术设计书　　　　　　　B. 原始观测记录

　C. 变形关系曲线图　　　　　　　　　D. 仪器操作注意事项

29. 控制测量中，三级导线全长相对闭合差应小于(　　　)。

　A. 1/2 000　　　　B. 1/6 000　　　　C. 1/5 000　　　　D. 1/3 000

30. 山区等外水准测量高差闭合差的允许值 $f_{h容}$=(　　　)。

　A. $\pm12\sqrt{n}$　　　　B. $\pm6\sqrt{n}$　　　　C. $\pm24\sqrt{n}$　　　　D. $\pm40\sqrt{n}$

31. 往返水准路线高差平均值的正负号以(　　　)的符号为准。

　A. 往测高差　　　　　　　　　　　　B. 返测高差

　C. 往返测高差的代数和　　　　　　　D. 往返测高差之差

32. 三角高程测量一般采用(　　　)测，以消除地球曲率和大气折射的影响。

　A. 往返　　　　B. 往　　　　C. 返　　　　D. 多余

33. 四等地下导线的测角中误差为(　　　)。

　A. ±1.0"　　　　B. ±1.8"　　　　C. ±2.5"　　　　D. ±4.0"

34. 测设建筑方格网方法中，轴线法适用于（　　）。

A. 独立测区　　　　　　　　　　B. 已有建筑线的地区

C. 精度要求较高的工业建筑方格网　　D. 精度要求不高的一般建筑地区

35. 路线中平测量的观测顺序是（　　），转点的高程读数读到毫米位，中桩点的高程读数读到厘米位。

A. 沿路线前进方向按先后顺序观测　　B. 先观测中桩点，后观测转点

C. 先观测转点高程后观测中桩点高程　　D. 先观测转点，后观测中桩点

36. 地下通道的施工测量中，地下导线为（　　）。

A. 闭合导线　　B. 附合导线　　C. 支导线　　D. 任意导线均可

37. 工程测量规范规定，各种测量误差对主要地物的影响为（　　）。

A. ±0.5 mm　　B. ±0.75 mm　　C. ±0.1 mm　　D. ±1.0 mm

38. 由于各项测量工作中都存在误差，因此相向开挖中具有相同贯通里程的中线点在空间不重合，这两点在空间的连线误差在水平垂直于中线方向的分量称为（　　）。

A. 贯通误差　　B. 横向贯通误差　　C. 水平贯通误差　　D. 高程贯通误差

39. 对于一般观测工程，若其沉降速度小于（　　），可认为已进入稳定阶段。

A. (0.01～0.02) mm/d　　　　B. (0.01～0.03) mm/d

C. (0.02～0.03) mm/d　　　　D. (0.02～0.05) mm/d

40. 全站仪主要由（　　）两部分组成。

A. 测角设备和测距仪　　　　B. 电子经纬仪和光电测距仪

C. 仪器和脚架　　　　D. 经纬仪和光电测距仪

二、多项选择题

41. 加强职业道德建设的途径有（　　）。

A. 抓好各级领导干部的职业道德建设

B. 要在全社会各行各业抓好职业道德建设

C. 职业道德建设应和个人利益挂钩

D. 要站在社会主义精神文明建设的高度抓好职业道德建设

E. 把职业道德建设同建立和完善职业道德监督机制结合起来，并和相应的奖罚、教育措施相配合

42. 爱岗敬业的具体要求是（　　）。

A. 树立职业理想　　B. 强化职业责任　　C. 提高职业技能　　D. 抓住择业机遇

E. 举止得体

43. 测量工作遵循的原则是（　　）。

A. 从整体到局部　　B. 由高级到低级　　C. 先控制后碎部　　D. 从局部到整体

E. 由低级到高级

44. 测量工作常用的标准方向有(　　　)。

A. 真子午线方向　　　B. 磁子午线方向　　　C. 坐标子午线方向　　　D. 北方向

E. 南方向

45. 水准测量使用的仪器和工具有(　　　)。

A. 水准仪　　　　　　B. 经纬仪　　　　　　C. 全站仪　　　　　　D. 水准尺

E. 棱镜

46. 野外测量应注意的安全事项有(　　　)。

A. 在气温较低的情况下作业时,若仪器转动受限,应停止作业,以避免损坏仪器的润滑系统

B. 在光滑的地面上安置仪器时,应采取防止脚架滑动的措施,以防止仪器滑倒受损

C. 任何情况下,测站和镜站均不得离人,应保护好仪器不受到任何意外损坏

D. 靠近工厂围墙电网作业时,应事先与工厂的动力和保卫部门取得联系,并采取切实的安全措施,严禁盲目靠近电网作业

E. 迁站距离较远或通行困难时,仪器应装箱背负运走

47. 劳动合同应当以书面形式订立,并具备(　　　)条款。

A. 劳动合同期限　　　B. 工作内容　　　C. 劳动报酬　　　D. 劳动合同终止的条件

E. 违反劳动合同的责任

48. 根据工程的特点,施工控制网可以布设成(　　　)等形式。

A. 闭合导线　　　　　B. 附合导线　　　　　C. 支导线　　　　　D. 三角网

E. 边角网

49. 施工控制网的特点包括(　　　)。

A. 控制范围小,控制点的密度较大　　　　　B. 精度要求较高

C. 点位布置有特殊要求　　　　　　　　　　D. 使用频繁,受施工干扰大

E. 采用独立的施工坐标系

50. 建立桥梁平面控制网的目的是(　　　)。

A. 测定桥轴线长度　　　　　　　　　　　　B. 根据控制网进行桥墩位置放样

C. 根据控制网进行桥台位置放样　　　　　　D. 用于施工过程中的变形监测

E. 测量水深

51. 在大型工业厂区建筑工程中,通常采用的厂区控制网的形式有(　　　)。

A. 建筑方格网　　　B. 导线网　　　C. 边角网　　　D. GPS 网

E. 三角网

52. 施工放样的基本工作内容有(　　　)。

A. 距离放样　　　B. 角度放样　　　C. 高程放样　　　D. 点位放样

E. 直线放样

53. 极坐标法施工放样需要的放样数据有(   )。

A. 坐标   B. 极角   C. 极距   D. 高程

E. 高差

54. 使用陀螺经纬仪可以进行(   )。

A. 水平角测量   B. 竖直角测量   C. 方向定向   D. 测距

E. 高差测量

55. 减小系统误差的方法有(   )。

A. 检校仪器，把系统误差降低到最小程度

B. 求取改正数，对观测结果进行改正

C. 采用适当的观测方法，使系统误差相互抵消或减小

D. 对同一量进行多次重复观测，取其平均值

E. 增加观测次数，进行多余观测

56. 水准测量的误差来源有(   )。

A. 读数误差   B. 照准误差

C. 大气折光误差   D. 视准轴不完全平行于水准管轴的误差

E. 度盘偏心差

57. 水平角观测过程中，取盘左、盘右读数平均值可消除的误差有(   )。

A. 视准轴不垂直于横轴的误差   B. 横轴不垂直于竖轴的误差

C. 竖轴倾斜误差   D. 度盘偏心差

E. 度盘刻划误差

58. 导线测量的布设形式有(   )。

A. 支导线   B. 闭合导线   C. 附合导线   D. 纵导线

E. 横导线

59. 导线测量在选点时应注意(   )。

A. 邻点之间通视良好，便于测角和量距

B. 点位须选在土质坚实，便于安置仪器和保存标志的地方

C. 视野开阔，便于施测碎部

D. 导线各边长必须相等

E. 导线点须有足够的密度，分布较均匀，便于控制整个测区

60. 小三角测量的内业计算步骤是(   )。

A. 计算前对野外观测成果进行检查和整理 B. 角度闭合差调整

C. 基线闭合差调整   D. 边长计算

E. 坐标计算

61. 水准路线可以布设的形式包括(　　)。

A. 附合水准路线　　　B. 闭合水准路线　　　C. 支水准路线　　　D. 圆水准路线

E. 缓和水准路线

62. 地下导线测量应注意的事项有(　　)。

A. 每次建立新导线点时，都必须检测前一个旧点，确认没有发生位移后，才能发展新点

B. 有条件的地段，主要导线点须埋设带有强制对中装置的观测墩或内外架式的金属吊篮，并配有灯光照明，以减小对中和照准误差的影响

C. 如导线长度较长，为限制测角误差积累，可使用陀螺经纬仪加测一定数量导线边的陀螺方位角

D. 对于螺旋形隧道，由于难以布设长边导线，因此每次施工导线向前引伸时，应从洞外复测

E. 对于长边导线的测量宜与竖井定向测量同步进行，重复点的重复测量坐标与原坐标较差应小于 10 mm，并取加权平均值作为长边导线引伸的起算值

63. 建筑方格网的布设要求包括(　　)。

A. 主轴线原则上应与建筑物主轴线或主要轴线一致或平行

B. 纵横轴线的长度应在建筑区域内取用最大值(纵横轴线的各个端点均应布设在场地的边界上)

C. 通视要好，且不受土方开挖的影响，以利于长期使用

D. 建筑方格网布设的图形及所选的格网点，要利于今后施工的方便，还应满足图形程度的相关要求，且事先要对最弱点进行精度估标

E. 建筑方格网适用于无规则布置的建筑群

64. 线路工程测量初测阶段的内容包括(　　)。

A. 导线测量　　　B. 水准测量　　　C. 地形测量　　　D. 角度放样

E. 点位放样

65. 圆曲线主点测设元素包括(　　)。

A. 切线长 T　　　B. 曲线长 L　　　C. 外矢距 E　　　D. 切曲差 D

E. 弦长 C

66. 圆曲线带有缓和曲线段的曲线主点是(　　)。

A. 直缓点(ZH 点)　　　　　　B. 直圆点(ZY 点)

C. 缓圆点(HY 点)　　　　　　D. 圆直点(YZ 点)

E. 曲中点(QZ 点)

67. 贯通误差包括(　　)。

A. 横向贯通误差　　　　　　　　　　　B. 纵向贯通误差

C. 竖向贯通误差　　　　　　　　　　　D. 真误差

E. 中误差

68. 下列属于变形观测内容的是(　　)。

A. 沉降观测　　　　B. 位移观测　　　　C. 倾斜观测　　　　D. 水平角观测

E. 竖直角观测

69. 精密水准测量法观测垂直位移的水准基点，其布设要求包括(　　)。

A. 要有足够的稳定性　　　　　　　　　B. 要具备检核条件

C. 要满足一定的观测精度　　　　　　　D. 水准基点的标志构造

E. 点位布设越多越好

70. 数字测图的特点包括(　　)。

A. 测图精度高　　　　　　　　　　　　B. 测图作业劳动强度小

C. 图形实现数字化　　　　　　　　　　D. 测图作业实现自动化和智能化

E. 可以多种形式输出成果

71. 数字测图作业过程包括(　　)。

A. 资料准备　　　　　　　　　　　　　B. 控制测量

C. 测图准备　　　　　　　　　　　　　D. 数据采集、传输和处理

E. 图形编辑和输出

72. 等高线的特性包括(　　)。

A. 等高线不能相交　　　　　　　　　　B. 等高线是闭合曲线

C. 等高线平距与坡度成正比　　　　　　D. 等高线密集表示陡坡

E. 等高线与山脊线、山谷线均垂直相交

73. 等高线按其用途可分为(　　)。

A. 首曲线　　　　B. 计曲线　　　　C. 间曲线　　　　D. 末曲线

E. 助曲线

74. 水下地形图绘制的主要工作包括(　　)。

A. 将同一天观测的角度和水深测量的记录汇总，然后逐点核对

B. 根据水位成果进行水位改正

C. 水位改正后，计算各测点高程

D. 在图纸上展绘各控制点和各测点的位置，并注记相应的高程

E. 根据各观测点的高程，勾绘水下等深线，提供完整的水下地形图

75. 高斯投影建立的条件有(　　)。

A. 中央子午线和赤道被投影为相互正交的直线，且为其他经纬线的对称轴

B. 中央子午线和赤道被投影为相互正交的直线，但不是其他经纬线的对称轴

C. 投影无角度变形

D. 投影有角度变形

E. 中央经线投影后长度不变

76. 一级导线的主要技术指标正确的有(　　)。

A. 测角中误差为±5.0″　　　　　　　　B. 测角中误差为±2.5″

C. 导线全长相对闭合差为 1/14 000　　　D. 导线全长相对闭合差为 1/6 000

E. 平均边长为 0.2 km

77. 二级小三角测量的主要技术指标正确的有(　　)。

A. 测角中误差为±5″　　　　　　　　　B. 测角中误差为±10″

C. 平均边长为 0.3 km　　　　　　　　　D. 平均边长为 0.5 km

E. 平均边长不大于测图最大视距的 1.7 倍

78. 地形图的检查包括(　　)。

A. 内业检查　　　B. 野外巡视　　　C. 设站检查　　　D. 仪器检查

E. 地形图拼接

79. 地形图整饰包括(　　)。

A. 擦去多余线条、符号、数字，绘上清晰正确的线条、符号，注记端正的名称和数字

B. 整理等高线并在计曲线上注明高程值

C. 加深地物轮廓线和等高线

D. 重新描绘坐标方格网

E. 最后整饰图框

80. 确定测深点平面位置的常用方法有(　　)。

A. 前方交会法定位　　　　　　　　　　B. 后方交会法定位

C. 全站仪定位　　　　　　　　　　　　D. GPS 差分定位

E. 侧方交会法定位

三、判断题

81. (　　)通过黄海海水面的水准面称为大地水准面。

82. (　　)相对高程是指地面上一点到大地水准面的铅垂距离。

83. (　　)坐标方位角是指由直线起点的标准方向的北端起，顺时针方向量至该直线所夹的水平夹角。

84. (　　)比例尺越大，地形图精度越高。

85. (　　)施工坐标系与城市坐标系是完全相同的。

86. （　　　）放样是通过测量工作将地面点的实际位置用坐标和高程表示出来。

87. （　　　）液体静力水准仪是根据静止的液体在重力作用下保持同一水平面的原理来测定观测点高程的变化的。

88. （　　　）小三角可布设成单三角锁、中点多边形、大地四边形、线性三角锁等几种形式。

89. （　　　）贯通误差对隧道工程没有任何影响。

90. （　　　）通过竖井联系测量，使地面和地下有统一的坐标和高程系统，可为地下洞内控制测量提供起算数据。

91. （　　　）裂缝观测属于地形测量中的一项工作。

92. （　　　）等高线是高程相等的点连接起来构成的不闭合曲线。

93. （　　　）由于不能直接观察水下地形情况，所以水下地形点可以随意布设。

94. （　　　）纵断面图是根据基平测量结果，以里程为横坐标，以高程为纵坐标绘制的线状图。

95. （　　　）测量记录必须直接记录在规定的表格内，不准另以纸条记录或事后誊写。

96. （　　　）水准仪的使用包括仪器的安置、粗略整平、对光照准、精确整平和读数。

97. （　　　）水准仪、经纬仪等仪器的三防两护是防潮、防晒、防震，保护物镜和目镜。

98. （　　　）利用全站仪可以测出两点间的高差。

99. （　　　）经纬仪、水准仪、全站仪等各种测量仪器在装箱时所有制动必须是松开的。

100. （　　　）电子仪器如果长期不用，电池应该取下。

参考答案

模拟试题二

模拟试题三

参 考 文 献

[1] 周相玉 . 建筑工程测量[M]. 2 版 . 武汉：武汉理工大学出版社，2004.

[2] 卢正 . 建筑工程测量[M]. 2 版 . 北京：化学工业出版社，2011.

[3] 潘松年 . 工程测量技术[M]. 2 版 . 郑州：黄河水利出版社，2011.

[4] 全国地理信息标准化技术委员会 . GB/T 12897—2006 国家一、二等水准测量规范[S]. 北京：中国标准出版社，2006.

[5] 中国有色金属工业协会 . 工程测量标准[S]. 北京：中国计划出版社，2020.

[6] 杨莹 . 建筑工程测量[M]. 北京：机械工业出版社，2021.

[7] 程效军，鲍峰，顾孝烈 . 测量学[M]. 上海：同济大学出版社，2016.

[8] 胡伍生 . 土木工程测量学[M]. 南京：东南大学出版社，2011.

[9] 潘正风，程效军，成枢，等 . 数字地形测量学[M]. 武汉：武汉大学出版社，2017.

[10] 全国地理信息标准化技术委员会 . GB/T 12898—2009 国家三、四等水准测量规范[S]. 北京：中国标准出版社，2009.

[11] 王兵 . 工程测量[M]. 重庆：重庆大学出版社，2010.

[12] 杨凤华 . 建筑工程测量[M]. 北京：北京理工大学出版社，2010.